安装工程概预算手册系列

消防及安全防范设备安装工程概预算手册

（附工程量清单计价应用实例）

（第二版）

工程造价员网　张国栋　主编

中国建筑工业出版社

图书在版编目（CIP）数据

消防及安全防范设备安装工程概预算手册（附工程量
清单计价应用实例）张国栋主编. —2版. —北京：中国
建筑工业出版社，2014.6
（安装工程概预算手册系列）
ISBN 978-7-112-16940-5

Ⅰ.①消…　Ⅱ.①张…　Ⅲ.①消防设备-设备安装-
建筑经济定额-手册②安全装置-设备安装-建筑经济定额-
手册　Ⅳ.①TU723.3-62

中国版本图书馆 CIP 数据核字（2014）第 116755 号

本书为安装工程概预算手册之一。内容包括消防及安全防范设备安装
工程造价工作中有关的各种图例、符号、计算公式；一般通用设备及常用
材料技术参数和其他基础参考资料；《全国统一安装工程预算与定额》，第
七册消防及安全防范设备安装工程（GYD—207—2000）应用释义；消防
及安全防范设备安装工程预算定额编制实例；工程量清单计价对照应用实
例。书中将工程实际图片和对应内容相结合，将实例涉及的工程量计算中
的数字标有详细且完整的注释解说，让读者学习起来得心应手。

本书的主要特点是资料丰富、实用、查阅简便，是安装工程概预算人
员日常工作中得心应手的工具书，也是从事安装工程设计和施工的技术人
员及管理人员有益的参考书。

责任编辑：周世明
责任设计：董建平
责任校对：张　颖　刘梦然

安装工程概预算手册系列
消防及安全防范设备安装工程
概预算手册
（附工程量清单计价应用实例）
（第二版）
工程造价员网　张国栋　主编

＊

中国建筑工业出版社出版、发行（北京西郊百万庄）
各地新华书店、建筑书店经销
北京红光制版公司制版
北京建筑工业印刷厂印刷

＊

开本：787×1092 毫米　1/16　印张：15　字数：380 千字
2014 年 8 月第二版　2014 年 8 月第四次印刷
定价：**36.00** 元
ISBN 978-7-112-16940-5
（25723）

《消防及安全防范设备安装工程概预算手册》

编　委　会

主　编：工程造价员网　张国栋

参　编：赵小云　洪　岩　郭　芳　吕　静　侯秋莉

　　　　董艳红　王春花　韩玉红　耿蕊蕊　杜跃菲

　　　　秦垒磊　闫应鹏　张金萍　杨　辉　刘若飞

　　　　班若芹　魏琛琛　随广广　张慧利　郭彩娟

　　　　孔银红　张春艳　邓　磊

第 二 版 前 言

安装工程概预算手册系列共有 4 本，分别为电气设备安装工程概预算手册（附工程量清单计价应用实例）、给排水、采暖、燃气工程概预算手册（附工程量清单计价应用实例）、通风空调工程概预算手册（附工程量清单计价应用实例）、消防及安全防范设备安装工程概预算手册（附工程量清单计价应用实例）。自 2004 年 4 月第一版书籍面市以来，作者始终没有放弃对该系列书的修订，以进一步弥补书中的不足之处，在 2004~2013 年期间，作者总结了教学讲堂的精华要点和工程实际操作中的需求以及自身的一些切身经验，对该系列书中的内容先后进行了六次不同程度的修改和整合，以期能将该系列书的内容更加完善化，更便于造价相关工作者的使用。

具体修订的内容范围包括如下：

1. 首先更改了第一版书中的原先遗留的问题，将多年来读者来信或邮件或电话反馈的问题进行汇总，并集中进行了处理。

2. 将书中比较老旧过时的内容进行了更改，比如一些专业名词、术语等等。

3. 将书中原来涉及定额上已经废除或更新的内容作了相应的改动。

4. 原来书上的内容文字和实例是相结合的，实际的工程图片并不多，而这套书是实际工程经常用到的水、暖、电的预算，若是能多和实际的工程图片结合起来读者学习起来会方便很多，而且一些比较抽象的内容也会很容易理解，从而在实际的工作当中提高效率。鉴于此，作者历经 3 年之久将常用的工程图片列于此书中，和实际的内容吻合一致。

5. 继住房和城乡建设部颁布新的工程量清单计价规范之后，作者第一时间将书中涉及 2008 计价规范的内容更换为最新规范，并添加了新规范新补充的内容。做到和国家规范一致，和时代进步一致，和实际发展状况一致。

6. 2010 年年初作者总结了近几年来自己的一些感受以及在与刚从事工程造价人员的接触中受到的启发，作者认为多数人员在结合工程实际图片进行算量并套价时，多数的难题均是在工程量的计算上，若是工程量能正确计算完整，那么套价对于他们来说就轻而易举了，若是算量被卡住，那后面的就根本进行不了。作者琢磨若是在这些计算之中加上详细的注释解说，岂不是让读者走了一条捷径。敲定这个想法之后，作者开始筹划具体的实施方案，并随后就进行的实际的工作，于 2012 年修订完整，并将资源整合。

六次不同程度的修订工作耗费了作者大量的时间和精力，完稿之后作者希望做第二版，为众多学者提供学习方便，同时也让刚入行的人员能通过这条捷径尽快掌握预算的要领并运用到实际当中。

本书在编写过程中，得到了许多同行的支持与帮助，在此表示感谢。由于编者水平有限和时间紧迫，书中难免有错误和不妥之处，望广大读者批评指正。如有疑问，请登录 www.gczjy.com（工程造价员网）或 www.ysypx.com（预算员网）或 www.debzw.com（企业定额编制网）或 www.gclqd.com（工程量清单计价网），或发邮件至 zz6219@163.com 或 dlwhgs@tom.com 与编者联系。

目　　　录

5

第一篇

图例及文字符号

一、基本符号

名　称	符　号	名　称	符　号
推车式灭火器		固定式灭火系统（指出应用区）	
手提式灭火器		控制和指示设备	
报警启动装置		灭火设备安装处所	
火灾警报装置		消防用水立管	
固定式灭火系统（局部应用）		消防通风口	
固定式灭火系统（全淹没）			

二、辅助符号

名　称	符　号	名　称	符　号	名　称	符　号
水		阀		手动启动	
泡沫或泡沫液		出口		电铃	

续表

名　　称	符　号	名　　称	符　号	名　　称	符　号
无水	○	人口	●—	发声器	▱
BC类干粉	⊠	热	●	扬声器	◁
ABC类干粉	■	烟	⌇	电话	⌓
卤代烷	△	火焰	∧	光信号	◖
二氧化碳	▲	易爆气体	◀		

三、灭火器符号

灭火器符号

表 1-3

名　　称	符　号	名　　称	符　号	名　　称	符　号
泡沫灭火器	△●	推车式 ABC 类干粉灭火器	△■	ABC类干粉灭火器	△■
清水灭火器	△⊗	推车式 BC 类干粉灭火器	△⊠	BC类干粉灭火器	△⊠
二氧化碳灭火器	△▲	推车式泡沫灭火器	△●	沙桶	⛟
卤代烷灭火器	△△	推车式卤代烷灭火器	△△	水桶	⛟

四、固定灭火系统符号

固定灭火系统符号　　　　　　　　　　　　　　表 1-4

名　称	符　号	名　称	符　号	名　称	符　号
ABC类干粉灭火系统		卤代烷灭火系统		手动控制灭火系统	
BC类干粉灭火系统		二氧化碳灭火系统			
水灭火系统（全淹没）		泡沫灭火系统（全淹没）			

五、消防管路及配件符号

消防管路及配件符号　　　　　　　　　　　　　表 1-5

名　称	符　号	名　称	符　号	名　称	符　号
干式立管		消防水管线	—— FS ——	消防水罐（池）	
干式立管		泡沫混合液管线	—— FP ——	报警阀	
干式立管		消火栓		开式喷头	
干式立管		消防泵		闭式喷头	

名　称	符　号	名　称	符　号	名　称	符　号
干式立管		泡沫比例混合器		水泵接合器	
湿式立管		泡沫产生器			
泡沫混合液立管		泡沫液罐			

六、灭火设备安装处所符号

灭火设备安装处所符号　　　　　　表 1-6

名　称	符　号	名　称	符　号	名　称	符　号
二氧化碳瓶站（间）		ABC 干粉罐站（间）		泡沫罐站（间）	
BC 干粉灭火罐站（间）		消防泵站（间）		卤代烷灭火瓶站（间）	

七、控制和指示设备符号

控制和指示设备符号　　　　　　表 1-7

名　称	符　号	名　称	符　号
火灾报警装置		消防控制中心	

八、报警启动装置符号

报警启动装置符号 表1-8

名　称	符　号	名　称	符　号	名　称	符　号
感温探测器		感光探测器		手动报警装置	
感烟探测器		气体探测器		报警电话	
电警笛、报警器		警卫信号区域报警器			
警卫信号探测器		警卫信号总报警器			

九、火灾警报装置符号

火灾警报装置符号 表1-9

名　称	符　号	名　称	符　号
火灾警报发声器		火灾光信号装置	
火灾警报扬声器		火灾警铃	

十、消防泄放（通风）口符号

消防泄放（通风）口符号 表1-10

名　称	符　号	名　称	符　号	名　称	符　号
手动消防泄放口		热启动消防泄放口		爆炸泄压口	

十一、火灾、爆炸危险区符号

火灾、爆炸危险区符号

表 1-11

名　称	符　号	名　称	符　号	名　称	符　号
有氧化剂场所		有爆炸材料场所		有易燃物场所	

十二、疏散通道符号

疏散通道符号

表 1-12

名　称	符　号	名　称	符　号
疏散通道干线	—— ——	疏散通道备用线	—>—
疏散方向	— — —	疏散通道终端出口	— —>

十三、消防设施符号

消防设施符号

表 1-13

序号	名　称	图　例	备　注
1	消火栓给水管	——— XH ———	
2	自动喷水灭火给水管	—— ZP ——	
3	室外消火栓		
4	室内消火栓（单口）	平面　系统	白色为开启面
5	室内消火栓（双口）	平面　系统	
6	水泵接合器		

序号	名　称	图　例	备　注
7	自动喷洒头（开式）	平面 ○　　系统	
8	自动喷洒头（闭式）	平面 ○　　系统	下喷
9	自动喷洒头（闭式）	平面 ○　　系统	上喷
10	自动喷洒头（闭式）	平面 ⊙　　系统	上下喷
11	侧墙式自动喷洒头	平面 ○　　系统	
12	侧喷式喷洒头	平面　　系统	
13	雨淋灭火给水管	——— YL ———	
14	水幕灭火给水管	——— SM ———	
15	水炮灭火给水管	——— SP ———	
16	干式报警阀	平面 ◎　　系统	
17	水炮		
18	湿式报警阀	平面 ●　　系统	
19	预作用报警阀	平面 ◑　　系统	

续表

序号	名　称	图　例	备　注
20	遥控信号阀		
21	水流指示器		
22	水力警铃		
23	雨淋阀	平面　系统	
24	末端测试阀	平面　系统	
25	手提式灭火器		
26	推车式灭火器		

注：分区管道用加注角标方式表示：如 XH_1、XH_2、ZP_1、ZP_2……。

第二篇

定 额 应 用

第一章 火灾自动报警系统安装

第一节 说明应用释义

一、本章包括探测器、按钮、模块（接口）、报警控制器、联动控制器、报警联动一体机、重复显示器、警报装置、远程控制器、火灾事故广播、消防通信、报警备用电源安装等项目。

[应用释义] 火灾探测器在火灾自动报警和自动灭火系统中起着非常重要的作用，如人类的眼睛一样，一直监视、探测某个区域的火灾信号；它一般由电路固定部件，敏感元件和外壳等部分构成。

火灾探测器能够将在监控现场监测到的烟、光、温度等火灾信息变成电气信号，之后将其传送给自动报警控制器完成信号的检测并反馈。常用的分类方法按探测的火灾参数，探测器的结构造型、使用环境和输出信号的形式等。按火灾探测器探测的火灾参数的不同，可以划分为感温、感烟、感光、气体和复合式等几大类。感温探测器是对警戒范围内某一点或某一线段周围的温度参数（异常高温、异常温差、异常温升速率）敏感响应的火灾探测器。根据监测温度参数的不同，感温探测器有定温、差温和差定温三种。定温探测器用于响应环境温度达到或超过预定值的场合。差温探测器用于响应环境温度异常升温，其升温速率超过预定值的场合。差定温探测器兼有差温和定温两种探测器的功能。感烟探测器是一种响应燃烧或热介产生的固体或液体微粒的火灾探测器。由于它能探测物质燃烧初期在周围空间所形成的烟雾粒子浓度，因此它具有非常好的早期火灾探测报警功能。感光探测器亦称火焰探测器或光辐射探测器，它能响应火焰射出的红外、紫外和可见光。复合式火灾探测器是一种能响应两种或两种以上火灾参数的火灾探测器，主要有感烟感温、感光感温、感光感烟火灾探测器。按探测器的结构分类，可分成线型和点型两大类。线型火灾探测器是一种响应某一连续线路周围的火灾参数的火灾探测器。其连续线路可以是"硬"的（可见的）、也可以是"软"的（不可见）。点型探测器是一种响应空间某一点周围的火灾参数的火灾探测器。按照它所安装场所的环境条件分类，有陆地型、船用型、耐酸型、耐碱型、耐爆型等种。陆地型火灾探测器主要用于陆地上，在有腐蚀性气体的场所不能使用，适合在温度$-10\sim+50℃$，相对湿度85%以下的场合中使用。船用型的火灾探测器在比较高的温度50℃以上和比较高的湿度90%～100%环境中也可以正常、长期地工作。耐酸型的可以在含酸性气体较多的场所工作。耐碱型火灾探测器能够抵抗碱性气体腐蚀，能在经常停滞较多碱性气体的场所正常工作。防爆型火灾探测器制作要求比较严格，在结构上按照国家防爆的有关规定执行，因此可在易燃易爆的危险场合使用。按火灾探测器的输出信号的形式可分为模拟型探测器和开关型探测器。目前常用的有感烟、感温探测器。火灾探测器布置在房间或走道的顶棚下面，其数量应根据探测器的保护面积和探测区面积计算而定。表 2-1 为房间高度与火灾探测器的关系。

房间高度与火灾探测器的关系　　　　　　　　　　　表 2-1

房间高度 H（m）	感烟探测器 （离子式光电式）	感温探测器 （一级灵敏度）	感温探测器 （二级灵敏度）	感温探测器 （三级灵敏度）	火焰探测器 （紫外）
$12 < H \leqslant 20$	不适合	不适合	不适合	不适合	适合
$8 < H \leqslant 12$	适合	不适合	不适合	不适合	适合
$6 < H \leqslant 8$	适合	适合	不适合	不适合	适合
$4 < H \leqslant 6$	适合	适合	适合	不适合	适合
$H \leqslant 4$	适合	适合	适合	适合	适合

【例】　某工艺加工厂的一个加工车间，长 30m，宽 20m，高 5m，且为平顶，拟采用感烟探测器对其进行保护，则需要布置多少个探测器，平面图上怎样布置才好？

【解】　（1）确定感烟探测器的保护面积 A 和保护半径 R

保护区域面积 $S = 30\text{m} \times 20\text{m} = 600\text{m}^2$

房间高度 $h = 5\text{m}$，即 $h \leqslant 6\text{m}$

顶棚坡度 $\theta = 0°$，即 $\theta \leqslant 15°$

查探测器保护面积和半径规定表可得：

保护面积 $A = 60\text{m}^2$

保护半径 $R = 5.8\text{m}$

（2）计算所需探测器数 N

根据建筑设计防火规范，该装配车间属非重点保护建筑，取 $K = 1.0$，

则由公式 $N \geqslant \dfrac{S}{KA}$

可得：$N \geqslant \dfrac{S}{KA} = \dfrac{600}{1.0 \times 60} = 10$ 只

（3）确定探测器安装间距 a、b

①查极限曲线 D

由于 $D = 2R = 2 \times 5.8\text{m} = 11.6\text{m}$，$A = 60\text{m}^2$

可确定安装间距极限曲线图上的极限曲线为 D_5；

②确定 a、b

认定 $a = 8.5\text{m}$，对应 D_5

可查得 $b = 7.5\text{m}$

（4）校核

$$r = \sqrt{\left(\frac{a}{2}\right)^2 + \left(\frac{b}{2}\right)^2} = \sqrt{\left(\frac{8.5}{2}\right)^2 + \left(\frac{7.5}{2}\right)^2} = 4.5\text{m}$$

则 $5.4\text{m} = R > r = 4.5\text{m}$ 满足保护半径 R 的要求，探测器布置完毕。

火灾探测器分类如下：

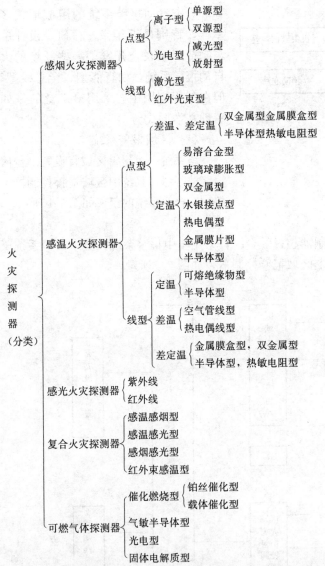

火灾探测器（分类）
- 感烟火灾探测器
  - 点型
    - 离子型
      - 单源型
      - 双源型
    - 光电型
      - 减光型
      - 放射型
  - 线型
    - 激光型
    - 红外光束型
- 感温火灾探测器
  - 点型
    - 差温、差定温
      - 双金属型金属膜盒型
      - 半导体型热敏电阻型
    - 定温
      - 易溶合金型
      - 玻璃球膨胀型
      - 双金属型
      - 水银接点型
      - 热电偶型
      - 金属膜片型
      - 半导体型
  - 线型
    - 定温
      - 可熔绝缘物型
      - 半导体型
    - 差温
      - 空气管线型
      - 热电偶线型
    - 差定温
      - 金属膜盒型，双金属型
      - 半导体型，热敏电阻型
- 感光火灾探测器
  - 紫外线
  - 红外线
- 复合火灾探测器
  - 感温感烟型
  - 感温感光型
  - 感烟感光型
  - 红外束感温型
- 可燃气体探测器
  - 催化燃烧型
    - 铂丝催化型
    - 载体催化型
  - 气敏半导体型
  - 光电型
  - 固体电解质型

　　按钮分手动消防按钮和手动报警按钮。手动消防按钮主要用于消防水泵的启动，也可作一般应急控制按钮。其工作原理为：手动消防按钮安装于消火栓处，也可安装于有人出入的通道，当有人发现有火警时，可用按钮盒上的小锤，击碎按钮上的玻璃，从而电接点被接通，向所控制的消防水泵或其他消防设备等发送起动控制指令，按钮上的指示灯用以显示消防水泵或其他消防设备运行指示。手动报警按钮与火灾自动报警器配套使用，也可作一般应急按钮使用。按钮安装于经常有人出入的通道、库房等场所，当有人发现火警时，可拿下按钮上的小锤，击碎按钮上的玻璃，使按钮接通电接点，向火灾自动报警器发送"火警"信号，报警器即发生"火警"警报，并反馈信号给按钮，使指示灯点亮，以此确认报警器已发出"火警"警报。手动报警按钮的作用与火灾探测器类似，不过它是由人工方式将火灾信号传送到自动报警控制器。

　　火灾自动报警系统是由触发装置、火灾报警装置、火灾警报装置及电源等四部分组成的通报火灾发生的全套设备。

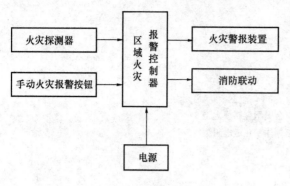

图 2-1 区域报警系统

火灾自动报警系统的组成形式多种多样，特别是近年来，科研、设计单位与制造厂家联合开发了一些新型的火灾自动报警系统，如智能型、全总线型等，但在工程应用中，采用最广泛的是如下三种基本形式。

（1）区域报警系统

该系统一个报警区域宜设置一台区域报警控制器，系统中区域报警控制器不应超过 3 台，系统的组成如图 2-1 所示。

（2）集中报警系统

报警区域较多、区域报警控制器超过 3 台时，采用集中报警系统，集中报警系统至少有一台集中报警控制器和两台以上区域报警控制器，如图 2-2 所示。

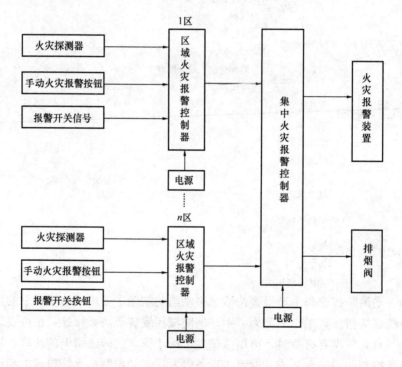

图 2-2 集中报警系统

（3）控制中心报警系统

工程建筑规模大，保护对象重要，设有消防控制设备和专用消防控制室时，采用控制中心报警系统，如图 2-3、图 2-4 所示。

报警控制器：现代建筑消防系统的一个重要标志就是报警控制器，它融入了先进的自动控制技术、电子技术、微机技术，体现了现代科技，是自动消防系统的重要组成部分。它能够接收从火灾探测器上传送的火警信号，经过数字处理，认定火灾后执行下一步灭火所需工作，即一方面启动声光报警器等火灾报警装置，一方面可以启动灭火系统所需用到

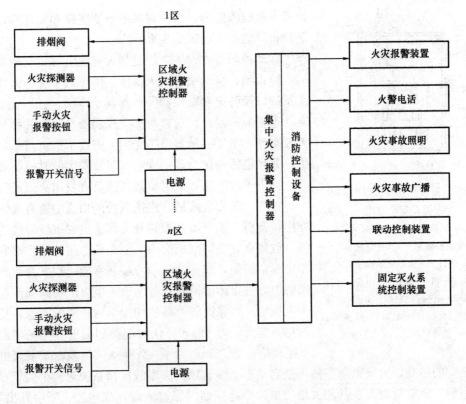

图 2-3 控制中心报警系统

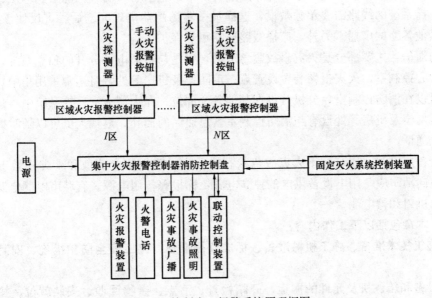

图 2-4 控制中心报警系统原理框图

的联动装置,灭火设备,连锁减灾系统等。不仅如此,火灾报警控制器还能够启动自动记录设备,记下火灾发生具体时间等火灾状况,为火灾过后事故查询提供方便。它能迅速而准确地发送火警信号。它在发出火警信号的同时,经适当延时,还能启动灭火设备,连锁减灾设备。由于火灾报警的工作重要性、特殊性,为确保其安全长期不间断运行,就必须

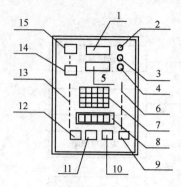

图 2-5　报警控制器产品外形及
面板布置示意图

1—数码显示 1；2—时钟显示指示；
3—首次报警显示；4—报警显示；5—
数码显示 2；6—状态显示指示；7—键
盘；8—按钮开关；9—电压指示；
10—消声开关；11—打印机开关；
12—打印机；13—故障类型指示；
14—故障显示；15—火警显示

设置本机故障监测，也即对某些重要线路和元部件，要能进行自动监控。如图 2-5 所示。

联动控制器：它的功能是当火灾发生时，它能对室内消火栓系统、自动喷水灭火系统、防排烟系统、卤代烷灭火系统以及防火卷帘门和警铃等联动控制。

重复显示器：它通常与火灾控制器合装，并称火灾报警控制器。重复显示器以声光向人们提示火灾与事故的发生，并且也能记忆与显示火灾与事故发生的时间及地点。

火灾事故广播：火灾事故广播负责发出火灾通知、命令、指挥人员安全疏散。广播系统的构成主要有火灾广播专用扩音机，扬声器及控制开关等。火灾事故广播的扩音机可放置在其他广播机房内，但必须专用，并且对它的操作应非常简便，如在消防中心控制室能遥控并开启，能在消防中心直接用话筒播音等。火灾事故广播的扬声器也有一定规定，为保证每个部位均能听到较清的声音，扬声器的功率应大于等于 3W，任何部位到最近一个扬声器的水平距离应小于 25m。为了在发生火灾后及时疏散人群，减少不必要的混乱，火灾紧急广播不能启动整个建筑物火灾事故广播系统对整个建筑物进行火灾报警，而应对着火及其相关楼层单独广播。如二层着火时，仅向二、三层发出警报，首层着火时，向首层、二层、全部地下层进行广播。七层着火时，向七层、八层进行紧急广播。广播系统的线路需要单独敷设，这样某一路扬声器出现问题后，可仅使该路中断，不影响其他各路的广播。另外，广播线路应有耐热保护措施。

消防通信：主要部分是火灾事故紧急电话，它是与普通电话分开的独立系统，一般用于消防中心控制室，火灾报警装置设置点、消防设备机房等处，且通常采用集中式对讲电话，主机设在消防控制室，分机分设在其他各个部位。在大型火灾监控系统中，建筑物内各个关键部位及机房等处设有与消防控制室紧急通话的插孔，巡视人员可以随时携带话机进行紧急通话。

报警备用电源：建筑处于火灾应急状态时，为了确保安全疏散和火灾扑救工作的成功，担负向消防应急用电设备供电的独立电源，称报警备用电源。有城市电网电源，自备柴油发电机组和蓄电池。

二、本章包括以下工作内容：

1. 施工技术准备、施工机械准备、标准仪器准备、施工安全防护措施、安装位置的清理。

2. 设备和箱、机及元件的搬运、开箱检查、清点、杂物回收、安装就位、接地、密封、箱、机内的校线、接线、挂锡、编码、测试、清洗、记录整理等。

［应用释义］　接地：消防系统接地分为直流系统的"工作接地"和整个系统的"保护接地"。对接地线的要求：①为使接地线在正常工作时保持零电位，防止建筑物内其他金属体与接地线接触而出现电位差，报警系统的接地线一律采用铜芯绝缘导线或电缆。②消防控制室接地板应采用专用接地干线引至接地体，专用接地干线线芯截面积不应小于

16mm²，宜置于难燃型硬质塑料管中埋设至接地体。③由消防控制室接地板引至消防控制设备、报警控制器的工作接地线，应选用铜芯绝缘软线，其线芯截面积不应小于 4mm²。

清洗：点型感温、感烟探测器投入一年后，每隔三年必须由专门清洗单位（包括具有清洗能力，获得当地消防监督机构认可的使用单位）全部清洗一遍。清洗后应作相应阈值及其他必要的功能试验，试验不合格的探测器一律报废，严禁重新安装使用。清洗时，可分期分批进行，也可一次性清洗完毕。

三、本章定额中均包括了校线、接线和本体调试。

［应用释义］ 校线：检查系统线路是否正确无误。在查线过程中一定要按生产厂家的说明，使用合适的工具检查线路，避免底座上元器件的损坏。对于检查出的错线、开路虚焊和短路等应一一加以排除。

接线：按生产厂家的说明，使用合适的工具，接通系统线路。

四、本章定额中箱、机是以成套装置编制的；柜式及琴台式安装均执行落地式安装相应项目。

［应用释义］ 落地式安装：箱、机及整套设备安置在基础上，基础与地面连成一体。它的安装有严格要求。

其要求有：

（1）火灾自动报警联动控制系统的施工安装专业性很强，为了保证施工安装质量，确保安装后能投入正常使用，施工安装必须经有批准权限的公安消防监督机构批准，并由有许可证的安装单位承担。

（2）安装单位应按设计图纸施工，如需修改应征得原设计单位同意，并有文字批准手续。

（3）火灾自动报警系统的安装应符合《火灾自动报警系统安装使用规范》的规定，并满足设计图纸和设计说明书的要求。

（4）火灾自动报警系统的设备应选用经国家消防电子产品质量监督检验测试中心检测合格的产品。

（5）火灾自动报警系统的探测器、手动报警按钮、控制器及其他所有设备，安装前均应妥善保管，防止受潮，受腐蚀及其他损坏，安装时应避免机械损伤。

（6）施工单位在施工前应具有平面图、系统图、安装尺寸图、接线图以及一些必要的设备安装技术文件。

（7）系统安装完毕后，安装单位应提交下列资料和文件：①变更设计部分的实际施工图；②变更设计的证明文件；③安装技术记录（包括绝缘电阻、接地电阻的测试记录）；④检验记录（包括绝缘电阻、接地电阻的测试记录）；⑤安装竣工报告。

五、本章不包括以下工作内容：

1. 设备支架、底座、基础的制作与安装。

2. 构件加工、制作。

3. 电机检查、接线及调试。

4. 事故照明及疏散指示控制装置安装。

5. CRT 彩色显示装置安装。

［应用释义］ 事故照明：在火灾发生时，原有的电力照明系统非常有可能被切断或

毁坏，这就需要设置另外的照明光源来保证消防灭火的正常工作和建筑物内人员的安全疏散。设置的这种照明称为事故照明，也可以叫做应急照明。它应该主要设置在两个场所，一个是安全疏散场所，像走道、疏散楼梯间、观众厅、展览厅、防烟楼梯间前室、餐厅、多功能厅、商场营业厅、特别重要的人员众多的大型工业厂房等人员密集的场所，人口众多的地下建筑等。一个是消防灭火所需场所，像消防控制控制室、配电室、消防水泵房、电话总机房、自备发电机房等。有了这些场所的事故照明，消防人员就可以继续工作，使人员较安全疏散。事故照明灯在这些场所的布置也有一定规定，在走道，设在墙面或顶棚下，在厅堂、大厅，设在顶棚或墙面上；在楼梯口、太平门一般设在门口的上部，在楼梯间时，一般设在墙面或休息平台下面。不过，高度在24m以下的中小型非公共建筑、9层及以下的普通住宅楼和一般工业生产厂房可不设消防应急照明。

疏散指示控制器：疏散指示控制装置是以鲜明的箭头、显眼的文字等对疏散方向进行指明标记，引导疏散的一种装置，因为在安全疏散期间，疏散通道会骤然变暗，如果没有这种装置保证一定的亮度，提出指示，就会引起人们心理上的惊恐，给安全疏散带来麻烦。它包括应急疏散出口标志灯和应急疏散出口指向标志灯。出口装置标志和指向标志的安装位置和朝向：出口标志多装在出口门上方，门太高时，可装在门侧口，为防烟雾影响视觉，其高度以2~2.5m为宜，标志朝向应尽量使标志垂直于疏散通道截面；对于指向标志可安在墙上或顶棚下，其高度在人的平视线以下，地面1m以上为最佳，因为烟雾会滞留在顶棚，将指示灯覆盖，使其失去指向效果。

CRT彩色显示装置：一种图像、数字显示装置。此种显示装置分辨率高，显示颜色丰富，电源稳压范围宽，易于调整。

第二节　工程量计算规则应用释义

第8.1.1条　点型探测器按线制的不同分为多线制与总线制，不分规格、型号、安装方式与位置，以"只"为计量单位。探测器安装包括了探头和底座的安装及本体调试。

［应用释义］　点型探测器：这是一种响应某一点周围的火灾参数的火灾探测器，如图2-6所示。目前生产量最大，民用建筑中几乎都是使用的点型探测器。点型探测器又可分点型感烟火灾探测器，点型感温火灾探测器等。

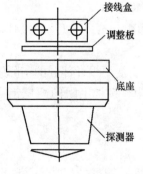

图2-6　点型探测器安装
组合方式

（1）点型感烟探测器是对警戒范围中某一点周围空间烟雾敏感响应的火灾探测器。建筑工程中，点型感烟探测器使用量最大。它又可分为离子感烟火灾探测器，光电感烟火灾探测器。

①离子感烟探测器是根据烟雾（烟粒子）粘附（亲附）电离子，使电离电流变化这一原理而设计的，如图2-7所示。工程中使用的离子感烟探测器，主要由两个串联的单极性电离室和一个中央电极组成。其中一个叫外电离室（又称测量室），另一个叫内电离室（又称补偿室或基准室）。内、外电离室之间设置一个中央电极，它引至信号放大回路的输入端，异电的中央电极保证了内、外电离室在电器

上的分开。外电离室的几何形状要让烟雾很容易进入，用它来探测火灾时的烟雾，并利用粘附原理产生的效应供电路鉴定。内电离室尽可能密封好，不要让烟雾进入，但又能感受到外界环境如压力、温度、湿度等的变化，使内电离室不但提供一个电路工作时的基准电压，而且还能补偿由于外界环境变化对电路的影响，以提高探测器的稳定性，减少误报。离子感烟探测器具有灵敏度高、稳定性好、误报率低、寿命长、结构紧凑、价格低廉等优点，是火灾初始阶段预报警的理想装置，因而得到广泛应用。但相对湿度长期大于95%，气流速度大于5m/s，有大量粉尘，水雾滞留，可能产生腐蚀

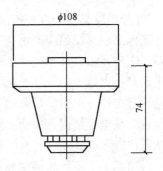

图 2-7　JTY-LZ-1101 点型
离子感烟火灾探测器

性气体，在正常情况下有烟滞留，产生醇类、醚类、酮类等有机物质的场所，不宜选用离子感烟探测器。

②光电感烟探测器是利用火灾时产生的烟雾可以改变光的传播性，并通过光电效应而制成的一种火灾探测器。根据烟粒子对光线产生吸收（遮挡）、散（乱）射的作用，光电感烟探测器可分为遮光型和散射型两种。主要由检查室、电路、固定支架和外壳等组成。其中检测室是其关键部件。

a. 遮光型的工作原理：当火灾发生时，有烟雾进入检测室，烟粒子将光源发出的光遮挡（吸收），到达光敏元件的光能将减弱，其减弱程度与进入检测室的烟雾浓度有关。当烟雾达到一定浓度，光敏元件接收的光强度下降到预定值时，通过光敏元件启动开关电路并经以后电路鉴别确认，探测器即动作，向火灾报警控制器送出报警信号。

b. 散射型光电感烟探测器是应用烟雾粒子对光的散射作用并通过光电效应而制作的一种火灾探测器。它和遮光型光电感烟探测器的主要区别在暗室结构上，而电路组成、抗干扰方法等基本相同。由于是利用烟雾对光线的散射作用，因此暗室的结构就要求 E（红外发光二极管）发出的红外光线在无烟时，不能直接射到光敏元件 R（光敏二极管）。实现散射的暗室各有不同，其中一种是在光源与光敏元件之间加入隔板（黑框）。

（2）点型感温探测器是对防火区域内某一点周围的温度作出响应的火灾探测器。感温探测器中的主要构件是它的热敏元件。易熔合金、双金属片、水银、酒精、半导体热敏电阻、膜盒结构、低熔点塑料、热敏绝缘材料等都是比较常见的热敏元件。感温探测器对温度的响应有几种方式，相应地可将其分为定温、差温、差定温火灾探测器。定温探测器是探测点周围温度到达某个规定温度时就作出响应的探测器。差温探测器是探测点周围温度上升速度到达某个规定时就作出响应的探测器。差定温探测器可以说是差温和定温探测器的结合，只要探测点周围温度达到某个点，或者温度上升速度到达某个点，探测器就会动作。因此它的使用范围很广。总体而言，点型感温火灾探测器在民用建筑中的使用量很大，仅仅次于离子感烟探测器。可能产生阴燃或者发生火灾不及早报警将造成重大损失的场所，不宜选用感温探测器；温度在 0℃以下的场所，不宜选用定温探测器；正常情况下温度变化大的场所，不宜选用差温探测器。

多线制、总线制详见第8.1.8条

第8.1.2条 红外线探测器以"只"为计量单位。红外线探测器是成对使用的，在计算时一对为两只。定额中包括了探头支架安装和探测器的调试、对中。

［应用释义］　红外探测器：发生火灾时，火焰必会辐射红外光，能对火焰辐射的红外光作出敏感反焰应应即可达到探测火灾目的，红外线探测器就是基于这种原理制作的探测器，它主要由红外滤光片、敏感元件、固定元件、印刷电路板、外壳等部分组成。红外滤光片只让火焰中的红外光透过敏感元件则将红外光转换成电信号。对于恒定的红外辐射，它具有抗性好误报小、电路工作可靠、适用性强、能在有烟雾场所及户外工作、响应快等优点。在电缆地沟、库房、隧道、坑道等场所，无阻燃烧火灾的早期报警上使用红外线探测器比较多。

第8.1.3条　火焰探测器：可燃气体探测器按线制的不同分为多线制与总线制两种，计算时不分规格、型号，安装方式与位置，以"只"为计量单位。探测器安装包括了探头和底座的安装及本体调试。

［应用释义］　火焰探测器：火焰探测器也可叫做感光火灾探测器，它能对火焰的某些属性作出反应：①火焰的光谱特性；②火焰的光照强度；③火焰的闪烁频率。和其他类型的火灾探测器、感烟、气体等探测器相比，感光探测器有其一些优点：①只有它能够在户外使用，因为它不受到环境气流的影响。②敏感元件在接收到火焰辐射后，响应速度非常快，能在几毫秒甚至几微秒内就能够发出信号，在突然起火无烟的易燃易爆场所使用非常合适。③它的探测方位很准确，性能稳定、可靠。基于以上的这些优点，火焰探测器得到了普遍重视，是目前火灾探测的重要方向。具体地来分，火焰探测器又分为红外感光探测器，紫外感光探测器。红外感光火灾探测器是对火焰辐射的红外光感应而作出相应响应，紫外感光探测器是对火焰辐射的紫外光感应而作出相应的响应，红外、紫外感光探测器各有其不同的特点，它使用了同时具有光电管和充气闸流管特性的紫外光敏管，具有以下的特点：

（1）响应速度快，灵敏度高；

（2）脉冲输出；

（3）可以交流或直流供电；

（4）工作电压高。

在下列情形的场所，不宜选用火焰探测器：

（1）可能发生无焰火灾；

（2）在火焰出现前有浓烟扩散；

（3）探测器的镜头易被污染；

（4）探测器的"视线"易被遮挡；

（5）探测器易被阳光或其他光源直接或间接照射；

（6）在正常情况下，有明火作业以及X射线弧光等影响。

可燃气体火灾探测器：它能够对空气中可燃气体浓度进行检测，并能够发生报警信号。当空气中可燃气体浓度达到或超过某个规定值时，可燃气体火灾探测器就会发出警报，防患于未然。

由于可燃性气体场所容易发生爆炸，故可燃性火灾探测器通常安装在易燃易爆场所。它也可分为两种类型：①催化型可燃气体探测器，它的气敏元件是用的难熔的铂丝。铂丝预热到工作温度后，一旦接触到可燃气体，就会产生催化作用，并在其表面有强烈的氧化反应发生。这样，铂丝的温度就会升很高电阻变大，由铂丝组成的不平衡电桥就会判别出其变化信号，发出报警信号；②半导体可燃气体探测器。它的气敏元件是一种对可燃气体高度敏感的半导体元件。它能够有效地监测很多种可燃气体。像甲、乙烷、丙丁醛、乙醇、乙炔、一氧化碳、氢气、天然气等。可燃气体不能单独组成可燃气体自动报警系统，它需要与专用的可燃气体报警器配套使用。在可燃气体浓度达到下限100％L·E·L前，浓度达到20％～25％L·E·L时，可燃气体报警器就会提前报警。

第8.1.4条　线形探测器的安装方式按环绕、正弦及直线综合考虑，不分线制及保护形式，以"**m**"为计量单位。定额中未包括探测器连接的一只模块和终端，其工程量应按相应定额另行计算。

[应用释义]　线型探测器：其连接线路有"软"、"硬"之分，即不可见和可见的线路。像空气管线型差温火灾探测器，它的管线由一条细长钢管或不锈钢构成，属于"硬"连续线路，而像紫外光束线型火灾探测器，它的管线是由发射器和接收器之间的红外光束构成，属于"软"的连续线路。

线型火灾探测器的设置方式。

红外光束线型感烟探测器的设置。

（1）光束感烟探测器的光束轴线距平顶棚的垂直距离宜为0.3～1.0m，距地面垂直高度宜为5～20m。

（2）当顶棚高度为8～14m时，除在贴近顶棚下方墙壁上安装外，宜在顶棚高度1/2的墙壁上，也装设光束感烟探测器，当顶棚高度为14～20m时，宜分三层安装。

（3）相邻两组光束感烟探测器光束轴线间的水平距离不应大于14m，光束轴线至侧墙水平距离，不宜大于7m且不应小于0.3m。

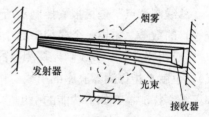

图2-8　线型感烟火灾探测器
工作原理图

其工作原理图如图2-8所示。

第8.1.5条　按钮包括消火栓按钮、手动报警按钮、气体灭火起/停按钮，以"**只**"为计量单位，按照在轻质墙体和硬质墙体上安装两种方式综合考虑，执行时不得因安装方式不同而调整。

[应用释义]　按钮：即用手按的开关，开关用于隔离电源、断开电路或改变电路连接的一种电气。

手动报警按钮：手动触发装置，它具有在应急情况下人工手动通报火警或确认火警的功能。报警区域内每个防火分区应至少设置一个手动火灾报警按钮，且从一个防火分区里的任何位置至最近一个手动火灾报警按钮的距离不应大于30m，并应设置在明显和便于操作的位置，手动报警按钮距地面1.5m。

第8.1.6条　控制模块（接口）是指仅能起控制作用的模块（接口），亦称为中继器，依据其给出控制信号的数量，分为单输出和多输出两种形式。执行时不分安装方式，按照输出数量以"**只**"为计量单位。

[应用释义]　多输出：建筑消防系统安全可靠的工作不仅取决于组成消防系统装置本身，而且还取决于装置之间的导线连接。多输出指输出导线的数量不止一条。当数个区

域报警控制器与集中报警控制器配合使用时，每台区域报警控制器都要通过导线与集中报警器连接，这些导线称区域报警控制器的输出导线。如二线制火灾报警控制器，与配套的集中报警控制器配合使用时，若已知区域报警控制器的报警回路数，火警信号线数及其巡检分线线数，使可求出区域报警控制器输出导线数。

控制模块：指仅能起控制作用的模块（接口），亦称为中继器，依据其给出控制信号的数量，分为单输出和多输出两种形式。

单输出：指输出导线只有一条。

第 8.1.7 条　报警模块（接口）不起控制作用，只能起监视、报警作用，执行时不分安装方式，以"只"为计量单位。

［应用释义］　报警模块：不起控制作用，只能起监视、报警作用。报警控制器的接口，以 8153 作为 I/O 接口和存贮器，能自动完成火灾报警，故障报警，火灾记忆及火灾优先等功能。

第 8.1.8 条　报警控制器按线制的不同分为多线制与总线制两种，其中又按其安装方式不同分为壁挂式和落地式。在不同线制、不同安装方式中按照"点"数的不同划分定额项目，以"台"为计量单位。

多线制"点"是指报警控制器所带报警器件（探测器、报警按钮等）的数量。

总线制"点"是指报警控制器所带的有地址编码的报警器件（探测器、报警按钮、模块等）的数量。如果一个模块带数个探测器，则只能计为一点。

［应用释义］　多线制：探测器的线制是指探测器与报警控制器的连接方式（出线方式），也就是指探测器底座的引线。按探测器配置的电子电路不同，出线方式也不同。例如三线制探测器有如下功能的引出端：

电源（＋）、电源（－）：电源线作为提供探测器工作电压，电源（－）作为接地（零）公共线，在两线制中电源（＋）兼作功能线；

信号线：作探测器输出信号用；

检查线：在报警器上用手动模拟对探测器、传输线路及报警器是否完好作远距离试验；

部位选址线：作为对探测器在部位选通下发出火灾报警信号用；

巡检控制器：用来指令探测器是执行故障巡检或是火警巡检功能用。

总线制：以火灾报警器为主机，采用单片微型计算机及其外围芯片构成 CPU 的控制系统，以时间分割与频率分割相结合实现信号的总线传输。在总线制火灾监控系统中，自动报警控制器与火灾探测器，联动装置及连锁装置之间的信号传输在两条线上进行。这样的监控系统通常称为二总线制监控系统。这样的监控系统与二线制、三线制、四线制等多线制监控系统相比，有较多优点，所以它是国内目前较流行的一种自动监控系统。

报警控制器解释详见第一节第一条，壁挂式、落地式解释详见定额编号 7—40。

第 8.1.9 条　联动控制器按线制的不同分为多线制与总线制两种，其中又按其安装方式不同分为壁挂式和落地式。在不同线制、不同安装方式中按照"点"数的不同划分定额项目，以"台"为计量单位。

多线制"点"是指联动控制器所带联动设备的状态控制和状态显示的数量。

总线制"点"是指联动控制器所带的有控制模块（接口）的数量。

[应用释义] 联动控制器：它的功能是当火灾发生时，它能对室内消火栓系统，自动喷水灭火系统，防排烟系统，卤代烷灭火系统，以及防火卷帘门和警铃等联动控制。

壁挂式、落地式详见第三节定额编号 7-40～7-47 释义。

第 8.1.10 条 报警联动一体机按线制的不同分为多线制与总线制两种，其中又按其安装方式不同分为壁挂式和落地式。在不同线制、不同安装方式中按照"点"数的不同划分定额项目，以"台"为计量单位。

多线制"点"是指报警联动一体机所带报警器件与联动设备的状态控制和状态显示的数量。

总线制"点"是指报警联动一体机所带的有地址编码的报警器件与控制模块（接口）的数量。

[应用释义] 报警联动一体机：即能为火灾探测器供电、接收、显示和传递火灾报警信号，又能对自动消防等装置发出探测信号的装置。当火灾发生时，报警联动一体机能使报警装置（包括故障灯、故障蜂鸣器、光字牌、火灾警铃）自动启动。

第 8.1.11 条 重复显示器（楼层显示器）不分规格、型号、安装方式，按总线制与多线制划分，以"台"为计量单位。

[应用释义] 重复显示器：它通常与火灾控制器合装，并称火灾报警控制器。重复显示器以声光向人们提示火灾与事故的发生，并且也能记忆与显示火灾事故发生的时间及地点。

第 8.1.12 条 警报装置分为声光报警和警铃报警两种形式，均以"台"为计量单位。

[应用释义] 声光报警：在区域报警控制器中，声光报警将本区域各个火灾探测器送来的火灾信号转换为报警信号，即发出声响报警在显示器上以光的形式显示着火部位。（地址火灾等级）在集中报警控制器中，声光报警单元与区域报警控制器类似。但不同的是火灾信号主要来自各个监控区域的区域报警控制器，发出的声光报警显示火灾地址是区域（或楼层）、房间号。集中报警控制器也可直接接收火灾探测器的火灾信号而给出火灾报警显示。为区别于火灾声、光报警，常采用黄色信号灯作光警显示，而用蜂鸣作为声警显示。

警铃报警：火灾事故警铃一般安装于走道、楼梯等公共场所。全楼设置的火灾事故警铃系统通常按照防火分区设置，其报警方式采用分区报警。设有火灾事故广播系统后，可不再设火灾事故警铃系统。在装设有手动报警开关处需装设警铃或讯响器，一旦发现火灾，操作手动报警开关就可向本地区报警。一般，火灾警铃或讯响器工作电压为 DC24V，多采用嵌入墙壁安装。

火灾警报装置的选择：（1）火灾警报装置发出的音响，应大于 75dB 或大于背景噪音15dB。（2）灯光警报信号宜作为音响警报信号的辅助手段。（3）灯光警报装置和音响警报装置其中一种发生的任何故障，不应影响另一种装置的正常工作。

第 8.1.13 条 远程控制器按其控制回路数以"台"为计量单位。

[应用释义] 远程控制器：当火灾发生时，对报警装置，减灾装置摇控开启的装置。

第 8.1.14 条 火灾事故广播中的功放机、录音机的安装按柜内及台上两种方式综合考虑，分别以"台"为计量单位。

[应用释义]　火灾事故广播：见第一章第一节第一条火灾事故广播的释义。

火灾事故广播的设置范围：根据《火灾自动报警系统设计规范》规定："控制中心报警系统应设置火灾事故广播，集中报警系统宜设置火灾事故广播。"因为集中报警系统和控制中心报警系统一般都用在高层建筑或大型工业、民用建筑，建筑内人员集中，火灾时疏散困难，影响面大，为了使火灾时按火情统一指挥、有组织地疏散、有效地灭火、设置火灾事故广播系统是十分必要的。

第8.1.15条　消防广播控制柜是指安装成套消防广播设备的成品机柜，不分规格、型号以"台"为计量单位。

[应用释义]　消防广播控制柜：消防广播控制柜是在火灾发生时，为了便于组织人员的安全疏散和通知有关的救灾事项，对一、二级保护对象设置的火灾事故广播（火灾紧急广播）的控制系统。火灾事故广播系统的设置依自动报警系统的形式而定。区域—集中和控制中心系统应设置火灾事故广播系统，集中系统内有消防联动控制功能时，亦应设置火灾事故广播系统，若集中系统内无消防联动控制功能时，宜设置火灾事故广播系统。

第8.1.16条　火灾事故广播中的扬声器不分规格、型号，按照吸顶式与壁挂式以"只"为计量单位。

[应用释义]　扬声器：指把声音扩大的装置。扬声器的设置应符合下列要求：

（1）走道、大厅、餐厅等公共场所，扬声器的设置数量，应能保证从本层任何部位到最近一个扬声器的步行距离不超过25m。在走道交叉处，拐弯处应设扬声器。走道末端最后一个扬声器距墙不大于8m。

（2）走道、大厅、餐厅等公共场所应设置专用的扬声器，额定功率不应小于3W，实配功率不应小于2W。

（3）客房内扬声器额定功率不应小于1W。

（4）设置在空调、通风机房、洗衣机房、文体娱乐场所和车库等处，有背景噪声干扰场所内的扬声器，在其播放范围内最远的播放声压级，应高于背景噪声15dB，并据此确定扬声器的功率。

（5）应放置火灾事故广播备用扬声机，备用扬声机的音量不应小于在火灾时需和同时广播范围内的火灾事故广播为扬声器最大音量总和的1.5倍。

第8.1.17条　广播分配器是指单独安装的消防广播用分配器（操作盘），以"台"为计量单位。

[应用释义]　广播分配器：广播分配器指单安装的消防广播用分配器。它的配线应符合如下标准：

（1）应按疏散楼层或报警区域划分分路配线。

（2）当任一分路有故障时，不影响其他分路正常广播。

（3）火灾事故广播线路，不应和其他线路（包括火警信号、联动控制等线路）同管或同线槽槽孔敷设。

（4）火灾事故广播用扬声器不得加开关，如加开关或设有音量调节器时，则应采用三线式配线强制火灾事故广播开放。

第 8.1.18 条 消防通信系统中的电话交换机按"门"数不同以"台"为计量单位；通讯分机、插孔是指消防专用电话分机与电话插孔，不分安装方式，分别以"部"、"个"为计量单位。

［应用释义］ 消防通信系统：指电话系统。消防专用电话系统是与普通电话分开的独立系统，用于消防控制室与消防专用电话分机设置点的火情通话。建筑物内消防泵房、通风机房、主要配变电室、电梯机房、区域报警控制器及卤代烷等管网灭火系统应急操作装置处，以及消防值班、警卫办公用房等处均应装设火警专用电话分机，在消防控制室内装设消防专用电话总机。选用电话总机应为人工交换机，消防用火警电话用户与总机间应是直通的，中间不应有交换式转换程序。对火警电话用户叫总机时，电话总机不能只用光信号显示用户号码，应有声信号提醒值班人员注意。采用总机可克服由于采用自动电话总机的通话电路呼叫占线而影响通话的弊病。消防火警用户话机式送受话器的颜色宜采用红色，火警电话机挂在墙上安装时，底边距地高度为 1.5m，火警电话布线不应与其他线路同管或同线束布线。消防控制室除有专用的火警电话总机外还应有供拨"119"火警电话的电话机。也就是说消防控制室增设一条用作直拨"119"市话用户线的专用电话线。

插孔：在建筑的关键部位及机房等处设有与消防控制室紧急通话的消防对讲电话插孔，巡视人员或消防队队员携带的话机可以随时插入消防对讲电话插孔与消防控制室进行紧急通话。消防专用通讯应为独立的通信系统，不得与其他系统合用，该系统的供电装置应选用带蓄电池装置，要求不断供电。

电话交换机：可利用送、受话机、通信分机进行对讲，呼叫的装置。

分机：分机指建筑物内消防泵房、通风机房、主要变配电室、电梯机房，区域报警控制器及卤代烷等管网灭火系统应急操作装置处，以及消防值班、警卫办公用房等处均应装置的电话。在消防控制室内设的消防专用电话叫消防电话总机。

第 8.1.19 条 报警备用电源综合考虑了规格、型号，以"台"为计量单位。

［应用释义］ 消防报警备用电源：消防用电设备如果完全依靠城市电网供电，火灾时一旦失电，则势必影响早期报警，安全疏散，自动和手动灭火操作，甚至造成极为严重的人身伤亡和财产损失。所以，建筑中的电源设计必须认真考虑火灾时消防用电设备的电能连续供电问题。消防报警备用电源属于消防电源。一般有三种类型。即城市电网电源，自备柴油发电机组和蓄电池。对供电时间要求特别严格的地方，还可采用不停电电源（UPS）作为应急电源。系统供电电源是使系统能够正常运行的重要保证，是系统必须的主要组件之一，为此，系统应设有主电源和直流备用电源，主电源应采用消防电源，供消防设备使用的电源称作消防电源。备用电源必须是直流电源，宜采用火灾报警器的专用蓄电池及充电装置，以保证主电源消失时，能自动切换到备用电源。备用电源与主电源之间有一定的电气连锁关系。当主电源运行时，应急电源不允许工作；一旦主电源失电，应急电源必须立即在规定时间内投入运行。在采用自备发电机作为应急电源的情况下，如果启动时间不能满足应急设备对停电间隙要求时，可以在主电源失电而自备发电机组尚待启动时，使蓄电池迅速投入运行，直至自备发电机组向配电线路供电时才自动退出工作。此外，亦可采用不停电电源来达到目的。

【例】 某办公楼一层火灾自动报警系统安装图如图 2-9 所示，如何按照本章工程量

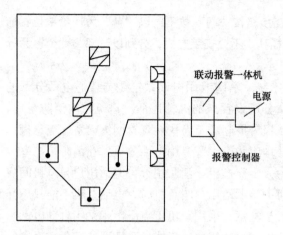

图 2-9 火灾自动报警系统安装图

计算规则应用释义计算其工程量。

【解】 (1) 项目名称：感烟探测器

单位：个 工程量：2个

(2) 项目名称：感温探测器

单位：个 工程量：3个

(3) 项目名称：手动报警按钮

单位：个 工程量：2个

(4) 项目名称：区域报警控制箱

单位：台 工程量：1台

(5) 项目名称：联动报警一体机

单位：台 工程量：1台

(6) 项目名称：自动报警系统装置

调试

单位：系统 工程量：1系统

清单工程量计算见表 2-2。

清单工程量计算表 表 2-2

序号	项目编码	项目名称	项目特征描述	单位	工程量
1	030904001001	点型探测器	感烟，总线制	个	2
2	030904001002	点型探测器	感温，总线制	个	3
3	030904003001	按钮	手动	个	2
4	030904009001	区域报警控制箱	总线制	台	1
5	030904017001	报警联动一体机	总线制	台	1
6	030905001001	自动报警系统调试	总线制	系统	1

第三节 定额应用释义

一、探测器安装

1. 点型探测器

工作内容：校线，挂锡，安装底座，探头，编码、清洁、调测。

定额编号 7-1～7-5 多线制 P4～P5

[应用释义] 多线制：监控系统由二线制，三线制，四线制等组成。

感烟火灾探测器：它能够探测到燃烧物体所产生的固体微粒的有关变化，从而探测火灾的发生及其地点。感烟探测器可分为光电型、离子型、半导体型、电容型、激光型等几种类型。

(1) 光电型感烟探测器又可分为减光式和散射光式两种类型，它们对光的吸收和散射作用不同。

①减光式光电感烟探测器：由于烟雾粒子对进入光电检测暗室内的光产生的吸收和散

射作用，使光的通过量减小，因此通过对光电流信号的分析就可得出烟雾粒子浓度，识别判断火灾的发生。

②散射光式光电感烟探测器：由于烟雾粒子对进入暗室的特定波长的光产生散射作用，受光敏感元件的阻抗发生变化，产生相应的光电流信号，来反映散射光强弱，以及烟粒子浓度的大小和粒径的大小。

感温探测器：对防火区域内某一点周围的温度作出响应的火灾探测器。它对温度的响应有几种方式，相应地可将其分为定温、差温、差定温火灾探测器。定温探测器是探测点周围温度到达某个规定温度时就作出响应的探测器。差温探测器是探测点周围温度上升速率到达某个值时，就会发出警报的火灾探测器，差定温火灾探测器它的内部既有差温探测结构，又有定温探测结构。只要温度或温度上升速率中的某一项达到规定的数值，差定温探测器都会发出警报。差定温探测器按其结构原理的不同可以分为双金属片型探测器，膜盒型探测器，电子感温式探测器三种。

红外光束探测器：红外光束探测器中的一个重要部件就是红外光光敏元件，像硫化铅、硒化铅、硅光等，它能够利用这些元件的光电导式光伏效应来敏感地探测低温产生的红外辐射。光波范围一般大于 $0.76\mu m$。使用红外辐射探测火灾时，需要考虑到火焰的间歇性闪烁现象。闪烁频率在 $3\sim30Hz$ 之间。这是因为在自然界中温度高于绝对零度的物体都会产生红外辐射。

火焰探测器：也称为感光火灾探测器，它是根据对物质火焰的光谱特性、光照强度和火焰闪烁频率的敏感反应来探测火灾的，它具有感烟、感温、气体等火灾探测器所没有的优点：不受环境气流影响，能在户外使用，响应速度快，性能稳定、可靠，探测方位准确。它可分为红外感光探测器和紫外感光探测器。

可燃探测器：在汽车库、压气机站、过滤车间，宾馆厨房、宾馆燃料气储备间、燃油电厂、燃油厂、炼油厂、溶剂库等有可燃气体的场所广泛使用可燃探测器来探测火灾。探测原理：它探测所依靠的一个重要元件就是气敏元件或传感器，当可燃气体在有足够氧气，一定高温，加有电压等情况下就会产生一系列的化学物理反应，热量、电阻、气体浓度等也随之发生一些变化，探测出了这些变化，就能够对火灾进行探测。

可燃气体：凡是能发生燃烧反应的气体物质称可燃气体。可燃气体例如甲烷（CH_4）、乙烷（C_2H_6）、丙烷（C_3H_8）、丙烯（C_3H_6）、乙烯（C_2H_4）、硫化氢（H_2S）、煤油、汽油、苯（C_6H_6）及甲苯等。

焊锡：铅锡合金熔点较低，用于焊接铁、铜等金属构件。

焊锡膏：用来清除焊体表面的锈迹和氧化物。

定额编号　7-6～7-10　总线制　P6

［应用释义］　总线制：系统间信号采用无极性二根线进行传输的布线制式。

二总线监控系统：二总线监控系统中，火灾探测器、手动报警按钮、连锁装置等都采用"编码"的方法将它们的具体地址用不同的编码号来表示，然后挂在总线上，并通过总线向报警控制器发送信号或接收由报警控制器发出来的指令信号。

防火涂料：在现代建筑中经常要遇到预应力钢筋混凝土板、钢结构、塑料制品及屋面材料等，这些材料的耐火极限比较低，或者具有可燃性，因此必须加入防火涂料才能满足其建筑防火设计要求。防火涂料主要有饰面型防火涂料和钢结构防火涂料两大类别。它们在使用对象和涂层厚度上有所差别。饰面型防火涂料具有装饰性，它的使用对象为可燃基材。作用原理：它受到火焰的高温作用就会迅速地膨胀并形成结实致密的保护层（海绵状隔热泡沫或空心泡沫层）。这样就阻止了火焰直接作用于可燃基材上，并能对其进行隔热保护达到防火要求。钢结构防火涂料的使用对象为不燃体构件。作用原理：这类防火涂料的隔热性能很好，是由它自身涂层较厚、密度小、导热系数低的特性所决定的。它能使钢结构、预应力混凝土楼板在火焰高温作用下的材料强度降低缓慢，结构形变也不易产生。防火涂料的分类如图 2-10 所示。

防火
涂料
{
饰面型防火涂料（按分散介质） {
溶剂型防火涂料：以天然树脂、人工树脂和合成树脂为基料，以有机溶剂为溶剂
水性防火涂料：以水为溶剂，基料有无机盐，水乳胶合成树脂等
}
钢结构防火涂料（按所使用胶粘剂） {
有机防火涂料
无机防火涂料
}
}

图 2-10　防火涂料分类图

普通胶合板：它的燃烧性能与粘合剂有关。使用酚醛树脂，三聚氰胺树脂作粘合剂的，防火性能好，不易燃烧。使用尿素树脂作粘合剂的，因其中掺有面粉，所以防火性能差，易于燃烧。难燃胶合板，是用磷酸铵、硼酸和氰化亚铅等防火剂浸过薄板制造的板材，其防火性能好，难燃烧。

2. 线型探测器

工作内容：拉锁固定、校线、挂锡、调测。

定额编号　7-11　线型探测器　P7

［应用释义］　线型探测器：温度达到预定值时，利用两根载流导线间的热敏绝缘物溶化使两根导线接触而动作的火灾探测器。

二、按钮安装

工作内容：校线、挂锡、钻眼固定、安装、编码、调测。

定额编号　7-12　按钮　P8

［应用释义］　按钮：装置的控制开关，用手压使装置启动。手动报警按钮的作用与火灾探测类似，不过它是由人工方式将火灾信号传送到自动报警控制器。

异型塑料管：目前用得最多的是硬聚氯乙烯塑料管，是由聚氯乙烯树脂与稳定剂，润滑剂等配合后用热压法挤压成型。它具有化学性能稳定，耐腐蚀，不受酸、碱、盐和油类等介质的侵蚀，物理机械性能好，无不良气味，质轻而坚，并可制成各种颜色。但强度较低，耐久，耐温性能较差。

汽油：一种易燃烧的液体易燃混合物。这种有机燃料广泛应用于现代工具。

三、模块（接口）安装

工作内容：安装、固定、校线、挂锡、功能检测、编码、防潮和防尘处理。

定额编号　7-13～7-15　控制模块（接口）　P9

［应用释义］　控制模块（接口）控制器集先进的微电子技术、微处理器技术于一体，使其硬件结构进一步简化。性能更趋完善，控制更趋方便灵活。控制模块就是与电源等其他装置相连的接口。接口电路主要包括显示接口电路、音响接口电路、打印机接口电路、总线接口电路及扩展槽接口电路等。

多输出：以型号 JB-QB-20/1111 的区域报警控制器为例。报警回路数 n。由于每个数码管负责显示几个部位，所以与数码管对应的火警信号线（每一个数码管对应一条火警信号线）不等于 n。按每 10 个部位为一组，巡检分组线为 $n/10$。该区域报警控制器在与 JB-JT-50-1111 型集中报警控制器配合使用导线总数可由下式求出：

$$N=10+n/10+4 \text{（根）}$$

式中   10——与集中报警控制器连接的火警信号线数每个数码管负责显示五个部位；

       $n/10$——巡检分组线数（取整数）；

        n——报警回路数；

       4——层巡线，故障线，地线与总线各一根。

报警接口：报警控制器的接口，以 8155 作为 I/0 接口和存贮器，能自动完成火灾报警，故障报警，火灾记忆及火灾优先等功能。

防火涂料的分类：防火涂料是一类能降低可燃基材火焰传播速率或阻止热量向可燃物传递，进而推迟或消除基材的引燃过程的或者推迟结构或力学强度降低的涂料。即对于可燃基材，防火涂料能推迟或消除可燃基材的引燃过程；对于不燃性基材，防火涂料能降低基材温度升高速率、推迟结构失稳过程，防火涂料可分为：

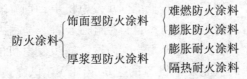

防火涂料不同于其他功能性涂料，如防腐，防水涂料，一旦其功能失去后，就会导致材料腐蚀，房面漏水，人们能在较短的时间内发现并进行处理。但对防火涂料而言，其功能仅是在火灾初期表现出来，如果其功能丧失，那么防火涂料就不能发挥其作用，该问题的实质就是防火涂料防火性能耐久性问题。如果防火涂料的装饰性能首先消失，那么人们可能会更新防火涂料，这时，如果发生火灾，将不会酿成重大损失；如果防火涂料防火性能在装饰性能前消失，这时，一旦发生火灾，防火涂料仅起着一般涂料的作用，即防火特性消失，必须进行防火涂料的耐久性试验。防火涂料的防火成分随时间延长会逐渐减少，涂料的胶粘剂不断地发生老化，老化结果将导致防火涂料防火性能的减弱。苏联曾对 43 起建筑构件进行过防火涂料防火处理的火灾调查，发现 14 起火灾中防火涂料防火作用完全消失。可见研究防火涂料耐久性问题无论是在理论上，还是在实际上都是极其必要的。

四、报警控制器安装

工作内容：安装、固定、校线、挂锡、功能检测、防潮和防尘处理、压线、标志、绑扎。

定额编号   7-16~7-19   多线制   P10~P11

[应用释义]   多线制：探测器的线制是指探测器与报警控制器的连接方式（出线方式），也就是指探测器底座的引线，按探测器配置的电子电路不同，出线方式也不同。

直流电焊机：在焊接时产生高温高热量电弧来溶化焊条及焊件，使焊条金属过渡到熔化的焊缝内，金属冷却凝固后形成焊缝或焊接头。焊接时，先将焊条与焊件分别与焊机两级相连，然后引弧。引弧时，先将焊条端头与焊件接触，造成瞬间短路，随即迅速提起

2～4mm，使空气电离（呈导电状态）而引起电弧。电弧焊可用于钢筋接长、钢筋骨架及预埋件的焊接等。直流电焊机有两种：焊接发电机，焊接整流器。焊接发电机为三相感应电动机或内燃机拖动的电焊发电机组。工作时，它发出适合于焊接的直流电，具有引弧容易，飞溅少、电弧稳定、焊接质量高等优点。宜用于焊接各种碳钢、合金钢、不锈钢、有色金属。常用的直流电焊机有 AX、AX$_1$、AX$_3$、AX$_4$、AX$_7$ 等。焊接整流器，是将交流电通过速流元件变为直流电的弧焊设备。由于整流器一般采用硅元件整流，故亦称硅整流弧焊机。它具有噪声小，空载损耗小、效率高、制造和维护容易等优点。建筑工程中常用的焊接整流器为 ZXG－200、ZXG－300、ZXG－500，ZXG－1000 型号四种。

交流稳压电源：常用的交流稳压电源主要有三相同步电动机，同步电动机主要用于转速恒定，功率较大的生产机械。同步电动机是由定子和转子两个主要部分组成。同步电动机的定子和异步电动机一样是由机座、铁芯和槽中的三相对称绕组所组成。绕组与外电路连接，绕组中将产生感应电势，进行能量形式的转换，电机中起这种作用的部分称为电枢，故同步电动机的定子绕组又常称为电枢绕组。同步电动机的转子由于结构形式不同，分为隐极式和凸级式两种。转子绕组通过滑环和电刷而引入直流，产生隐性不变磁场，称为同步电动机的主磁场。隐极式转子的机械强度较好，广泛用于高速的同步电动机中。凸极转子则因机械强度较差，用于转速较低的同步发电机中。直流电源可由与同步电动机同轴的直流发电机（励磁机）供给，也可来自自控硅磁装置。励磁机的容量约为同步电动机容量的 0.25%～1%。为了建立容量较大的电力网，同步发电机的单机容量在不断扩大，目前我国自行设计和制造的汽轮发电机容量达 60 万 kW，已在运行的双水内冷汽轮发电机容量为 30 万 kW。同步电动机的转子大都采用凸极式的，不论是凸极式的还是隐极式的，其工作原理基本上是一致的。同步电机与其他电机一样，它的额定值是根据工作情况由设计者决定的。额定值标在铭牌上：①容量：对发电机来说视作功率，单位为"kVA"（有的发电机用有功功率来表示），对电动机来说是轴上输出的机械功率，单位为"kW"；②额定线电压，单位为"V"或"kV"；③额定线电流，单位为"A"；④相数；⑤电枢绕组的连接法（星形、双星形式三角形等）；⑥频率，单位"Hz"；⑦功率因数 $\cos\phi$；⑧转速，单位为"r/min"；⑨励磁电压（V）和最大容许的励磁电流（A）等。

直流稳压电源：直流发电机主要作为直流电源，例如用作直流电动机，同步电机的励磁以及化工、冶炼，交通运输中的某些设备的直流电源。一台简易的两极直流发电机有 N、S 两磁极，电枢上有一个绕组，绕组两端分别接至两个彼此绝缘的换向片，换向片和绕组一起旋转，两个静止的电刷，压紧在两个换向片上，通过它们使电枢上的绕组与外电路相通。直流发电机运行特性与励磁绕组的连接方式有关。按照励磁方式不同，可分为他励、并励、串励和复励四种。

（1）他励发电机的励磁电流是由其他直流电源供给。

（2）并励发电机的励磁绕组与磁场调节电阻串联后再与电枢两端并联，与电枢并联的励磁绕组简称并励绕组。

数字万用电表：简称万用表。是一种多量限，用途广的电工测量仪表。一般万用表可用来测量直流电流、直流电压、交流电压，电阻和音频电平等量。万用表主要由一只灵敏度高的磁电式表头、转换开关和测量线路三部分组成。万用表是一种比较复杂的仪器，如果使用不当，不但得不到正确的结果，而且容易损坏仪表，因此必须掌握正确的使用方法。

（1）使用前看表的指针是否在表面左端"0"位处。否则要调整零螺钉，使指针指到"0"位。

（2）根据测量对象，将转换开关旋到相应的档位。例如要测量交流电压，则将转换开关旋到 V 档。

（3）估计被测量的大致范围，将转换开关旋到适当量程上。例如 200V 交流电压可以选用"V"档中的 250V 量程上。

（4）测量电阻时，首先将两测试棒短接，再旋"Ω"调零旋钮，使指针指到"0"Ω处，然后将测试棒与被测电阻两端接触，即可读出欧姆表数。测量电阻时，应将电源切断。如果"Ω"调零旋钮转到底了，指针仍不指"0"，说明干电池电压不够，须更换新的电池。

（5）使用完毕后，一般把转换开关旋到交流电压档的最大量程一档上，预防下次使用时可能产生误操作。

定额编号　7-20～7-23　总线制（壁挂式）　P12

[应用释义]　总线制：见第 8.1.8 条总线制的释义。

冲击钻头：硬质合金钻头，用在砖、石，混凝土上打孔，便于建筑物内水、暖、气、电管线和机械设备的安装。

定额编号　7-24～7-27　总线制（落地式）　P13

[应用释义]　异形塑料管：由塑料制成的管道。塑料是以石油或煤为原始材料制得的一类高分子材料。主要成分是合成树脂。合成树脂是用人工合成的高分子聚合物，简称树脂。因此，塑料的名称按其所含的合成树脂名称来命名。此外，还含有各种助剂（又称添加剂）。助剂是一种能在一定程度上改进合成树脂的成型加工性能和使用性能，而不明显地影响合成树脂分子结构的物质。常用的助剂主要有增塑剂，填充剂、稳定剂、固化剂、阻燃剂、着色剂、发泡剂、抗静电剂等。塑料按其成型物料，可分成简单组成与复杂组成两类，简单组成塑料，其组分全部是或多数是合成树脂，不加或加入少量的助剂，如聚四氟乙烯；复杂组成的塑料，其成分除合成树脂外，还加入多种助剂，是合成树脂与各种助剂按一定比例配合均匀的混合物。如聚氯乙烯是塑料中使用助剂最多的一种。异型塑料管的优点是化学稳定性高，耐腐蚀，内壁光滑，水力条件好。缺点是不能抵抗强氧化剂（如硝酸）的作用，强度低、耐热性差。

五、联动控制器安装

工作内容：校线、挂锡、并线、压线、标志、安装、固定、功能检测、防尘和防潮处理。

定额编号　7-28～7-31　多线制　P14～P15

[应用释义]　多线制：见第 8.1.8 条中多线制的释义。

三线制探测器与底座间采用卡装方式，探测器的出线方式：三线制电源（＋）、电源（－）、信号线 S（X）。探测器通过底座上的四个接线螺钉与系统相连。底座上的两个 V 接点连接，取下探测器则两个 V 接点断开，这种结构是为系统运行时，若某探测器被取下，可以向报警器发出断线（开路）故障信号。区域报警控制器的每个回路（部位）允许并联的探测器数量，不同产品有不同的要求，每个回路并行连接的末端探测器必须配置终

（尾）端电阻或用监控（终端）型探测器，以实现回路断线（开路）故障报警。为了便于施工和检修，电源（＋）、电源（－）分别用红、黑色导线，信号线 S 可自行选用一种颜色。

玻璃胶：一种能在两个物体表面间形成薄膜并能把它们紧密地胶结起来的材料。随着现代建筑工程的发展，许多装饰材料和物种功能材料在安装施工时均会涉及它们与基体材料的粘结问题，此外，混凝土裂缝和破损等也常采用玻璃胶进行修补，因此，粘结技术和粘结材料已愈来愈受到人们的重视，随着新的胶粘剂的不断出现，它已成为当前建筑材料中一个重要的组成部分。玻璃胶是以聚乙烯醇与甲醛在酸性介质中进行缩合反应而制得的一种透明的水溶性胶体。它无毒、无味，具有较高的粘接强度和较好的耐水、耐油、耐磨及耐老化性能。它既可作壁纸、墙布的胶粘剂，也可作水泥制品的胶粘剂，可显著地提高水泥材料的耐磨性、抗冻性和抗裂性，并增加其防霉菌性，还可用作彩色瓷砖、马赛克、室内地面涂层、内墙涂料等的胶料，是建筑中广泛使用的一种胶粘剂。由于聚乙烯醇缩甲醛树脂的原料来源丰富，价格低廉，因而在建筑装修施工中用途最广，被誉为建筑用"万能胶"。

定额编号 7-32～7-35 总线制（壁挂式） P16

［应用释义］ 总线制：见第 8.1.8 条中总线制和释义。这样的监控系统与二线制、三线制、四线制等多线制监控系统相比，有较多的优点，所以它是国内目前较流行的一种自动监控系统。

自耦调压器：能将某一数值的交流电压变换为频率相同而大小不同的交流电压。调压器是电力系统与供电系统不可缺少的电气设备。调压器除了能改变交流电压外，还可以改变交流电流（如电流互感器），变换阻抗（如电子线路中的输入，输出调压器）以及改变相位（如脉冲变压器）等，所以调压器又是电工测量、电子设备方面不可缺少的电气设备。调压器因使用场合，工作要求不同，其结构形式是各种各样的，但是，最基本的结构都是由硅钢片叠成的铁芯与套在铁芯上又互相绝缘的绕组所构成。铁芯是变压器的磁路部分。为了减小涡流与磁滞损耗，铁芯多用厚度为 $0.35\sim0.5mm$ 且两侧涂有绝缘漆的硅钢片叠成。按铁芯与绕组的装置关系、调压器可分为芯式与壳式两种。芯式调压器的绕组环绕铁芯柱。壳式调压器的绕组除中间穿过铁芯处，还部分地被铁芯包围。当调压器的原绕组接在交流电源上，原边在交变电压 u_1 作用下，将出现交变的原边电流 i_1 通过原绕组，在铁芯里产出交变磁通 ϕ，沿铁芯形成闭合回路。磁通 ϕ 同时穿过原绕组与副绕组，称为变压器的主磁通。主磁通的存在是变压器运行的必要条件。由于主磁通是交变的，根据电磁感应定律，在原绕组与副绕组中感应电动势。按磁通与电动势的正方向，它们之间有下列关系，即

$$e_1 = -N_1\frac{d\phi}{dt}$$

$$e_2 = -N_2\frac{d\phi}{dt}$$

式中，N_1 与 N_2 分别为原，副绕组的匝数。当外加电电压 u_1 按正弦规律变化时，主磁通 ϕ 也按正弦规律变化。设 $\phi = I_n\sin wt$，则

$$e_1 = -N_1\frac{d\phi}{dt} = -N_1 W\phi_m\cos wt = Em_1\sin\left(W_t - \frac{\pi}{2}\right)$$

$$e_2 = -N_2 \frac{d\phi}{dt} = -N_2 W \phi_m \cos wt = Em_2 \sin \left(W_t - \frac{\pi}{2}\right)$$

感应电动势的有效值的表达式为

$$E_1 = \frac{Em_1}{\sqrt{2}} = \frac{2\pi}{\sqrt{2}} N_1 \phi_m = 4.4 + N_1 \phi_m$$

$$E_2 = \frac{Em_2}{\sqrt{2}} = \frac{2\pi}{\sqrt{2}} N_2 \phi_m = 4.44 + N_2 \phi_m$$

由于调压器原、副绕组本身阻抗电压降很小，可以认为 $u_1 \approx E_1$、$u_2 \approx E_2$。由上列各式得出原边电压 u_1 与副边电压 u_2 之间的关系为 $\frac{u_1}{u_2} \approx \frac{E_1}{E_2} = \frac{N_1}{N_2} = K$ 调压器原绕组与副绕组的电压比等于它们的匝数比 K。K 为变比。自耦调压器的结构特点是在于副绕组是原绕组的一部分，原、副绕组之间除了有磁的联系外，还有直接的电的联系，副绕组可以直接从电源吸取功率。自耦变压器原、副边电压之比和电流之比也是

$$\frac{u_1}{u_2} = \frac{N_1}{N_2} = K$$

$$\frac{I_1}{I_2} = \frac{N_2}{N_1} = \frac{1}{K}$$

若将小容量的自耦调压器的副绕组引出线 a 端接上电刷，沿绕组 AX 滑动（即改变副绕组匝数），便可均匀地调节其输出电压，这种自耦调压器又称为调压器。

定额编号 7-36～7-39 总线制（落地式）

[应用释义] 六角带帽螺栓：螺栓是有螺纹的圆杆和螺母组合而成的零件，用来连接并紧固，可以拆卸。螺母是组成螺栓的配件。中心有圆孔，孔内有螺纹，跟螺纹相啮合，用来使两个零件固定在一起，也叫螺帽。六角带帽螺栓是指螺帽的外围线呈六边形的螺栓。

焊锡：指铅锡合金，熔点较低。用于焊接铁、铜等金属构件。

焊锡膏：用来清除焊体表面的铁迹和其他氧化物。

六、报警联动一体机安装

工作内容：校线、挂锡、并线、标志、安装、固定、功能检测、防尘和防潮处理。

定额编号 7-40～7-43 壁挂式 P18

[应用释义] 壁挂式：指装置挂在墙上，不是直接固定在地上。

异型塑料管所具性能：异型塑料管是用塑料制成的管道。塑料是以石油或煤为原始材料制得的一类高分子材料。建筑塑料与传统建筑材料相比，具有以下优异性能：

1. 密度低，自重轻。塑料密度通常在 $0.90 \sim 2.2 \text{g/cm}^3$ 之间，比铝轻约 1/2，仅为钢的 1/7～1/5。轻质，不仅减轻施工时的劳动强度，而且大大减轻了建筑物的自重。

2. 优良的加工性能。塑料可以用各种方法加工成型，且加工性能优良。目前，塑料的成型加工与金属加工相比，不仅能耗低，而且加工方便，效率高。

3. 具有多功能性。塑料种类多，可加工成具有各种特殊性能的材料，如有刚度较大的建筑板材，也有柔软富有弹性的密封材料。各种建筑塑料又具有多种特殊的功能，如防水性、隔热性、隔声性、耐化学腐蚀性等。有些性能则是传统材料难以具备的。

4. 出色的装饰性能。现代先进的塑料加工技术可以把塑料加工成装饰性优异的各种

材料。塑料装饰材料的品种之多是其他材料无法与其相提并论的。但是，塑料也存在一些缺点，主要是耐热性差，易燃烧；塑料在日光，大气，热等作用下会老化；与钢铁等金属材料比较，强度和弹性模量较小，即刚度差的缺点也给某些塑料的使用带来了一定的局限性，需在制作中通过改变配方式改性使其性能得到改变，有的需在应用中采取必要的措施加以防止。塑料的主要成分是合成树脂。

定额编号 7-44～7-47 落地式 P19

[应用释义] 落地式：指装置固定在地面，与地面连成一体。

数字万能表：见定额编号 7-16～7-19 多线制中数字万能表的释义。

七、重复显示器、警报装置、远程控制器安装

工作内容：校线、挂锡、并线、压线、标志、编码、安装、固定、功能检测、防尘和防潮处理。

定额编号 7-48～7-53 重复显示器 警报装置（只） 远程控制器 P20～P21

[应用释义] 重复显示：以声光向人们提示火灾与事故的发生，并且也能记忆与显示火灾与事故发生的时间及地点。显示装置通常与火灾控制器合装，并统称为火灾报警控制器。现代消防系统使用的报警显示常常分为预告报警的声光显示及紧急报警的声光显示。两者的区别在于预告报警是在探测器已经动作，即探测器已经探测到火灾信号。但火灾处于燃烧的初期（也称阴燃阶段），如果此时能用人工方法及时去扑火，阴燃阶段的火灾就会被扑灭，而不必动用消防系统的灭火设备。毫无疑问，这对于"减少损失、有效灭火"来说，都是十分有益的。紧急报警则是表示火灾已经确定，火灾已经发生，需要动用消防系统的灭火设备快速扑灭火灾。实现两者的区别，最简单的方法就是在被保护现场安置两种灵敏度的探测器，其中高灵敏度探测器作为预告报警用；低灵敏度探测器则用作紧急报警。

火灾报警装置：自动消防系统的重要组成部分，它的完美与先进是现代消防系统的重要标志。现代火灾报警控制器，融入先进的电子技术、微机技术及自动控制技术，其结构与功能已经达到较高水平。由微机技术实现的火灾报警控制器已将报警与控制融为一体，也即一方面可产生控制作用，形成驱动报警装置及联动灭火，连锁减灾装置的主令信号，同时又能自动发出声、光报警信号。随着现代科技的高速发展，火灾报警控制器的功能越来越齐全，性能越来越完善。

（1）根据所设计的自动监控消防系统的形式确定报警控制器的基本（功能）规格。目前国内流行的自动监控系统大体分以下几种类型：

第一类为全自动报警灭火系统。这类系统由检测现场火灾信号到报警控制器发出报警信号，同时启动联动灭火设备及连锁减灾设备，全过程均是自动完成。

第二类为半自动报警灭火系统。这类系统当报警控制器收到火灾信息时，经判断并确认火灾后立即发出报警信号，并启动一个或几个灭火装置，有时也将灭火装置动作信号及报警信号传送到消防控制中心。显然，此类系统不向连锁装置发出动作指令信号。

第三类为"手动报警系统"。这类系统当火灾报警控制器发出火灾报警信号后，在没有启动自动灭火装置环节或该环节已失灵的情况下，由手动操纵一个或几个灭火装置扑火。

以上三类系统也可分成两类。即自动报警、自动灭火及自动报警、人工灭火两类不同的消防系统。

（2）在选择与使用火灾报警控制器时，应尽量使被选用的报警器与火灾探测器相配套，即火灾探测器输出信号与报警控制器要求输入信号应属于同一种类型（同为低电平，或同为高电平，或同为接点信号等）。

（3）被选用的火灾报警控制器，其容量不得小于现场使用容量。如区域报警控制器其容量不得小于该区域内探测部位总数。集中报警控制器其容量不得小于它所监探的探测部位总数及监控区域总数。

（4）报警控制器的输出信号（联动、连锁指令信号）回路数应尽量等于相关联动、连锁装置数，以利其控制可靠。

（5）需根据现场实际，确定报警控制器的安装方式，从而确定选择壁挂式、台式还是柜式报警控制器。以上原则叙述了火灾报警装置的选择。

远程控制器：可接收传送控制器发出的信号，对消防执行设备实行远距离控制的装置。

声光报警：在区域报警控制器中，声光报警将本区域各个火灾探测器送来的火灾信号转换成报警信号，即发出声响报警，在显示器上以光的形式显示着火部位，（地址火灾等级）在集中报警控制器中，声光报警单元与区域报警控制器类似。但不同的是火灾信号主要来自各个监控区域的区域报警控制器，发出的声光报警显示火灾地址是区域（或楼层）、房间号、集中报警控制器也可直接接收火灾探测器的火灾信号而给出火灾报警显示。为区别于火灾声、光报警，常采用黄色信号灯作光警显示，而用蜂鸣作为声警显示。

普通胶合板：见定额编号 7-6～7-10 总线制中普通胶合板的释义。

八、火灾事故广播安装

工作内容： 校线、挂锡、并线、标志、安装、固定、功能检测、防尘和防潮处理。

定额编号　7-54～7-56　功放、录音机　P22

［应用释义］　录音机：用机械、光学或电磁等方法把声音记录下来的机器。

锯条：拉开木料、石料、钢材等的工具，主要部分是具有许多尖齿的薄钢片。

橡皮垫：由橡胶制成的薄垫，在机器之间以防止机器过分振动。橡胶是弹性体的一种，即使在常温下它也具有显著的高弹性能，在外力作用下它很快产生变形，变形可达百分之百。但当外力除去后，又会恢复到原来的状态，这是橡胶的主要性质，而且保持这种性质的温度区间范围很大。土建工程主要利用它的这一特性。橡胶可分为天然橡胶、合成橡胶。天然橡胶的主要成分是异戊二烯高聚体，其他还有少量水分、蛋白质及脂肪酸等。天然橡胶主要是由橡胶树的浆汁中取得，加入少量醋酸、氯化锌或氟硅酸钠即可凝固。凝固体经压制后成为生橡胶。生橡胶经硫化处理得到软质橡胶。天然橡胶的密度为 $0.91\sim0.93\mathrm{g/cm^3}$，在 $130\sim140℃$ 软化，$150\sim160℃$ 变黏软，$220℃$ 熔化，$270℃$ 迅速分解。天然橡胶易老化失去弹性，一般作为橡胶制品的原料。合成橡胶又称人造橡胶，制备时一般可以看作两步组成：首先将基本原料制成单体，而后将单体合成为橡胶。制成单体的基本原料主要有：石油、天然气、煤、木材和农产品。用这些物质制乙醇、丙酮、乙醛、饱和的与不饱和的碳氢化合物等，然后再用它们制得各种单体。由单体经聚合、缩合作用而得各种合成橡胶。建筑工程中常用的合成橡胶有如下几种：氯丁橡胶、丁基橡胶、乙丙橡胶和三元乙丙橡胶、丁腈橡胶、再生橡胶。

定额编号　7-57～7-60　消防广播控制柜、吸顶式扬声器、壁挂式音箱、广播分配器 P23～P24

[应用释义]　消防广播控制柜：在火灾发生时，为了便于组织人员的安全疏散和通知有关的救灾事项，对一、二级保护对象设置的火灾事故广播（火灾紧急广播）的控制系统。火灾事故广播系统的设置依自动报警系统的形式而定。区域——集中和控制中心系统应设置火灾事故广播系统，集中系统内有消防联动控制功能时，亦应设置火灾事故广播系统，若集中系统内无消防联动控制功能时，宜设置火灾事故广播系统。

吸顶式扬声器：埋在建筑物顶部的扬声器称吸顶式扬声器。扬声器的设置应符合下列要求：

（1）走道、大厅、餐厅等公共场所，扬声器的设置数量，应能保证从本层任何部位到最近一个扬声器的步行距离不超过 25m。在走道交叉处拐弯处应设扬声器。走道末端最后一个扬声器距墙不大于 8m。

（2）走道、大厅、餐厅等公共场所应设置专用的扬声器，额定功率不应小于 3W，实配功率不应小于 2W。

（3）客房内扬声器额定功率不应小于 1W。

（4）设置在空调、通风机房、洗衣机房、文体娱乐场所和车库等处，有背景噪声干扰场所内的扬声器，在其播放范围内最远的播放声压级，应高于背景 15dB，并据此确定扬声器的功率。

（5）应设置火灾事故广播备用扬声机，备用扬声机的音量不应小于在火灾时需和同时广播范围内的火灾事故广播为扬声器最大音量总和的 1.5 倍。

壁挂式音箱：功能与壁挂式扬声器类似，指挂在墙壁上的音箱。

广播分配器：消防广播系统中对现场扬声器实现分区域控制的装置。

镀锌扁钢：扁钢外形是扁条形，其宽度≥101mm 的为大型；60～100mm 的为中型；≤59mm的为小型。镀锌扁钢表面镀锌发白。

接地线：接地的导线称为接地线。消防系统接地分工作接地与保护接地。工作接地指系统中各设备采用的信号接地或逻辑接地，利用专用接地装置在消防控制中心接地，其接地电阻应小于4Ω。高层建筑中消防系统工作接地也可利用建筑物防雷保护接地式接地，此称为联合接地，其接地电阻应小于1Ω。联合接地专用干线由消防中心引至接地体，专用接地干线应采用铜芯绝缘导线或电缆，其线芯截面不应小于 16mm^2。由消防控制中心接地极引至各消防设备装置的接地线，应选用铜芯绝缘导线，其线芯面积不应小于4mm^2。为保护设备装置及操作人员安全的接地称为保护接地。保护接地可采用"接零干线保护方式"（即单相三线制，三相五线制），凡对消防设备引入有关交流供电的设备、装置的金属外壳，都应采用专用接零干线作保护接地。

九、消防通信、报警备用电源安装

工作内容：校线、挂锡、并线、安装、固定、功能检测、防尘和防潮处理。

定额编号　7-61～7-66　电话交换机　通信　P25～P26

[应用释义]　通信：消防的通信系统主要指电话系统。消防专用电话系统是与普通电话分开的独立系统，用于消防控制室与消防专用电话分机设置点的火情通话。

插孔：在建筑的关键部位及机房等处设有与消防控制室紧急通话的消防对讲电话插

孔，巡视人员或消防队队员携带的话机可以随时插入消防对讲电话插孔与消防控制室进行紧急通话。消防专用通信应为独立的通信系统，不得与其他系统合用，该系统的供电装置应选用带蓄电池装置，要求不断供电。

分机：指建筑物内消防泵房、通风机房、主要配变电室、电梯机房、区域报警控制器及卤代烷等管网灭火系统应急操作装置处，以及消防值班、警卫办公用房等处均应装置电话。在消防控制室内设的消防专用电话叫消防电话总机。

电话交换机：可利用送、受话器、通信分机进行对讲、呼叫的装置。

消防报警备用电源：能提供给消防报警设备用直流电源的供电装置。

普通胶合板：胶合板是将原木沿年轮方向施切成薄片，经干燥处理后上胶，以数张薄片使其纤维方向互相垂直叠放，再经热压而制成。胶合板的薄片层数为奇数，一般为3～13层。厚度为2.5～30mm，宽度为215～1220mm，长度为95～2440mm。针叶树和阔叶树均可制作胶合板。常用的胶粘剂有酚醛树脂、脲醛树脂、血胶、豆胶等。胶合板与普通木板相比具有许多优点：①克服了木材各向异性的特点；②导热系数小，绝热性能好；③无明显的纤维饱和点存在；④平衡含水率和吸湿性比木材低；⑤木材的疵病被剔除，板面质量好等。普通胶合板可分耐气候胶合板、耐水胶合板、耐潮胶合板、不耐潮胶合板。耐气候胶合板由酚醛树脂或其他性能相当的胶组成。它耐久、耐煮沸或蒸汽处理，耐干热、抗菌。适合于室内、室外工程。耐水胶合板由脲醛树脂胶或其他性能相当的胶组成，它耐冷水浸泡及短时间热水浸泡，抗菌，但不耐煮沸。适合于室内、室外工程。耐潮胶合板由血胶、低树脂含量的脲醛树脂胶或其他性能相当的胶组成。它耐短期冷水浸泡。一般用于室内工程，不耐潮胶合板由豆胶或其他性能相当的胶组成。有一定的胶合强度，但不耐潮。一般用于室内工程。

第二章　水灭火系统安装

第一节　说明应用释义

一、本章定额适用于工业和民用建（构）筑物设置的自动喷水系统的管道、各种组件、消火栓、气压水罐的安装及管道支吊架的制作、安装。

[应用释义]　自动喷水系统：其结构简单、造价低、使用维护方便、工作可靠、性能稳定，且系统易与其他辅助灭火设施配合工作，形成灭火救灾于一体的减灾灭火系统，再加上系统本身大量采用先进的微机控制技术，使灭火系统更加操纵灵活、控制可靠、性能先进、功能齐全等，使其成为建筑物内尤其是高层民用建筑、公共建筑，普通工厂等最基本、最常用的消防设施。自动喷水灭火系统可分两类，即室内消火栓灭火系统和室内喷洒水灭火系统。室内消火栓灭火系统由高位水箱（蓄水池）、消防水泵（加压泵）、管网、室内消火栓设备、室外露天栓以及水泵接合器等组成。高位水箱（蓄水池）与管网构成水灭火的供水系统。无火灾时，高位水箱应充满足够的消防用水，一般规定贮水量应能提供火灾初期消防水泵投入前 10min 的消防水。10min 后的灭火用水要由消防水泵从低位蓄水池或市区供水管网将水注入室内消防管网。高层建筑的消防水箱应设置在屋顶，宜与其他用水的水箱合用，让水箱中的水经常处于流动状态，以防止消防用水长期静止贮存而使水质变坏发臭。消防水箱的水量应尽量保证楼内最不利点消火栓设备所需压力，以满足灭火需要的喷水枪充实水柱长度。为确保由高位水箱与管网构成灭火供水系统可靠供水，还须对供水系统施加必要的安全保护措施。例如室内消防给水管网上设置一定数量的阀门。阀门应经常处于开启状态，并有明显的启闭标志。同时阀门位置的设置还应有利于阀门的检修与更换。屋顶消火栓的设置，对扑灭楼内和邻近大楼火灾都有良好的效果，同时它又是定期检查室内消火栓供水系统的供水能力的有效措施。水泵接合器是消防车往室内管网供水的接口，为确保消防车从室外消火栓、消防水池或天然水源取水后安全可靠地送入室内供水管网，在水泵接合器与室内管网的连接上，应设置阀门，单向阀门及安全阀门，尤其是安全阀门可防止消防车送水压力过高而损坏室内供水管网。室内消火栓设备由水枪、水带和消火栓（消防用水出水阀）组成。火场实践证明，水枪喷嘴口径不应小于 19mm，水带直径有 50mm、65mm 两种，水带长度一般不应超过 25m，消火栓设备设有远距离启动消防水泵的按钮和指示灯，在消火栓箱内的按钮盒，通常是联动的一常开一常闭按钮触点。平时无火灾时，常开触点处于闭合状态，常闭触点处于断开状态。当有火灾发生，需要灭火时，可用消防专用小锤击碎按钮盒的玻璃小窗，按钮弹出，常开触点恢复断开状态，常闭触点恢复闭合状态，接通控制线路，启动消防水泵。同时在消火栓箱内还装设限位开关，无火灾时该限位开关被喷水枪压住而断开。火灾时，拿起喷水枪，限位开关动作，水枪开始喷水，同时向消防中心控制室发出该消火栓已工作的信号。室内喷洒水灭火系统具有如下特点：①它是一种固定式自动灭火系统，具有自动灭火和自动报警的功能。②系统安全可靠，经济实用，灭火效率高，特别对扑灭初期火灾有很好的效果。有资料表

明，该系统灭火成功率可高达99.6%。③系统结构简单，使用维护方便，成本低且使用期长。④可实现电子计算机的监控与处理，自动化程度高，便于集中管理、分散控制。⑤适用范围广，尤其适用于高层民用建筑，公共建筑、工厂、仓库以及地下工程等场所。

室内喷洒水系统可分为干式、湿式、雨淋式、喷雾式及水幕式等多种类型。湿式喷洒水灭火系统是室内喷洒水系统中最为广泛的一种。在高层建筑中，当室内温度在不低于4℃的场合下，应用此系统灭火是非常合适的，再加上系统本身结构简单，设计容易，使用安全可靠，灭火效果好，成为水灭火方式的首选形式，凡在条件允许的地方，都应考虑采用湿式喷洒水灭火系统。雨淋喷水灭火系统采用开式喷头，当雨淋阀动作后，开式喷头便自动喷水，大面积均匀灭火，效果十分显著。但这种系统对电气控制要求较高，不允许有误动作或不动作现象。此系统适用于需要大面积喷水灭火并需快速制止火灾蔓延的危险场所，如剧院舞台、大型演播厅等。预作用喷水灭火系统更多地采用了报警技术与自动控制技术，使其更加完善，更加安全可靠。尤其是系统中采用了一套火灾自动报警装置，即系统中使用感烟探测器，火灾报警更为及时。当发生火灾时，火灾自动报警系统首先报警，并通过外联触点打开排气阀，迅速排出管网内预先充好的压缩空气，使消防水进入管网。当火灾现场温度升高至闭式喷头动作温度时，喷头打开，系统开始喷水灭火。因此在系统喷水灭火之前的预作用，不但使系统有更及时的火灾报警，同时也克服了干式喷水灭火系统在喷头打开后，必须先放走管网内压缩空气才能喷水灭火而耽误灭火时间的缺点，也避免了湿式喷水灭火系统存在消防水渗漏而污染室内装修的弊病。

气压水罐：室内自动喷洒水灭火系统供水由高位水箱、恒压泵（喷压泵）及气压水罐等实现。建筑的消防高位水箱不能满足建筑物内最不利点的喷洒水灭火设备的水压时，应考虑设置气压水罐来增加水压。气压水罐是喷洒水灭火系统中全自动式的局部增压供水装置，实际上气压水罐就是在喷淋水泵与管网之间增设的压力空气贮能罐。

自动喷水灭火系统有下列七种结构类型：

（1）湿式喷水灭火系统：喷头常闭的灭火系统，管网中充满有压水，当建筑物发生火灾，火点温度达到开启闭式喷头时，喷头出水灭火。如图2-11，图2-12所示，该系统有灭

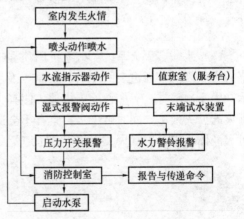

图 2-11 湿式自动喷水灭火系统
工作原理流程图

火及时、扑救效率高的优点，但由于管网中充满有压水，当渗漏时会损坏建筑物装饰和影响建筑的使用。该系统适用于环境温度 $4℃<t<70℃$ 的建筑物。

（2）干式喷水灭火系统：喷头常闭的灭火系统，管网中平时不充水，充有有压空气（或氮气）。当建筑物发生火灾，火点温度达到开启闭式喷头时，喷头开启，排气、充水、灭火。该系统灭火时需先排气，故喷头出水灭火不如湿式系统及时。但管网中平时不充水，对建筑物装饰无影响，对环境温度也无要求，适用于采暖期长而建筑内无采暖的场所。为减少排气时间，一般要求管网的容积不大于2000L。

（3）干湿两用喷水灭火系统：在干式系统的基础上，为了克服干式系统控火灭火率较

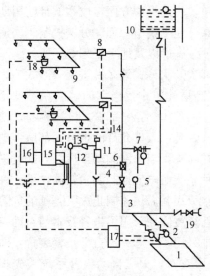

图 2-12 湿式自动喷水灭火系统图示
1—消防水池；2—消防泵；3—管网；4—信号蝶阀；5—压力表；6—湿式报警阀；7—泄放试验阀；8—水流指示器；9—喷头；10—高位水箱；11—延时器；12—过滤器；13—水力警铃；14—压力开关；15—报警控制器；16—非标控制箱；17—水泵启动箱；18—探测器；19—水泵结合器

低的缺点而产生的一种交替式自动喷水灭火系统。在冬季，系统管网中充以有压气体，系统为干式系统；在温暖季节，管网中充以压力水，系统为湿式系统。该系统管网容积不宜超过 3000L。

（4）预作用自动喷水灭火系统：喷头常闭的灭火系统，管网中平时不充水。发生火灾时，火灾探测器报警后，自动控制系统控制闸门排气、充水，由干式变为湿式系统。只有当着火点温度达到开启闭式喷头时，才开始喷水灭火。该系统弥补了干式和湿式喷水灭火系统的缺点，适用于对建筑装饰要求高，灭火要求及时的建筑物。

（5）雨淋喷水灭火系统：为喷头常开的灭火系统，当建筑物发生火灾时，由自动控制装置打开集中控制闸门，使整个保护区域所有喷头喷水灭火。该系统具有出水量大、灭火及时的优点。适用于火灾蔓延快、危险性大的建筑或部位。

（6）水幕系统：该系统喷头沿线状布置，发生火灾时主要起阻火、冷却、隔离作用，如图 2-13 所示，该系统适用于需防水隔离的开口部位，如舞台与观众之间的隔离水帘、消防防火卷帘的冷却等。

（7）水喷雾灭火系统：该系统用喷雾喷头把水粉碎成细小的水雾滴之后喷射到正在燃烧的物质表面，通过表面冷却、窒息以及乳化、稀释的同时作用实现灭火，如图 2-14 所示。由于水喷雾具有多种灭火机理，使其具有适用范围广的优点，不仅可以提高扑灭固体火灾的灭火效率，同时由于水雾具有不会造成液体火飞溅、电气绝缘性好的特点，在扑灭可燃液体火灾、电气火灾中均得到了广泛的应用，如飞机发动机试验台、各类电气设备、

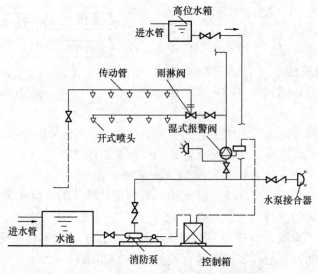

图 2-13 传动管启动雨淋喷水灭火系统图示

石油加工场所等。

消火栓设备包括消火栓、水枪、水带、水喉、报警按钮等，平时放置在消火栓箱内。

(1) 消火栓是消防管网火场供水且带有阀门的接口，进水端与管道固定连接，出水端可接水带。均为内扣式接口的球形阀式龙头，有单出口和双出口之分。双出口消火栓直径为 65mm，单出口消火栓直径为 50mm 和 65mm 两种。当每支水枪最小流量小于 5t/s 时选用直径 50mm 消火栓；最小流量≥5t/s 时选用 65mm 消火栓。消火栓的作用有：①连接水带和水枪，直接用于扑灭火灾；②室外消火栓可用于消防车取水；③截断和控制水流，其中，室外消火栓设于室外，与室外消防给水管网连接，主要用于消防车取水等；室内消火栓设于室内，与室内消防给水管网连接，用于连接水带和水枪，直接扑救火灾。

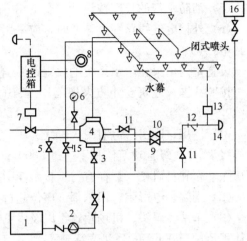

图 2-14　水幕系统图示

1—水池；2—水泵；3—供水闸阀；4—雨淋阀；5—止回阀；6—压力表；7—电磁阀；8—按钮；9—试警铃阀；10—警铃管阀；11—放水阀；12—滤网；13—压力开关；14—警铃；15—手动快开阀；16—水箱

(2) 水枪：一般为直流式，喷嘴口径有 13mm、16mm、19mm 三种。口径 13mm 水枪配置直径 50mm 水带，16mm 水枪可配置 50mm 或 65mm 水带，19mm 水枪配置 65mm 水带，消火栓箱内配备的水枪一般为口径 19mm 的直流水枪，低层建筑的消火栓可选用 13mm 或 16mm 口径水枪。

(3) 水带口径有 50mm、65mm 两种，长度多为 20m，最长不超过 25m，每个消火栓箱内配置一盘水带，水带直径应与消火栓出口直径一致。水带材质有麻织和化纤两种，有衬胶与不衬胶之分，衬胶水带阻力较小。水带长度应根据水力计算选定。

(4) 水喉：为小口径自救式消火栓设备，作为一种辅助灭火设备使用；

(5) 火灾报警按钮：一般设在消火栓箱内或附近墙壁的小壁龛内，其作用是在现场手动报警的同时，远动直接启动消防水泵。

室内消火栓给水系统是把室外给水系统提供的水量，经过加压（外网压力不满足需要时），输送到用于扑灭建筑物内的火灾而设置的固定灭火设备，是建筑物内的最基本的灭火设施。它一般由水枪、水带、消火栓、消防管道、消防水池、高位水箱、水泵结合器及增压水泵等组成。它有下列几种给水方式：①由室外给水管直接给水的消防给水方式；②设水箱的消火栓给水方式；③设水泵、水箱的消火栓给水方式。

室内消火栓给水系统安装的一般要求：

(1) 室内消火栓箱一般安装在室温高于 5℃的场所内，如需要安装在不采暖、有结冻可能的建筑内时，应采取适当的防冻措施；

(2) 接消火栓的供水管，可根据具体条件由消火栓箱的后面、底面或侧面接入；

(3) 消火栓箱与墙体的接触部分应采取防锈、防腐措施，如涂热沥青、填塞防湿物等；

(4) 消火栓口距地面的安装高度为 1.2m，出水口与安装墙面成 90°角；

（5）消防水带的长度按设计需要选用，但最长不应超过 25m；

（6）外接电气线路穿过箱壁时，应采用橡胶过线垫圈，安装时不应将箱体底部的排水孔封堵。

设置室内消火栓给水系统的原则：

按照我国《建筑设计防火规范》（GBJ 16）的规定，下列建筑物应设置消火栓给水系统：

（1）厂房、库房（但对耐火等级为 1、2 级且可燃物较少的丁、戊类厂房、库房，耐火等级为 3、4 级且建筑体积不超过 3000m³ 的丁类厂房和建筑体积不超过 5000m³ 的戊类厂房除外）和科研楼（贮存有与水接触能引起燃烧、爆炸的房间除外）。

（2）剧院、电影院、俱乐部（座位超过 800 个）和超过 1200 个座位的礼堂、体育馆。

（3）车站、码头、机场建筑物以及展览馆、商店、病房楼、门诊楼、教学楼、图书馆等体积超过 5000m³ 的公共建筑。

（4）超过 6 层的塔式住宅、通廊式住宅、底层设有商业网点的单元式住宅和超过 7 层以上的单元式住宅。

（5）超过 5 层或体积超过 1000m³ 的其他民用建筑。

（6）国家级文物保护的重点砖木或木结构的古建筑。

（7）作为下列功能使用的人防建筑工程：

①作为商场、医院、旅馆、展览厅、旱冰场、体育场、舞厅、电子游艺场等使用且面积超过 300m² 时；

②作为餐厅、丙类和丁类生产车间、丙类和丁类物品库房且使用面积超过 450m² 时；

③作为电影院、礼堂使用时；

④作为消防电梯的前室；

（8）停车库、修车库。

二、界线划分：

1. 室内外界线：以建筑物外墙皮 1.5m 为界，入口处设阀门者以阀门为界。

2. 设在高层建筑内的消防泵间管道与本章界线，以泵间外墙皮为界。

[应用释义]　阀门：指控制水流、调节管道内的水量和水压的重要设备。通常放在分支管处，穿越障碍物和过长的管线，一般设在配水支管的下游，以便关阀门时不影响支管的供水。阀门的种类多，分类方法也多，但一般是按其动作特点分为两大类：一是驱动阀门。指借用外力（人力或其他动力）来操纵的阀门，如闸阀，旋塞等。二是自动阀门。指借助介质流量、参数能量变化而动作的阀门，如止回阀，安全阀等。阀门的构造，一般由阀体、阀瓣、阀盖阀杆和手轮等部件组成。

消防泵：消防水泵目前多采用离心式水泵，它是给水系统的心脏，对系统的使用安全影响很大。在选择水泵时，要满足系统的流量和压力要求。消防水泵房宜与生活、生产水泵房合建，以便节约投资，方便管理。消防水泵房应采用一、二级耐火等级的建筑；附设在建筑内的消防水泵房、应用耐火极限不低于 1h 的燃烧体墙和楼板与其他部位隔开；消防水泵房应设直通室外的出口。设在楼层上的消防水泵房应靠近安全出口；以内燃机作动力的消防水泵房，应有相应的安全措施。泵房设施包括水泵的引水、水泵动力、泵房通信报警设备等。消防泵宜采用自灌式引水方式。采用其他引水方式时，应保证消防泵在

5min 内启动。消防泵可采用电动机、内燃机作为动力，一般要求应有可靠的备用动力。消防水泵房应具有直通消防控制中心或消防队的通信设备。

三、管道安装定额：

1. 包括工序内一次性水压试验

[应用释义]　水压试验是指施工单位用钢板卷制焊接的钢管，要求按生产制造钢管的有关技术标准进行强度检验和严密性检验的试验。试验压力 P_s 可按下式计算：

$$P_s = \frac{200SR}{D_w - 2S} \text{ (MPa)}$$

式中　S——管壁厚度（mm）；

　　　R——管材许用应力（MPa）；

　　　D_w——管子外径（mm）。

水压试验时的注意事项：

（1）环境温度低于 5℃时，试压效果不好，如果没有防冻措施，便有可能在试压过程中发生冰冻，试验介质就会因体积膨胀而造成爆管事故。

（2）参照美国 ANSI/NFPA13　1—11·2、1，并结合现行国家规范的有关条文，规定出对系统水压强度试验压力值和试验时间的要求，以保证系统在实际灭火过程中能承受《自动喷水灭火系统设计规范》中规定的 10m/s 最大流速和 1.20MPa 最大工作压力。

（3）测试点选在系统管网的低点，可客观地验证其承压能力；若设在系统高点，则无形中提高了试验压力值，这样往往会使系统管网局部受损，造成试压失败。检查判定方法采用目测，简单易行，也是其他国家现行规范常用的方法。

（4）参照《工业管道工程施工及验收规范》有关条文和美国标准 NFPA13 中的有关条文，已投入工作的一些系统表明，严格讲绝对无泄漏的系统是不存在的，但只要室内安装喷头的管网不出现任何明显渗漏，其他部位不超过正常漏水率，即可保证其正常的运行功能。

（5）参照美国标准的 NFPA13　1—11·2、3 改写而成，系统的水源干管、进户管和室内地下管道，均为系统的重要组成部分，其承压能力，严密性均应与系统的地上管网等同，而此项工作常被忽视或遗忘，故需作出明确规定。

2. 镀锌钢管法兰连接定额，管件是按成品、弯头两端是按短管焊法兰考虑的，定额中包括了直管、法兰等全部安装工序内容，但管件、法兰及螺栓的主材数量应按设计规定另行计算。

[应用释义]　镀锌钢管：一种焊接钢管，一般由 Q235 号碳素钢制造。它的表面镀锌发白，又称白铁管。表面不镀锌的焊接钢管为普通焊接钢管。镀锌焊接钢管常用于输送要求比较洁净的介质，如：给水、洁净空气等。螺纹连接是钢管连接的常用方式，焊接管在出厂时分两种，管端带螺纹和不带螺纹。一般每根长度为 4～9m，不带螺纹的焊接管，每根管材长度为 4～12m。螺纹连接靠各种带螺纹的管件和管端带螺纹的管端，相互啮合旋紧而连接起来的。

螺栓：按加工方法不同，分为精制和粗制两种，粗制螺栓的毛坯用冲制或锻压方法制成，钉头和栓杆都不加工，螺纹用切削式滚压方法制成。这种螺栓因精度较差，多用于土建钢、木结构中，精制螺栓用六角棒料车制而成螺纹及所有表面均经过加工，精制螺栓又分普通螺栓（结构与粗制螺栓相同）和配合螺栓，由于制造精度高，在机械中应用较广。螺栓头一般为六角形，也有方形，这样便于拧紧。常用的螺栓材料有 Q215、Q235 等碳素钢。

法兰：固定在管口上带螺栓孔的圆盘。法兰连接严密性好，拆卸安装方便，故用于需要检修或定期清理的阀门、管路附属设备与管子的连接，如泵房管道的连接常采取法兰连接。

（1）根据法兰与管子的连接方式，钢制法兰分为以下几种：①平焊法兰，给排水管道工程中常用平焊法兰。这种法兰制造简单，成本低，施工现场既可采用成品，又可按国家标准在现场用钢板加工。平焊法兰的密封面根据耐压等级可制成光滑面、凸凹面和榫槽面三种，以光滑面平焊法兰最为普遍。平焊法兰可用于公称压力不超过 2.5MPa、工作温度不超过 300℃的管道上。②对焊法兰本体带一段短管，法兰与管子的连接实质上是短管与管子的对口焊接，故称对焊法兰。一般用于公称压力大于 4MPa 或温度大于 300℃的管道上。对焊法兰多采用锻造法制作，成本较高，施工现场大多采用成品。对焊法兰可制成光滑面、凸凹面、榫槽面、梯形槽等几种密封面，其中以前两种形式应用最为普通。③铸钢法兰与铸铁螺纹法兰适用于水煤气输送钢管上，其密封面为光滑面。它们的特点是一面为螺纹连接，另一面为法兰连接，属低压螺纹法兰。④翻边松套法兰属活动法兰，分为平焊钢环松套、翻边松套和对焊松套三种。翻边松套法兰由于不与介质接触，常用于有色金属管（铜管、铝等）、不锈钢管以及塑料管的法兰连接上。⑤法兰盖是中间不带管孔的法兰，供管道封口用，俗称盲板。法兰盖的密封面应与其相配的另一个法兰对应，压力等级与法兰相等。

（2）平焊法兰、对焊法兰与管子的连接，均采用焊接。法兰的螺纹连接，适用于镀锌钢管与铸铁法兰的连接，或镀锌钢管与铸钢法兰的连接。在加工螺纹时，管子的螺纹长度应略短于法兰的内螺纹长度，螺纹拧紧时应注意两块法兰的螺栓孔对正。若孔未对正，只能拆卸后重装，不能将法兰回松对孔，以保证接口严密不漏。翻边松套法兰安装时，先将法兰套在管子上，再将管子端头翻边，翻边要平整成直角无裂口损伤，不挡螺栓孔。

（3）法兰的密封面（即法兰台）无论是成品还是自动加工，应符合标准，无损伤。垫圈厚薄要均匀。所用垫圈、螺栓规格要合适，上螺栓时必须对称分 2～3 次拧紧，使接口压合严密。两个法兰的连接面应平整，互相平行。

（4）法兰连接必须加垫圈，其作用为保证接口严密，不渗不漏。法兰垫圈厚度选择一般为 3～5mm，垫圈材质根据管内流体介质的性质或同一介质在不同温度和压力的条件下选用。给排水管道工程常采用以下几种垫圈：橡胶板具有较高的弹性，所以密封性能良好。橡胶板按其性能可分为普通橡胶板、耐热橡胶板、耐酸碱橡胶板等等。石棉橡胶板是用橡胶、石棉及其他填料经过压缩制成的优良垫圈材料，广泛地用于热水、蒸汽、煤气、液化气以及酸碱等介质的管路上。石棉橡胶板分为普通石棉橡胶板和耐油石棉橡胶板两种。法兰垫圈的使用要求：①法兰垫圈的内径略大于法兰的孔径，外径应小于相对应的两个螺栓孔边缘的距离，使垫圈不妨碍上螺栓；②为便于安装，用橡胶板垫圈时，在制作垫圈时，应留一呈尖三角形伸出法兰外的手把；③一个接口只能设置一个垫圈，严禁用双层式多层垫圈来解决垫圈厚度不够或法兰连接不平正的问题；④法兰连接用的螺栓拧紧后露出的螺纹长度不应大于螺栓直径的一半（约露出 2～3 扣螺纹），安装时，螺栓、螺母的朝向应一致。

3. 定额也适用于镀锌无缝钢管的安装。

[应用释义] 无缝钢管：按冶金部《无缝钢管》（YB 231）标准，用普通碳素钢、优质碳素钢、普通低合金钢和优质低合金钢生产的无缝钢管，有冷拔和热轧两种。冷拔管：公称直径 5～200mm，壁厚 0.23～14mm。热轧管：公称直径 32～630mm，壁厚 2.5～75mm。按制造材料的不同，无缝钢管可分碳素无缝钢管、低合金无缝钢管和不锈、耐酸无缝钢管。按公称压力可分为低压（$0<P≤1.6MPa$）、中压（$1.6<P≤10MPa$）、高压（$P>10MPa$）三种。

（1）碳素无缝钢管：常用的制造材料为 10 号、20 号、35 号钢。其规格范围为公称直径 15～500mm，单根管长度 4～12m，允许操作温度为 −40～45℃，广泛用于各种对钢无腐蚀性的介质管道，如输送蒸汽、氧化、压缩空气和油品油气等。

（2）低合金无缝钢管：通常是指含一定比例铬钼金属的合金钢管，也称铬钼钢管。低合金无缝钢管常用的型号主要有 12CrMo、15CrMo、Cr5Mo 等。它的公称直径范围为 $DN15～DN500$，单根的管长度为 4～12m，适用温度范围为 −40～570℃。

作用：用于输送腐蚀性不强的盐水，低浓度有机酸温度较高的油品、油气等物。

（3）不锈耐酸无缝钢管：按照铬镍、钛等的金属含量，划分为 1Cr13、Cr17Ti、1Cr18NiTi 等。其中 1Cr18Ni9Ti 用量最多。在施工图上常用简化材质代号 18−8 来表示。各种不锈耐酸无缝钢管的适用温度范围为 −190～600℃，在化工生产中用来输送各种腐性较强的介质，如硝酸和尿素等。

（4）高压无缝钢管：其制造材质与上面介绍的无缝钢管基本相同，只是管壁比中低压无缝钢管要厚，最厚的管壁在 60mm 以上。其规格为管外径 24～325mm，单根管长度 4～12m，适用压力范围 10～32MPa，工作温度 −40～400℃。在石油化工装置中用以输送厚料气、氢氮气、合成气、水蒸气，高压冷凝水等介质。无缝钢管的供货长度分为普通长度、定尺长度和倍尺长度三种。普通长度，热轧管为 3～12.5m，冷拔管为 1.5～9m；定尺长度，即用户提出的管长尺寸订货；倍尺长度，按某一长度的倍数供货。

四、喷头、报警装置及水流指示器安装定额均按管网系统试压、冲洗合格后安装考虑的，定额中已包括丝堵、临时短管的安装、拆除及其摊销。

[应用释义] 喷头：在喷洒水灭火系统中起探测火灾、启动系统及喷水灭火的作用，喷头选型与使用，直接关系到系统灭火性能及灭火效果。灭火系统中常用喷头有闭式喷头、开式喷头及特殊喷头等三种类型。

（1）闭式喷头在常温下喷口被密封，而在一定范围内释放机构自动脱开，被密封的喷口自动打开。闭式喷头按感温元件不同，通常可分为易熔元件式、双金属片式及玻璃球式等三种。其中玻璃球式喷头广泛用于高层民用建筑、宾馆、饭店、影剧院等场所。另外，按安装形式和喷洒水特点闭式喷头又可分为：直立型洒水喷头、下垂型洒水喷头，普通洒水喷头，边墙型喷洒水喷头、吊顶型洒水喷头。

（2）开式喷头无感温元件也无密封组件的敞口喷头，喷水动作由阀门控制。工程上常用开式喷头有开式，水幕式及喷雾式三种：①开式洒水喷头就是无释放机构的洒水喷头，与闭式喷头的区别就在于没有感温元件及密封组件。它常用于雨淋灭火系统。按安装形式可分为直立型与下垂型，按结构形式可分为单臂和双臂两种。②水幕喷头喷出的水呈均匀的水帘状，起阻火、隔火作用。水幕头有各种不同的结构形式和安装方法。③喷雾喷头喷出水滴细小，其喷洒水的总面积比一般的洒水喷头大几倍，因吸热面积大，冷却作用强，同时由于水雾受热汽化形成的大量水蒸气对火焰也有窒息作用。喷雾喷头主要用于水雾系统。

（3）特殊喷头有大水滴喷头、自动启闭喷头、快速反应喷头及扩大覆盖面积喷头等。①大喷水喷头喷出的水滴直径大，具有较强的灭火能力。②自动启动闭喷头在火灾发生时能自动开启，而在火灾扑灭后又能自动关闭，利用双金属片感温元件的变形，控制启闭喷口阀的先导阀，实现喷头自动启闭。③快速反应喷头具有洒水早，灭火速度快及节约消防水的特点，其应用前景非常可观。④扩大覆盖面喷头。这种喷头喷水保护面积大，可达 $31\sim36m^2$，适用于大面积扑灭火灾。

水流指示器：喷水灭火系统中十分重要的水流传感器，如图 2-15 所示。工程设计中，应根据产品结构性能和允许承受水力冲击的能力，选择合适的适用各种喷水灭火系统使用的水流指示器。它的型号有 ZSJZ 带电子延时装置、ZSJZ 带机械延时装置、JSJZ 无延时装置。

水流指示器的安装应符合下列要求：

（1）在管道试压冲洗后，方可安装。一般应安装在分区安全信号阀后面的管道上，其尺寸必须与管径相匹配；

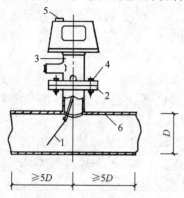

图 2-15　桨式水流指示器结构图

1—桨片；2—底座；3—本体

4—螺栓；5—接线孔；6—管路

（2）水流指示器的桨片、膜片一般宜垂直管道，其动作方向和水流方向一致。

（3）安装后的水流指示器桨片、膜片动作灵活，不允许与管道有任何摩擦接触，且要求无渗漏。

管网系统：消火栓给水系统的消防用水是通过管网输送至消火栓的。管网设备包括：进水（户）管、消防竖管、水平管、控制阀门等。进水管是室内、室外消防给水管道的连接管，对保证室内消火栓给水系统的用水量有很大的影响。消防竖管是连接消火栓的给水管道，一般应设置独立的消防竖管，管材采用钢管。阀门用于控制供水，以便于检修管道，一般阀门的设置应保证检修时关闭的竖管不超过一条。布置管网时要符合以下要求：

（1）设有消火栓给水系统的建筑物，其他各层（无可燃物的设备层除外）均应设置消火栓。

（2）消火栓的布置间距由计算确定。一般应保证同层相邻两个消火栓水枪的充实水柱同时达到室内任何部位（体积小于或等于 $5000m^3$ 的库房，可采用一支水枪的充实水柱达到室内任何部位）。高层建筑、高架仓库和甲、乙类厂房，布置间距不应超过 30m；其他单层或多层建筑物间距不宜超过 50m。

（3）消火栓宜布置在明显、经常有人出入、使用方便的地方，例如：布置在楼梯间附近、走廊内、剧院舞台两侧、车间出入口等处，且应有明显标志，不得伪装。消火栓阀门中心，距地面 1.1m，消火栓的出水口方向宜向下或与设置消火栓的墙面成 $90°$ 角。

（4）为便于管理和使用，同一建筑物内应采用同一规格的消火栓、水带、水枪且每条水带的长度不应超过 25m。

（5）水箱不能满足最不利点消火栓的水压要求时，应在每个消火栓处设置远距离直接启动消防水泵的按钮，并应有保护设施。

（6）消防电梯前室应设消火栓。其设置与其他消火栓要求相同，但不能计入每层所需消火栓总数之内。

（7）为防止冻结损坏，冻库室内消火栓一般应设在常温的穿堂式楼梯间内。在冷库闷顶的入口处，应设消火栓，用以扑救顶部保温层发生的火灾。

（8）消火栓栓口的出水压力超过 0.5MPa 时，在消火栓处应设减压设施。

（9）消火栓栓口处的静水压力为 0.8MPa 时，应采用分区给水。

试压：管网的强度、严密性试验一般采用水压进行，但对于干式系统必须既作水压试验，又作气压试验；在冰冻季节期间，如进行水压试验有困难时，可用气压代替水压试验，但冰冻季节过去后，仍应补作水压试验。

水压试验：系统水压试验应用洁净水进行，不得用海水或有腐蚀性化学物质的溶液，且应有防冻措施。水压强度试验压力为 1.4MPa 或设计压力的 1.5 倍，测压点应设在管道系统最低部位。对管网注水时，应将空气排净，然后缓慢开压，达到试验压力后，稳压 30min，目测无泄漏、无变形、无压降为合格。系统严密性试验一般在强度试验合格后进行，其试验压力为设计工作压力，稳压 24h，经全面检查，以无泄漏为合格。系统的水源干管，进户管和室内地下管道应在回填隐蔽前，单独地或与系统一起进行强度、严密性水压试验。

气压试验：系统气压试验介质一般用空气或氮气，气压强度试验压力为 1.00MPa，试验时压力应缓慢上升，达到试验压力后，稳压 10min，目测无泄漏、无变形且压降不超过 0.005MPa，即为合格；再将压力降至 0.30MPa 进行气密性试验，稳压 24h，压降不超过 0.07MPa，即为合格。

水冲洗：对系统进行水冲洗的排放管道的截面不应小于被冲洗管道截面的 60%，不得用海水或含有腐蚀性化学物质的溶液对系统进行冲洗。水冲洗应以不小于 3m/s 的速度和表 2-3 中所列流速进行。

管道水冲洗流量 表 2-3

管子规格（mm）	300	250	200	150	125	100	75	50	40
冲洗流量（t/s）	220	154	98	56	38	25	14	6	4

在系统的地上管道未与地下管道连接前，应在立管底部加设堵头，然后对地下管道进行冲洗。水冲洗应连续进行，以出口处的水色、透明度与入口处的目测基本一致为合格。水冲洗的水流方向应与火灾时的系统运行的水流方向一致。管道冲洗后应将存水排尽。需要时可用压缩空气吹干或采取其他保护措施。

五、其他报警装置适用于雨淋、干湿两用及预作用报警装置。

[应用释义] 报警装置：这里主要指报警阀，报警阀具有报警、控制作用，是系统的一个主要组件。闭式自动喷水灭火系统目前使用的报警阀主要有湿式报警阀、干式报警阀、预作用阀三种，各自应用于相应的系统形式。湿式报警阀、干式报警阀具有逆止阀的功能，平时处于关闭状态、一旦喷头打开喷水（排气），阀瓣在水流作用下被开启，通过水力报警装置报警。另外，在水力警铃管路安装的压力或流量监测装置动作，向消防控制中心发回信号。根据收到的这些信号，消防控制中心进行相应的联动控制。

预作用报警装置：预作用报警装置采用了报警技术与自动控制技术，使其更加完善可靠。尤其是系统中采用了一套火灾自动报警装置，即系统中使用了感烟探测器，火灾报警更为及时。当发生火灾时，火灾自动报警系统首先报警，并通过外联触点打开排气阀，迅速排出管网内预先充好的压缩气，使消防水进入管网。当火灾现场温度升高至闭式喷头动作温度时，喷头打开，系统开始喷水灭火。

六、感温式水幕装置安装定额中已包括给水三通至喷头、阀门间的管道、简件、阀门、喷头等全部安装内容。但管道的主材数量按设计管道中心长度另加损耗计算；喷头数量按设计数量另加损耗计算。

[应用释义] 水幕装置：水幕系统由雨淋阀，水幕喷头（包括窗口、檐口、台口等各种类型）、供水设施、管网及探测系统和报警系统等组成。系统组成示意图与雨淋系统基本相同，所不同的是，雨淋系统是一般开式喷头，水幕系统则是开式的水幕喷头。水幕系统与湿式、干式、预作用、雨淋喷水灭火系统比较，其主要区别是：水幕喷头喷出的水是形成水帘状，因此，它不是直接用来扑灭火灾，而是与防火卷帘、防水幕配合使用，作为防水隔断、防火分区以及局部降温保护等用途，也可以单独安装使用，如有些大空间，既不能用防火墙作防火隔断，也无法用防火幕式防火卷帘，可用水幕系统来做防火分区隔断或防火分区。如用在易燃易爆的生产装置车间，大型危险性厂房，仓库内、大型剧场、会堂、礼堂的舞台口或其他门窗洞口等。

三通：主管道与分支管道相连接的管件，根据制造材质和用途的不同，划分为很多种，从规格上划分，分为同径三通和异径三通。同径三通称为等径三通。同径三通是指分支接管的管径与主管管径相同；异径三通是指分支管的管径不同于主管的管径，所以也称为不等径三通，一般异径三通用量要多一些。下面为常见三通：

1. 玛钢三通，制造材质及规格范围与玛钢弯头相同，可参见玛钢弯头。主要用于室内采暖、上下水和煤气管道。

2. 铸铁三通，同铸铁弯头一样，都是用灰铸铁浇铸而成，常用的规格和压力范围也相同。按其连接方式不同，分为承插铸铁三通和法兰铸铁三通两种。承插铸铁三通，主要用于给排水管道，给排水管道多采用90°正三通；排水管道，为了减少流体的阻力，防止管道堵塞，通常采用45°斜三通，法兰铸铁三通，一般都是90°正三通，多用于室外铸铁管。

3. 钢制三通，通过对优质管材下料、挖眼、加热，用模具拔制，最后通过机械加工而成为定型成品三通。中、低压钢制成品三通，在现场安装时都采用焊接。

4. 高压三通常用的有两种，一种是焊制高压三通，一种是整体锻造高压三通。焊制高压三通，选用优质高压钢管为材料，制造方法类似挖眼接管，主管上所开的孔，要与相接的支管径一致。焊接的质量要求严格，通常焊前要求预热，焊后进行热处理，其规格和压力范围同高压弯头。整体锻造高压三通，一般是采用螺纹法兰连接。其规格范围为 $DN12\sim DN109$，使用温度25号碳铜高压三通为200℃以下，低合金和不锈耐酸钢高压三通510℃以下，使用压力20MPa以下。

七、集热板的安装位置：当高架仓库分层板上有孔洞缝隙时，应在喷头上方设置集热板。

[应用释义] 焦热板：当高架仓库分层板上有孔洞缝隙时，应在喷头上方设置集热

板。集热板以"个"为计量单位。

八、隔膜式气压水罐安装定额中地脚螺栓是按设备带有考虑的，定额中包括指导二次灌浆用工，但二次灌浆费用另计。

[应用释义]　　隔膜式气压水罐：由于平时气压水罐内的气与水压力处于平衡状态，一般稳定在消防给水最高需要工作压力值上。即常高压给水在发生火灾时，人们开始启用消防灭火设备（消火栓、水枪），由于水枪喷水使气压水罐内水量不断流出，水量减少压力逐渐下降。当罐内压力下降到消防给水的最低允许工作压力数值时，设在气压罐上的电接点压力表（或压力控制器）使水泵开启，满足消防给水的水量、水气要求。当水泵启动后电接点压力表就不再控制水泵的开停。当消火栓不用时可手动停泵，恢复电接点压力表对水泵的控制。

二次灌浆：当设备安装好后，按各设备情况安装地脚螺栓，此时会留下一些孔洞，必须再次灌浆以固定设备，这次灌浆称为二次灌浆。

九、管道支吊架制作安装定额中包括了支架、吊架及防晃支架

[应用释义]　　支架：管道的支承结构，它承受管道自重、内部介质和外部保温、保护层等重量，使其保持正确位置的依托，同时又是吸收管道振动、平衡内部介质压力和约束管道热变形的支撑，是管道系统的重要组成部分，除直接埋地的管道外，支架的安装在管道安装中应是第一道工序，根据支架对管道的约束作用不同，可分为活动支架和固定支架；根据其结构形式，可分为托架和吊架。

管道支吊架：管道支架的结构形式，按不同设计要求分很多种，常用的有滑动支架，固定支架和吊架等。在生产装置外部，有些管道支架是属于大型管架，有的是钢筋混凝土结构，有的是大型钢结构，下面介绍给排水、采暖工程范围的支架。

1. 滑动支架，也称活动支架。一般都安装在水平敷设的管道上，它一方面承受管道的重量，另一方面允许管道受温度影响发生膨胀式收缩时，沿轴向前后滑动。此种管架多数是安装在两个固定支架之间。

2. 固定支架安装在要求管道不允许有任何位移的地方。如较长的管道上，为了使每个补偿器都起到应有的作用，就必须在一定长度范围内设一个固定支架，使支架两侧管道的伸缩，作用在补偿器上。

3. 导向支架是允许管道向一定方向活动的支架。在水平管道上安装的导向支架，既起导向作用也起到支承作用；在垂直管道上安装导向支架，只能起导向作用。以上三种支架，如安装在保温管道上，还必须安装管托，管托一般都是直接与管道固定在一起，管托下面接触管架。不保温的管道可以直接安装在钢支架上，有些管道不能接触碳钢的，还要另加垫片。

4. 吊架是使管道悬垂于空间的管架，有普通吊架和弹簧吊架两种，弹簧吊架适用于有垂直位移的管道，管道受力以后，吊架本身起调节作用。

5. 木垫式管架是用型钢做成框架式管架，然后在框内衬硬木垫，叫做木垫式管架，这个管架分为悬吊式和固定式两种。一般适用于制冷工艺管道、空调冷冻水保温隔热管道。

十、管网冲洗定额是按水冲洗考虑的，若采用水压气动冲洗时，可按施工方案另行计算。定额只适用于自动喷水灭火系统。

[应用释义]　管网冲洗：包括溶解漂白粉、灌水、消毒，冲洗等工作。

（1）管道冲洗。给水管试验合格后，应进行冲洗，消毒、使管内出水符合"生活饮用水质的标准"，经验收才能交付使用。放水口管道冲洗主要使管内杂物全部洗干净，使排出水的水质与自来水状态一致。在没有达到上述水质要求时，这部分冲洗水从放水口可排至附近河道、排水管道。排水时应取得有关单位协助，确保安全排放、畅通，安装放水口时，其冲洗管接口严密，并设有闸阀、排气管和放水龙头，弯头处应进行临时加固。冲洗水管可比被冲洗的水管管径小，但断面不应小于1/2。冲洗水的流速宜大于 0.7m/s，管径较大时，所需用的冲洗水量较大可在夜间进行冲洗，以不影响周围的正常用水。

（2）冲洗步骤及注意事项。①准备工作。会同自来水管理部门，商定冲洗方案，如冲洗量、冲洗时间、排水路线和安全措施等。②开闸冲洗。放水时，先开出水闸阀，再开来水闸阀；注意排气，并派专人监护放水路线，发现情况及时处理。③检查放水口水质。观察放水口放水的外观，至水质外观澄清，化验合格为止。④关闭闸阀，放水后尽量使出水闸阀、来水闸阀同时关闭，如做不到，可先关闭出水闸阀，但留几扣暂时不关死，等来水阀关闭后，再将出水阀关闭。⑤放水完毕。管内存水 24h 以后再化验为宜，合格后即可交付使用。

（3）管道消毒。管道消毒的目的是消灭新安装管道内的细菌，使水质不致污染。消毒液常用漂白粉溶液，注入被消毒的管段内。灌注时可少许开启来水闸阀和出水阀，使清水带着漂白液流经全部管段，当以放水口检验出高浓度氯水为止，然后关闭所有闸阀，使含氯水浸泡 24h 为宜。氯深度为 20～30mg/L。

水压气动冲洗：用水压气动法对系统进行冲洗时，应使水、气流动方向与火灾时的水流方向相反，即沿配水支管、配水管、配水干管、立管、立管底部排放口流动。水压气动法冲洗的空气压力不应低于 0.70MPa，每次冲洗的用水量为 114L，水压气动冲洗法应按下列步骤和方法进行：①将容积为 114L 的水箱注满水空气储罐的气压升至 0.70MPa；②开启水箱与空气储罐之间的旋塞阀，快速打开水箱底部的旋塞阀，在设有麻布袋的立管底部排放口处，事先检查拦截物情况，决定是否需要再次冲洗。

十一、本章不包括以下工作内容：

1. 阀门、法兰安装，各种套管的制作安装，泵房间管道安装及管道系统强度试验、严密性试验。

[应用释义]　阀门：给水、采暖、煤气工程中应用极广泛的一种部件，其作用是关闭或开启管路以及调节管道内介质的流量和压力按照阀门的职能和结构来分，阀门可分为闸阀、截止阀、蝶阀、球阀、止回阀、安全阀、疏水阀、隔膜阀、旋塞阀、节流阀等。

（1）闸阀（闸板阀）。这种阀门多用于煤气、油类、供水管道等，之所以又称为闸板阀是因为阀体内有闸板，当闸板被提升时，阀门便开启，流体通过。结构形式分为明、暗杆，闸板有平行式或楔式。平行闸板两边的密封面是平行的，通常是两个单独加工，再合并在一起使用，故平行式闸阀又称为双闸板闸阀。楔式闸板一般加工成单闸板，加工起来比双闸板困难。闸阀的密封能力比较好，流体阻力小，开启和关闭也较容易。

（2）截止阀。截止阀内部结构较复杂，它的开启闭合是通过压盖的提取，带动与其用丝杆连接的阀达到目的。广泛应用于工业管道和采暖管道上。

（3）蝶阀。结构较简单，是通过旋转体内的阀板达到开关目的，蝶阀具有同球阀一样的优点，重量轻、开关方便等。一般在直径较大，介质为水、空气、原油和油品的低压管道上采用蝶阀。

（4）球阀。阀门中间有一个孔的球体，可以通过旋转球体达到开关的目的。可作开启和关闭设备管道。球阀的体积比较小，重量轻，操作方便，开关迅速。

（5）止回阀（逆止阀）。止回阀可依靠流体的流动实现自动开闭。当流体按照一定的方向流动时，因自身压力作用，可将阀门开启，当流体回流，流向相反方向时，阀盖板自动关闭。其结构形式可分为两种：一种是升降式；一种是旋启式。升降式止回阀用在水平管道上较多；旋启式在垂直管道及大口径管道上较多。

（6）安全阀。适用于锅炉、容器等设备和管道上。常用的有杠杆式、弹簧式和脉冲式等，当介质的压力超过规定数值时，能自动开启，排除过剩介质压力，故称安全阀。

（7）疏水阀（疏水器）。可以自动排放冷凝水，防止蒸汽泄漏。一般都在蒸汽管道、加热器、散热器等产生冷凝水的蒸汽系统中使用。

（8）隔膜阀。在需要防腐的管件中较常见。它用橡胶或塑料制成隔膜，与隔瓣一起上下移动控制启闭。

（9）旋塞阀（转心门）。适用于输送带有沉淀物质的管道上，适用温度不超过 200℃，压力 1.6MPa 以下。

（10）减压阀。可分为薄膜式、活塞式、弹簧薄膜式、波纹管式等。因能自动将设备或管道内介质的压力减到所需的压力，故名减压阀。

严密性试验：当管道连接完毕后，通入一定数量的水，以检查是否有漏水现象，这种检测管道严密性的作法称严密性试验。

2. 消火栓管道、室外给水管道安装及水箱制作安装。

［应用释义］　室外给水管道：室外消防给水管道网布置成环状，以保证消防用水的安全可靠，但在建设初期或室外消防用水量不超过 15L/s 时，可布置成枝状。城市式居住区、工业企业等室外环状管网的输水干管均不应小于两条，当其中一条发生故障时，其余干管仍应能保证通过不少于 70% 的总用水量，且不得小于消防用水量。为确保火场用水，避免因个别管段损坏导致管网供水中断，环状管网应用阀门分成若干独立段，每段内消火栓的数量不宜超过 5 个。为避免消防给水管网遭受水锤（水击）的损害，消防给水管网的最大流速不宜超过 2.5～3.0L/s。室外消防给水管道的最小直径不应小于 100mm。

临时高压给水系统：临时高压消防给水系统管网内平时不能保证消防流量和消防水压，或设稳压泵仅保证水压，在泵房内设置消防水泵，一旦发生火灾，立即启动消防水泵，临时加压使管网内的消防流量和水压达到消防要求。当可能利用自然地形设置高位水箱时，或设置集中高压水泵房时，可采用高压消防给水系统；在一般情况下，多采用临时高压消防给水系统。消防水箱：它对扑救初期火灾起着重要作用，为确保其自动供水的可靠性,应采用重力自流供水方式;消防水箱宜与生活(或生产)高位水箱合用,以保持箱内贮水经常流动,防止水质变坏;水箱的安装高度应满足室内最不利点消火栓所需的水压要求,且应贮存有室内 10min 的消防用水量。

水箱:设置独立的临时高压给水系统的建筑物,应设消防水箱式气压水罐、水塔。设置区域集中高层高压给水系统的建筑物,如能保证室内最不利点消火栓和自动喷水灭火设备等的水量和水压时,可不设消防水箱。

(1)应在建筑物的最高部位设置重力自流的消防水箱。

(2)室内消防水箱(包括气压水罐、水塔、分区给水系统的分区水箱)、应储存 10min 的消防用水量,不超过 25L/s,经计算水箱消防储水量超过 12m³ 时,仍可采用 12m³;当室内消防用水量超过 25L/s,经计算水箱消防储水量超过 18m³ 时,仍可采用 18m³。

(3)高层建筑物屋顶消防水箱的容量应根据高层建筑的使用性质、火灾危险性、疏散和扑救难度等因素确定,一般不应小于以下要求:医院,百货大楼,丙类厂房、库房等消防水箱的最小容量为 18m³。建筑高度不超过 50m 的教学楼和普通的旅馆、办公楼、19 层及 19 层以上的普通住宅消防水箱的最小容量为 12m³。10 至 18 层的普通住宅消防水箱的最小容量为 6m³。

(4)消防水箱应保证必要的压力。如最小容量为 18m³ 的一类建筑的消防水箱在不能满足最不利点消火栓式自动喷水灭火设备等的水压时(自动喷水灭火设备水压不宜小于 0.1MPa),应设有气压罐式管道泵等增压设施。对最小容量为 12m³ 的二类建筑,当仅设有消火栓给水系统时,其顶层消火栓处静水压不应低于 7mH₂O。

(5)消防用水宜与生产、生活用水合用。并采取设置水位控制器式将消防出水管接在水箱底部,将生产、生活等其他用水的出水管接在消防水位以上等技术措施。合用的水箱宜用生产、生活给水管道充水。并且,在水箱下部的消防出水管上安装单向阀,以便消防水泵启动后,阻止消防用水进入水箱。

(6)消防水箱的高度可按下式计算:

$$H = H_q + h_d + h_g$$

式中 H——水箱与最不利点消火栓之间的垂直高度(m);

H_q——水枪喷嘴所需水压(mH₂O);

h_d——水龙带的水头损失(mH₂O);

h_g——管网的压力损失(mH₂O),应按室内消防用水量达到最大时进行计算。

(7)消防水箱配管、附件示意图如图 2-16 所示。

3. 各种消防泵、稳压泵的安装及设备二次灌浆等。

[应用释义] 消防水泵:一是指专用消防水泵,二是指达到消防水泵技术标准要求(《消防泵性能要求和试验方法》GB6245—1998)的普通清水泵。消防水泵在性能上特别强调的是它的可靠性和稳定性及启动的灵敏性。消防水泵一般是备而不用,一旦使用场所发生火灾,它就应灵敏启动并快速达到额定工作压力和流量要求的工作状态。消防泵的设置应符合以下要求:

(1)消防水泵的流量即为消防规范中规定的室内消防用水量。消防水泵的扬程可按下

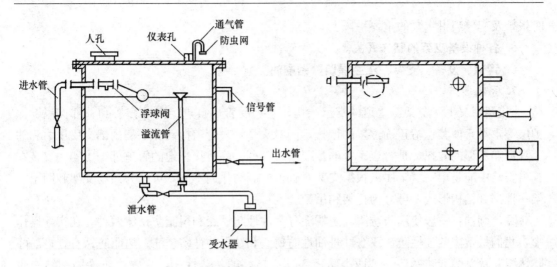

图 2-16 消防水箱配管、附件示意图

式计算：

$$H_b = H_q + h_d + h_g + h_z$$

式中　H_b——消防水泵的压力（mH_2O）；

　　　H_q——最不利点消防水枪喷嘴所需水压（mH_2O）；

　　　h_d——消防水龙带的水头损失（mH_2O）；

　　　h_g——计算管网总水头损失（包括自水泵吸水管至最不利消火栓口全部管路）（mH_2O）；

　　　h_z——消防水池最低水位与系统最不利点消火栓口之高差（mH_2O）。

（2）一组消防水泵的吸水管不应少于两条，当其中一条损坏时，其余的吸水管仍能通过全部用水量。高压和临时高压消防给水系统，其每台消防水泵应有独立的吸水管。消防水泵宜采用自灌式引水。

（3）消防水泵房应有不少于两条出水管直接与环状管连接。当其中一条出水管检修时，其余的出水管应仍能供应全部用水量。出水管上宜设检查和试水用的放水阀门。

（4）固定消防水泵应设有备用泵，其工作能力不应小于一台主要泵。

（5）消防水泵应保证在火警后 5min 内开始工作，并在火场断电时仍能正常运转。设有备用泵的消防泵站或泵房，应设有备用动力，若采用双电源或双回路供电有困难时，可采用内燃机作动力。消防水泵与动力机械应直接连接。

稳压泵：用于干式自动喷水灭火系统，其作用是补偿系统管网轻微泄漏，使系统始终保持安全压力，以避免突然发生火灾时水压力不够。

4. 各种仪表的安装及带电讯号的阀门、水流指示器、压力开关的接线、校线及单体调试。

［应用释义］　水流指示器：见第二章水灭火系统安装第一节说明应用释义第四条水流指示器的释义。

压力开关：喷水灭火系统中十分重要的水压传感式继电器，与水力警铃一起统称为水力警报器。根据灭火系统要求，并结合产品结构与性能，选择合适的压力开关，是实现及时报警及起停喷淋水泵的重要手段。

5. 各种设备支架的制作开关。

6. 管道、设备、支架、法兰焊口除锈刷油。

7. 系统调试。

[应用释义]　支架：管道的支承结构，它承受管道自重、内部介质和外部保温、保护层等重量，使其保持正确位置的依托，同时又是吸收管道振动、平衡内部介质压力和约束管道热变形的支撑，是管道系统的重要组成部分。除直接埋地的管道外，支架的安装在管道安装中应是第一道工序。根据支架对管道的制约作用不同，可分为活动支架和固定支架；根据其结构形式，可分为托架和吊架。

除锈刷油：一般使用防锈漆。防锈漆分为油性防锈漆和树脂防锈漆两种。在实际操作中，我们最常用的油性防锈漆有红丹油性防锈漆和铁红油性防锈漆；树脂防锈有红丹酚醛防锈漆、锌黄醇酸防锈漆。这两类防锈漆均有良好的防锈性能，主要用于涂刷钢结构表面，用来防锈。

系统调试：指消防报警和灭火系统安装完毕且连通，并达到国家有关消防施工、验收规范标准所进行的全系统的检测、调整和试验。它应具备下列条件：①消防水池、消防水箱已储备设计要求的水量；②系统供电正常；③消防气压给水设备的水位、气压符合设计要求；④湿式喷水灭火系统管网内已充满水；干式、预作用喷水灭火系统管网内的气压符合设计要求；阀门均无泄漏；⑤与系统配套的火灾自动报警系统处于工作状态。

它应包括下列内容：①水源测试；②消防水泵调试；③稳压泵调试；④报警阀调试；⑤排水装置调试；⑥联动试验。

十二、其他有关规定：

1. 设置于管道间、管廊内的管道，其定额人工乘以系数 1.3。

2. 主体结构为现场浇注采用钢模施工的工程：内外浇注的定额人工乘以系数 1.05，内浇外砌的定额人工乘以系数 1.03。

[应用释义]　钢模：为了把混凝土浇灌成各种形状，必须先用一些钢板制成某些形状，然后再倒入混凝土，使它凝固成型。这种钢板就称为钢模。

第二节　工程量计算规则应用释义

第 8.2.1 条　管道安装按设计管道中心长度，以"**m**"为计量单位，不扣除阀门、管件及各种组件所占长度。主材数量应按定额用量计算，管件含量见表 2-4。

镀锌钢管（螺纹连接）管件含量表　　　　（单位：10m）　表 2-4

项目	名称	公称直径（mm 以内）						
		25	32	40	50	70	80	100
管件含量	四通	0.02	1.20	0.53	0.69	0.73	0.95	0.47
	三通	2.29	3.24	4.02	4.13	3.04	2.95	2.12
	弯头	4.92	0.98	1.69	1.78	1.87	1.47	1.16
	管箍		2.65	5.99	2.73	3.27	2.89	1.44
	小计	7.23	8.07	12.23	9.33	8.91	8.26	5.19

[应用释义] 阀门：给水、采暖、煤气工程中应用极广泛的一种部件，其作用是关闭或开启管路以及调节管道内介质的流量和压力。按照阀门所起作用和结构的特点，可将阀门分为闸阀、截止阀、球阀、蝶阀、节流阀、止回阀、旋转阀、疏水阀、安全阀等。这些阀门都是在管道安装过程中常用的。

第8.2.2条 镀锌钢管安装定额也适用于镀锌无缝钢管，其对应关系见表2-5。

对应关系表   表2-5

公称直径（mm）	15	20	25	32	40	50	70	80	100	150	200
无缝钢管外径（mm）	20	25	32	38	45	57	76	89	108	159	219

[应用释义] 镀锌钢管：一种焊接钢管，一般由Q235碳素钢制造，它的表面镀锌发白，又称白铁管。表面不镀锌的焊接钢管为普通焊接钢管。镀锌焊接钢管常用于输送要求比较洁净的介质，如：给水、洁净空气等。螺纹连接是钢管连接的常用方式，焊接管在出厂时分两种，管端带螺纹和不带螺纹，一般每根长度为4～9m；不带螺纹的焊接管。每根管材长度为4～12m。螺纹连接靠各种带螺纹的管件和管端带螺纹的管端，相互啮合旋紧而连接起来的，管道穿越地下室外墙如图2-17所示。

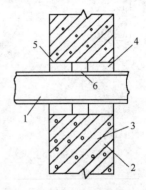

图2-17 管道穿越地下室外墙
1—无缝钢管；2—混凝土外墙；
3—水泥砂浆；4—防水胶泥；
5—预埋刚性套管；6—麻油

无缝钢管：按冶金部《无缝钢管》（YB231）标准，用普通碳素钢、优质碳素钢、普通低合金钢和优质低合金钢生产的无缝钢管，有冷拔和热轧两种。冷拔管：公称直径5～200mm，壁厚0.23～14mm。热轧管：公称直径32～630mm，壁厚2.5～75mm。按制造材料的不同，无缝钢管可分为碳素无缝钢管、低合金无缝钢管和不锈、耐酸无缝钢管。按公称压力大小不同，可分为低压管道，$P \leqslant 1.6$MPa，中压管道 $1.6 < P \leqslant 10$MPa，高压管道 $P > 10$MPa。

第8.2.3条 镀锌钢管法兰连接定额，管件是按成品、弯头两端是按接短管焊法兰考虑的，定额中包括直管、管件、法兰等全部安装工作内容，但管件、法兰及螺栓的主材数量应按设计规定另行计算。

[应用释义] 法兰连接：平焊法兰、对焊法兰与管子的连接，均采用焊接。焊接时要保持管子和法兰垂直，其允许偏差为：公称直径≤80mm时，允许值为±1.5mm；公称直径在100～250mm之间时，允许值为±2mm；公称直径为300～350mm时，允许值为±2.5mm；公称直径为400～500mm时，允许偏差为±3mm。法兰的螺纹连接，适用于镀锌钢管与铸铁法兰的连接，或镀锌钢管与铸钢法兰的连接。在加工螺纹时，管子的螺纹长度应略短于法兰的内螺纹长度，螺纹拧紧时应注意两块法兰的螺栓孔对正。若孔未对正，只能拆卸后重装，不能将法兰回松对孔，以保证接口严密不漏。翻边松套法兰安装时，先将法兰套在管子上，再将管子端头翻边，翻边要平正成直角无裂损伤，不挡螺栓孔。

螺栓：有螺纹的圆杆和螺母组成的零件，用来连接并紧固，可以拆卸。螺母是组成螺栓的配件。中心有圆孔，孔内有螺纹，跟螺栓的螺纹相啮合，用来使两个零件固定在一起，也叫螺帽。六角带帽螺栓是指螺帽外围呈六边形的螺栓。

第8.2.4条　喷头安装按有吊顶、无吊顶分别以"个"为计量单位。

[应用释义]　喷头：一种直接喷水灭火的组件，它的性能好坏直接关系着系统的启动和灭火、控火效果。喷头可分为闭式喷头、开式喷头和特殊喷头三种。

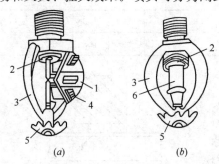

图 2-18　闭式喷头

(a) 易熔合金闭式喷头；

(b) 玻璃瓶闭式喷头

1—易熔合金锁闸；2—阀门；3—喷头框架；
4—八角支撑；5—溅水盘；6—玻璃球

（1）闭式喷头：带热敏感元件及其密封组件的自动喷头，如图 2-18 所示。该热敏感无件可在预定温度范围下动作，使热敏感元件及其他密封组件脱离喷头本体，并按规定的形状和水量在规定的保护面积内喷水灭火。此种喷头按热敏感元件划分，可分为玻璃球喷头和易熔元件喷头两种类型；按安装形式、布水形状又分为直立型、下垂型、边墙型和吊立型，干式下垂型和普通型等六种。

（2）开式喷头：有开式洒水喷头、水幕喷头和喷雾喷头三种类型。开式洒水喷头适用雨淋系统中，用来保护可燃物、燃烧猛烈、蔓延迅速的建筑物；水幕喷头喷出水的形状与开式喷头喷出水的形状完全不同，前者喷出的水形成的是一个小帘，起阻火、隔火作用、防止火势蔓延扩大；喷雾喷头喷出锥形的水幕，主要用于保护石油化工生产装置、电力变压器、高压配电设备等。

（3）特殊喷头：它具有特殊的结构形式、特殊的用途。它有自动启闭洒水喷头、快速反应洒水喷头、大水滴洒水喷头、扩大覆盖面洒水喷头。

①自动启闭洒水喷头。这种喷头的特点是：不仅能在起火后按预定的温度作喷水，而且能在灭火后自动关闭复原，以达到较好的灭火效果和节约用水。

②快速反应洒水喷头。在同样火焰温度条件下，同一温级的洒水喷头能够快动作时间。其原理是，该种喷头的感温元件由于表面积较大，使具有一定质量的感温元件的吸热速度快，因此，在同样条件下，喷头的感温元件吸热较快，喷头的启动时间就可缩短。还有，用电爆管作启动器也可制成快速反应喷头。

③大水滴洒水喷头。灭火、控火效果更佳。

④扩大覆盖面洒水喷头。此种喷头，比普通喷头保护面积大。据资料介绍，一个大口径的扩大覆盖面洒水喷头，其喷水保护面积可达 $31\sim36m^2$，而一般喷头只有 $9\sim21m^2$。

第8.2.5条　报警装置安装按成套产品以"组"为计量单位。其他报警装置适用于雨淋、干湿两用及预作用报警装置，其安装执行湿式报警装置安装定额，其人工乘以系数1.2，其余不变。成套产品包括的内容详见表2-6。

成套产品包括的内容　　　　　　　　　　　　　　　表 2-6

序号	项目名称	型号	包 括 内 容
1	湿式报警装置	ZSS	湿式阀、蝶阀、装配管、供水压力表、装置压力表、试验阀、泄放试验阀、泄放试验管、试验管流量计、过滤器、延时器、水力警铃、报警截止阀、漏斗、压力开关等。
2	干湿两用报警装置	ZSL	两用阀、蝶阀、装置截止阀、装配管、加速器、加速器压力表、供水压力表、试验阀、泄放试验管（湿式）、泄放试验管（干式）、挠性接头、泄放试验管、试验管流量计、排气阀、截止阀、漏斗、过滤器、延时器、水力警铃、压力开关等。
3	电动雨淋报警装置	ZSY1	雨淋阀、蝶阀（2个）、装配管、压力表、泄放试验阀、流量表、截止阀、注水阀、止回阀、电磁阀、排水阀、手动应急球阀、报警试验阀、漏斗、压力开关、过滤器、水力警铃等。
4	预作用报警装置	ZSU	干式报警阀、控制蝶阀（2个）、压力表（2块）、流量表、截止阀、排放阀、注水阀、止回阀、泄放阀、报警试验阀、液压切断阀、装配管、供水检验管、气压开关（2个）、试压电磁阀、应急手动试压器、漏斗、过滤器、水力警铃等
5	室内消火栓	SN	消火栓箱、消火栓、水枪、水龙带、水龙带接扣、挂架、消防按钮
6	室外消火栓	地上式 SS 地下式 SX	地上式消火栓、法兰接管、弯管底座；地下式消火栓、法兰接管、弯管底座或消火栓三通
7	消防水泵接合器	地上式 SQ 地下式 SQX 墙壁 SQB	消防接口本体、止回阀、安全阀、闸阀、弯管底座、放水阀；消防接口本体、止回阀、安全阀、闸阀、弯管底座、放水阀；消防接口本体、止回阀、安全阀、闸阀、弯管底座、放水阀、标牌
8	室内消火栓组合卷盘	SN	消火栓箱、消火栓、水枪、水龙带、水龙带接扣、挂架、消防按钮、消防软管卷盘

报警控制阀类型如图 2-19。

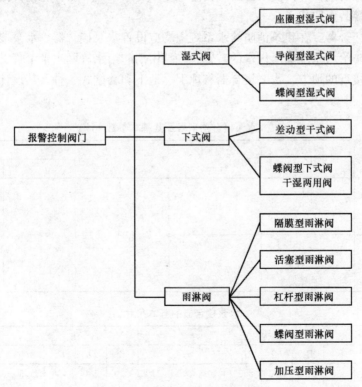

图 2-19　报警控制阀的类型图

[应用释义] 报警控制装置：它是喷水灭火系统，尤其是雨淋、预作用、喷雾系统的重要组件，其作用在于探测火警、启动装置，发出声光等报警信号以及监测、监视喷水灭火系统的故障，减少系统失效率，增强系统的控火、灭火能力。

(1) 控制箱：预作用喷水灭火系统和雨淋喷水灭火系统一般设有报警控制箱。控制箱的主要作用：一是失火时发出指令，启动雨淋阀，使整个系统能及时投入工作状态；二是监测整个系统，发出火灾报警和各个情况下的故障报警；三是启动消防泵等。

(2) 监测器：其作用在监测系统所处的工作状态，减少系统的失效率，提高系统的灭火效果。它包括阀门限位器、水流指示器、压力开关、气压保持器。

(3) 压力开关：自动喷水灭火系统中常采用的一种较简单的能发出电信号的组件。常与水力警铃配合使用，互为补充，在感知喷水灭火系统启动后，水力报警的水流压力启动发出报警信号。系统除利用它发出电信号报警外，也可利用它与时间继电器组成消防泵自动启动装置。安装时除严格按使用说明书要求外，应防止随意拆装，以免影响其性能，其安装形式无论现场情况如何都应竖直安装在水力报警水流通路的管道上，应尽量靠近报警阀，以利于启动。

(4) 延迟器：主要用于湿式喷水灭火系统，安装在湿式报警阀与水力警铃、水力继电器之间的管网上，以防止湿式报警阀因水压不稳所引起的误动作而造成的误报。

(5) 快开装置：主要用于容积较大的干式系统。其作用在于加快干式报警阀启动的速度，缩短水流到喷头的时间，以提高灭火效果。

(6) 水力警铃：主要用于湿式喷水灭火系统，宜装在湿式报警阀附近（其连接管不宜超过6m）。当报警阀打开消防水源后，具有一定压力的水流冲动叶轮打铃报警。水力警铃不得由电动报警装置取代。

(7) 水泵接合器：在建筑消防给水系统中均应设置水泵接合器。水泵接合器是连接消防车向室内消防给水系统加压供水的装置，一端由消防给水管网水平干管引出，另一端设于消防车易于接近的地方。水泵接合器有地上、地下和墙壁式3种，其设计参数和尺寸见表2-7、表2-8。

水泵接合器型号及其基本参数　　　　　　　　　表2-7

型号规格	形　式	公称直径 (mm)	公称压力 (MPa)	进　水　口	
				型　式	口径（mm）
SQ100	地上				
SQX100	地下	100			65×65
SQB100	墙壁		1.6	内扣式	
SQ150	地上				
SQX	地下	150			80×80
SQB150	墙壁				

水泵接合器的基本尺寸　　　　　　　　　表2-8

公称管径 (mm)	结构尺寸								法　兰					消防接口
	B_1	B_2	B_3	H_1	H_2	H_3	H_4	L	D	D_1	D_2	d	n	
100	300	350	220	700	800	210	318	130	220	180	158	17.5	8	KWS65
150	350	480	310	700	800	325	465	160	285	240	212	22	8	KWS80

（8）如图 2-20 为报警阀构造示意图。

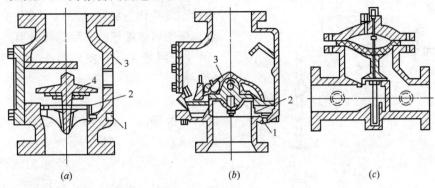

图 2-20　报警阀构造示意图
(a) 座圈型湿式阀
1—水力警铃接口；2—沟槽；3—阀体；4—阀瓣
(b) 差动式干式阀
1—水力警铃接口；2—弹性隔膜；3—阀瓣；
(c) 雨淋阀

第 8.2.6 条　温感式水幕装置安装，按不同型号和规格以"组"为计量单位。但给水三通至喷头、阀门间管道的主材数量按设计管道中心长度另加损耗计算，喷头数量按设计数量另加损耗计算。

[应用释义]　三通：见第二章水灭火系统安装第一节说明应用释义第六条中三通的释义。

水幕装置：详见第二章水灭火系统安装第一节说明应用释义第六条。

阀门：见第二章水灭火系统安装第一节说明应用释义第十一条。

第 8.2.7 条　水流指示器、减压孔板安装，按不同规格均以"个"为计量单位。

[应用释义]　水流指示器：详见第二章水灭火系统安装第一节说明应用释义第四条。

减压孔板：建筑物层数较多时，各层消火栓处所受水压情况有很大不同，底层水压力最大，因此出流量也最大。火灾时，贮存在消防水箱内的水很快就被用完。为了保证在消防时均匀供水，应在下层消火栓口前装置减压节流孔板，以降低消火栓处的压力，节制流量。

第 8.2.8 条　末端试水装置按不同规格均以"组"为计量单位。

[应用释义]　末端试水装置：自动喷水灭火系统使用中可检测系统总体功能的一种简易可行的检测试验装置。在湿式、预作用系统中均要求在分区管网末端或系统管网末端设置。它一般由连接管压力表，控制阀及排水管组成，有条件的也可采用远传压力、流量测试装置和电磁阀组成。末端试水装置测试的内容，包括水流指示器、报警阀、压力开关、水力警铃的动作是否正常，配水管是否畅通，以及最不利点处的喷头工作压力等。其他的防火分区与楼层，则要求在供水最不利点处装设直径 25mm 的试水阀，以便在必要时连接末端试水装置。如图 2-21 所示。

第 8.2.9 条　集热板制作安装均以"个"为计量单位。

[应用释义]　集热板：当高架仓库分层板上方有孔洞、缝隙时，应在喷头上方设置集热板。集热板制作及安装均以"个"为计量单位。

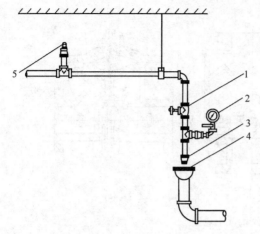

图 2-21　末端试水装置示意图

1—截止阀；2—压力表；3—试水接头；

4—排水漏斗；5—最不利点处喷头

第 8.2.10 条　室内消火栓安装，区分单栓和双栓均按成套产品以"套"为计量单位，所带消防按钮的安装另行计算。

［应用释义］　室内消火栓：室内消火栓应符合下列要求：

（1）建筑高度大于 24m，体积大于 500m³ 的建筑，应有两支水栓的充实水枪都能到达室内任何部位。不大于 24m，且休积不大于 500m³ 的库房，一支水枪的充实水柱能到达任何部位就可以。水枪的充实水柱长度不应小于 7m，一些高层或重要建筑的充实水柱不应小于 10m，像甲、乙类厂房，超过四层的厂房和库房，超过六层的民用建筑，在满足上述两规定时，水枪的充实水柱长度可由计算取得。

（2）在消防电梯前室应设有室内消火栓。

（3）在有消防给水的建筑物内，除无可燃烧设备外的各层都应该设有消火栓。

（4）所选择的消火栓的直径应大于等于它配备的水带的直径，在流量小于 3L/s 时可安装直径为 50mm 的消火栓，13～16mm 的水枪喷嘴。在流量大于 3L/s 时安装直径为 65mm 的消火栓，19mm 的水枪喷嘴，对于室内的双出口消火栓，其直径不应小于 65mm。

（5）室内消火栓的间距可通过计算取得，同时需满足下列规则：①甲、乙类厂房，室内消火栓的间距应小于 30m；②其他单层或多层建筑室内消火栓的间距应小于 50m。

（6）在冷库内安装的室内消火栓应设置在常温穿堂或者楼梯间内。

（7）室内消火栓的设置地点应比较明显且人们使用方便。消火栓的安装高度应为离地面高度 1.1m 处，水喷出的方向最好向上或与消火栓的墙面成 90°。

（8）建筑为平屋顶时，应在平屋顶上设置检查和试验用的消火栓。

（9）为便于管理和使用，同一建筑物内应采用同一规格的消火栓、水带、水枪，且每条水带的长度不应超过 25m。

（10）水箱不能满足最不利点消火栓的水压要求时，应在每个消火栓处设置远距离直接启动消防水泵的按钮，并应有保护设施。

（11）消火栓栓口的出水压力超过 0.5MPa 时，在消火栓处应设减压设施。

（12）消火栓栓口处的静水压力超过 0.8MPa 时，应采用分区给水。

消防按钮解释详见第一章第二节第五条。

第 8.2.11 条　室内消火栓组合卷盘安装执行室内消火栓安装相应定额乘以系数 1.2。

［应用释义］　室内消火栓安装：室内消火栓安装遵守如下规则：

（1）室内消火栓应设在明显易于取用的地点。栓口出水方向宜与设置消火栓的墙面成 90°角，消防电梯前室应设消火栓，以便于消防人员进入火灾现场灭火。

（2）消火栓的间距应能保证同层相邻两支水枪的充实水柱同时到达室内任何部位，并不应大于 30m。

（3）室内消火栓的栓口直径应采用 65mm，配备的水带长度不应超过 25m，水枪喷嘴口径不应小于 19mm。其目的是使水带、水枪与消防队常用的水带、水枪规格相一致，以便于扑救。

（4）当消火栓处的静水压力大于 80mH$_2$O 时，应采取分区给水或消火栓处设减压阀、孔板等减压设备，以利于消防操作和扑救初期火灾。

（5）每个消火栓处应设启动消防水泵的按钮，并应有保护按钮的设施。

（6）高层建筑的屋顶应设检验用的消火栓。以便检查消火栓给水系统的供水能力，管网运行状况，扑救邻近建筑物火灾等。

第 8.2.12 条 室外消火栓安装，区分不同规格、工作压力和覆土深度以"套"为计量单位。

［应用释义］ 室外消火栓安装：室外消火栓分有地上、地下式消火栓两种类型。地上式的栓口直径有一个为 150mm 或 100mm，两个为 65mm，而室外地下式消火栓的直径有 100mm 和 65mm 的栓口各一个。栓口应该有明显的标志。室外消火栓应该沿道路设置，可以很方便安全地使用。当道路宽度超过 60m 时，宜在靠近十字路口的两边均设置消火栓。消火栓布置位置宜符合：①距路边不超过 2m，距房屋外墙不小于 5m，也不宜大于 40m。②在液化石油气罐区和甲、乙、丙类液体储罐区设置的消火栓设在防火堤外，距罐壁 15m 以内的消火栓，在计算该罐可使用的数量时，不包括在内。

第 8.2.13 条 消防水泵接合器安装，区分不同安装方式和规格均按成套产品以"套"为计量单位。如设计要求用短管时，其本身价值可另行计算，其余不变。成套产品包括的内容详见表 2-6。

［应用释义］ 消防水泵接合器是考虑到室内消防用水不足或室内消防水泵发生故障时，用以连接消防车、机动泵向建筑物的消防灭火管网输送消防用水的配套自备消防设施。其作用是用以补充消防给水管网水量和提高消防给水管网水压。为保证室内管网可以正常工作，在水泵接合器上一般设置有闸阀、安全阀、止回阀、泄水阀等，应设置有水泵结合器的建筑有：①分区供水时，每个分区的消防给水系统，不包括超过当地消防车供水能力的上层分区；②没有消防管网的住宅，超过 5 层的其他民用建筑和高层民用建筑；③超过四层的厂房和库房，高层工业建筑。应设置水泵结合器的建筑有超过四层的厂房和库房，高层工业建筑，设有消防管网的住宅及超过 5 层的其他民用建筑和高层民用建筑。

第 8.2.14 条 隔膜式气压水罐安装，区分不同规格以"台"为计量单位。出入口法兰和螺栓按设计规定另行计算。地脚螺栓是按设备带有考虑的，定额中包括指导二次灌浆用工，但二次灌浆费用应按相应定额另行计算。

［应用释义］ 隔膜式气压水罐：隔膜式气压水罐有如下特点：

（1）常年保持消防给水高压制。在高层建筑消防给水系统中，管道、管件和阀件等多数采用丝扣连接，在较高压力作用下系统做到完全不渗不漏，是很困难，可在系统上增设一套平时补压用的隔膜式气压水罐。补压泵的启动可用不同的压力来控制，系统设计压力下降 5％～10％（一般取 7％）时补压泵启动，上升到设计压力时补压泵停，系统设计压力下降 10％～15％（一般取 12％）时消防泵启动。

（2）消防给水系统自动化。在消防系统中安装了气压水罐和电接点压力表，按照不同的压力值，使补压泵和消防泵能自动的开启和停止，使系统实现了自动化。在消防给水系统的总干管上可以安装一个水流指示器。当启用消火栓时，由于系统干管水流动，水流指示器发出信号，接通电警铃或电声光报警器报警。立即开启消防泵，而不管罐内压力是否达到电接点压力表下限压力给定值。

（3）消火栓使用简便出水快。由于消防水泵的启动是自动的，因此过去通常采用的消火栓箱内设置消防水泵启动按钮做法就没有意义了，当有火灾人们动用消火栓时，只需打碎消火栓箱玻璃，拿出水枪打开阀门就可出水灭火，无须再去寻找按钮，这在消火栓使用上是简便的，出水很快，对高层建筑消防提供了很大的安全性。消防水泵是受电接点压力表控制而启动的。目前我国常用的消防水泵启动时间一般只有 3～4s，启动速度比规范要求：即消防水泵应在火警发生后 5min 开始工作，快很多。但是，应该指出的是利用气压水罐消防给水系统对配电系统要求较高，必须是双电源式双回路供电，且在最末一级配电箱处应能自动切换。

第 8.2.15 条 **管道支吊架已综合支架、吊架及防晃支架的制作安装，均以"kg"为计量单位。**

［应用释义］ 管道支吊架：见第二章水灭火系统安装第一节说明应用释义第十一条释义。

第 8.2.16 条 **自动喷水灭火系统管网水冲洗，区分不同规格以"m"为计量单位。**

［应用释义］ 管网冲洗：见第二章水灭火系统安装第一节说明应用释义第十条释义。

自动喷水灭火系统：详见第二章水灭火系统安装第一节说明应用释义第一条。

第 8.2.17 条 **阀门、法兰安装、各种套管的制作安装、泵房间管道安装及管道系统强度试验、严密性试验执行第六册《工业管道工程》相应定额。**

［应用释义］ 阀门：见第二章水灭火系统安装第一节说明应用释义第十一条释义。

法兰：见第二章水灭火系统安装第一节说明应用释义第三条释义。

第 8.2.18 条 **消火栓管道、室外给水管道安装及水箱制作安装，执行第八册《给排水、采暖、燃气工程》相应定额。**

［应用释义］ 水箱：见第二章水灭火系统安装第一节说明应用释义第十一条释义。

消火栓：见第二章水灭火系统安装第一节说明应用释义第一条释义。

第 8.2.19 条 **各种消防泵、稳压泵等的安装及二次灌浆，执行第一册《机械设备安装工程》相应定额。**

［应用释义］ 消防泵：消防水泵的流量应等于消防规范中规定的室内消防用水量，为保证系统工作安全可靠，消防水泵的吸水管至少为两条，这样当其中一条损坏时，其余的吸水管仍然能够通过全部用水量，消防水泵房的出水管同样至少为两条，且直接与环状管网连接。当其中的水管需要检修时，其余出水管仍能供应全部用水量保证供水需求。固定水泵应设有备用泵，工作能力要与主泵差不多或更大一些。消防水泵的引水方式采用自灌式引水，出水管上宜设置试用的放水阀门，消防水泵的启动应在火警后 5 分钟以内，并且应设有自己的供电设施，保证其在火场断电时仍然能够正常运转。

稳压泵、二次灌浆详见本章第一节第八条。

第 8.2.20 条 **各种仪表的安装、带电讯信号的阀门、水流指示器、压力开关的接线、校线，执行第十册《自动化控制仪表安装工程》相应定额。**

［应用释义］ 水流指示器：见第二章水灭火系统安装第一节说明应用释义第四条释义。

压力开关：喷水灭火系统中十分重要的水压传感式继电器，将压力信号转换成电气信号，

与水力警铃一起统称为水（压）力警报器。根据灭火系统要求，并结合结构与性能，选择合适的压力开关，是实现及时报警及起停喷淋水泵的重要手段。

水表的安装节点和水表类型见图 2-22～图 2-24。

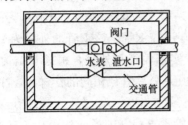

图 2-22 有旁通管的水表节点

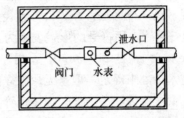

图 2-23 无旁通管的水表节点

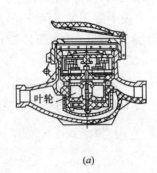
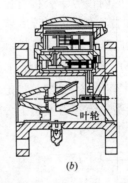

图 2-24 速度式水表

(a) 旋翼式水表；(b) 螺翼式水表

第 8.2.21 条 各种设备支架的制作安装等，执行第五册《静置设备与工艺金属结构制作安装工程》相应定额。

［应用释义］ 支架：见第二章水灭火系统安装第一节说明应用释义第十一条释义。

第 8.2.22 条 管道、设备、支架、法兰焊口除锈刷油，执行第十一册《刷油、防腐蚀、绝热工程》相应定额。

［应用释义］ 除锈刷油：见第二章水灭火系统安装第一节说明应用释义第十一条释义。

第 8.2.23 条 系统调试执行本册定额第五章相应定额。

［应用释义］ 系统调试即对整个系统进行测试、调整，使系统达到所设计的要求。

有关系统调试项目在应用定额时，请执行本册定额第五章，消防系统调试。

第三节 定额应用释义

一、管道安装

1. 镀锌钢管（螺纹连接）

工作内容：切管、套丝、调直、上零件、管道安装、水压试验。

定额编号　7-67～7-73　公称直径　P31

[应用释义]　公称直径：又叫公称通径，是管材和管件规格的主要参数。公称直径是为了设计、制造、安装和维修的方便而人为规定的管材、管件规格的标准直径。公称直径在若干情况下与制品接合端的内径相似或相等。但在一般情况下，大多数制品其公称直径既不等于实际外径，也不等于实际内径，而是与内径相近的一个整数。所以公称直径又叫名义直径，是一种称呼直径。公称直径的符号是 DN，单位是 mm。例如，公称直径为 20mm 的镀锌钢管，用符号的形式表示为：DN20 镀锌钢管。该钢管的外径为 26.75mm，壁厚 2.75mm，内径是 21.25mm。管材、管件的实际内径和外径，根据其结构特征，由各制品的技术标准来规定，但是无论怎样规定，凡是公称直径相同的管材、管件和阀门都能相连接。低压流体输送用镀锌焊接钢管、非镀锌焊接钢管、铸铁管、硬聚氯乙烯管、聚丙烯管等管径用公称直径 DN 表示。公称直径与管子直径（内径或外径）各有不同关系：一般普通压力铸铁管的内径等于公称直径。水煤气钢管的内径近似并大于公称直径。

镀锌钢管：见第二章水灭火系统安装第一节说明应用释义第三条释义。

接头零件：指管路延长连接用配件（如管箍、外丝、外螺及接头），管路分支连接用配件（如三通、四通）、管路转弯用配件（如 90°弯头、45°弯头），节点磁头连接用配件（如螺母、活接头，带螺纹法兰盘）、管子变径用配件（如补心、异径管箍）、管子堵口用配件（如丝堵、管堵头）等管道安装工程中所使用的管子配件。管道与检查井及管道可曲挠橡胶接头如图2-25、图2-26。

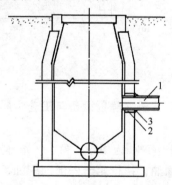

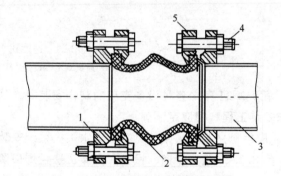

图 2-25　埋地管与检查井接点
1—镀锌钢管；2—水泥砂浆一次嵌缝；
3—水泥砂浆二次嵌缝

图 2-26　可曲挠橡胶接头
1—普通法兰；2—可曲挠橡胶接头；
3—管道；4—螺杆；5—特制法兰

2. 镀锌钢管（法兰连接）

工作内容：切管、坡口、调直、对口、焊接、法兰连接、管道及管件安装、水压试验。

定额编号　7-74～7-75　公称直径　P32～P33

[应用释义]　水压试验：指对船体、锅炉、管件（管子、管道部件和配件等）的密封性能及管道安装时接头密封性能进行检查的试验。检验单件试件时，在试件内部灌水，用泵加压至规定压力，以不漏水为合格；检查管道接头时，在管道铺设后，封闭其两端，由预留的孔口将水灌入孔道，并用泵将水压增至规定压力，以管道的漏渗不超过容许量为

合格。

卷扬机：又称绞车，是一种常用的起重和牵引装置，可以独立使用，也可以作为起重机械中的一个机构，由于它构造简单，操作维修方便，应用十分广泛。卷扬机的构成：

（1）动力装置：一般多为电动机，称电动卷扬机，也有内燃机、液压、气压驱动的，还有手动卷扬机。

（2）传动机构：现国产卷扬机一般为齿轮传动，常采用圆柱齿轮、蜗轮、蜗杆和行星齿轮等传动形式。

（3）制动装置：常用块式制动器、带式制动器和棘轮停止器等基本形式。

（4）工作装置：由卷筒和钢丝绳、滑轮组成，有单卷筒、双卷筒及三卷筒等不同的构造形式。卷扬机种类有电动快速、电动慢速和手动等。

汽车式起重机：将起重作业装置安装在通用或专用汽车底盘上的起重机称为汽车式起重机。汽车式起重机由于采用汽车底盘，所以具有汽车的行驶性能，机动灵活，行驶速度高，可快速转移。因此特别适用于流动性大，不固定作业的场所。汽车式起重机的弱点是：总体部分由于受汽车底盘的限制，一般本身都较长，转弯半径大，并且只能在起重机左右两侧和后方作业。汽车起重机底盘轴距长，重心低，适于公路行驶。汽车起重机除原有驾驶室外，一般在回转平台上再设一操纵室，操纵起重作业。汽车式起重机转弯半径小，越野性较差，行驶速度即汽车原有速度，可与汽车编队行驶。汽车式起重机工作时需用支腿，吊重主要在侧方或后方。适于作长距离转移工作。

普通车床：最常用的金属切削机床，主要用来做内圆、外圆和螺纹等成型面的加工。工作时工件旋转，车刀移动着切削，所以也叫旋床。

砂轮切割机：工地上常用的切割设备。不但可用来切割管子，还可用来切断角钢等材料。切断原理：高速旋转的砂轮片与管壁接触，在压力作用下产生摩擦切削，最后将管壁磨透切断。特点是：结构紧凑、体积小、搬运方便，速度快、省劳力、工效高，但噪声大，切口常有毛刺，速度快时切口有高温淬火变硬现象。使用砂轮切割机切割时，应使砂轮片和管子保持垂直，用夹管器夹紧勿动，手把加压力不能太猛太快。

交流电焊机：利用焊条与焊件瞬间短路打开，强大的电流即通过焊条端部与焊件的空隙，使空气离子化激发的电弧，其温度高达 6000℃ 左右，从而使焊条和焊件迅速熔化的焊接机械。其基本原理与一般的电力变压器相同。它将是 220V 和 380V 的电压降到弧焊需要的电压，而将电流增到弧焊需要的电流。这是一种结构简单、体积小、质量轻、使用方便、用途很广的设备。它可以焊接各种低碳钢和低合金钢。

石棉橡胶板：用橡胶及其他填料经过压缩制成的优良垫圈材料，广泛地用于热水、蒸汽、液化气以及酸、碱等介质的管路上。石棉橡胶板分为普通石棉橡胶板和耐油石棉橡胶板两种。普通石棉橡胶板按其性能又分为低、中、高压 3 种。低压石棉橡胶板适用于温度不超过 200℃，公称压力小于或等于 1.6MPa 的排水管路上。中、高压石棉橡胶板一般用于工业管路上。

二、系统组件安装

1. 喷头安装

工作内容：切管、套丝、管件安装、喷头密封性能抽查试验、安装、外观清洁。

定额编号 7-76～7-77 公称直径 P34

[应用释义] 喷头：详见第8.2.4条释义，其安装示意图如图2-27所示。

机油：管道切割时，为了降低工作时摩擦阻力并降低温度的一种润滑油，一般常用的有5～7号机油。

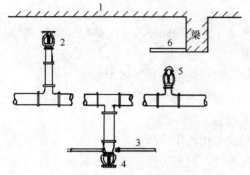

图2-27 喷头安装示意图

1—楼板或屋面板；2—直立型喷淋头；3—吊顶板
4—下垂型喷头；5—普通型喷头；6—集热板

管箍：又称外接头，用于连接同径通长钢管。

弯头：管道接头零件的一种，是用来改变管道的走向的。常见弯头的弯曲角度有45°、90°、180°等。弯头也称为U型弯头，也有特殊的角度，但为数极少。以下常见的几种弯头：

（1）玛钢弯头，也称锻铸弯头，是最常见的螺纹弯头，这种玛钢管件，主要用于采暖、上下水管道和煤气管道上，在工艺管道中，除经常需要拆卸的管道外，其他物料管道上很少使用。玛钢弯头的规格很小，常用的规格范围为10～100mm，按其不同的表面处理分镀锌和不镀锌两种。

（2）铸铁弯头，按其连接方式分为承插口式和法兰连接式两种。

（3）压制弯头也称为冲压弯头或无缝弯头，是用优质碳素钢，不锈耐酸钢和低合金钢无缝管在特制的模具内压制而成型的。其弯曲半径为公称直径的一半（r=0.5DN）、在特殊场合下也有一倍（r=1.0DN）。其规格范围在公称直径200mm以内。其压力范围，常用的为4.0MPa、6.4MPa和10MPa。压制弯头都是由专业制造厂和加工厂用标准无缝钢管冲压加工而成的标准成品，出厂时弯头两端应加工好坡口。

（4）冲压焊接弯头，是采用与管材相同材质的板材用冲压模具冲压成半块环形弯头，然后将两块半环弯头进行组对焊接成形。由于各类管道的焊接标准不同，通常是按组对点固的半成品出厂，现场施工根据管道焊缝等级进行焊接，因此，也称为两半焊接弯头。弯曲半径和无缝管弯头一样，公称直径在200mm以上，公称压力在40MPa以下。

（5）焊接弯头，也称虾米腰或虾体弯头。制作方法有两种，一种是将钢板切割后卷制焊接而成，多数用于钢板卷管的配套；另一种是用管材下料，经组对焊接成形，使用要求在200mm以上，使用压力在2.5MPa以下，温度小于等于200℃，一般在施工现场制作。

2. 湿式报警装置安装

工作内容：部件外观检查、切管、坡口、组对、焊法兰、紧螺栓、临时短管安装拆除、报警阀渗漏试验、整体组件、配管、调试。

定额编号 7-78～7-82 公称直径 P35～P36

[应用释义] 铅油：又称厚漆、厚铅油、原油、白油膏，漆膜柔软、光亮度差、坚硬性差。

平焊法兰：最常用的一种。这种法兰与管子的固定形式，是将法兰套在管端，焊接法兰里口与外口，使法兰固定，适用公称压力不超过2.5MPa。用于碳素钢管连接的平焊法兰，一般用 Q235 和 20 号钢板制造，用于不锈耐酸管道钢管上的平焊法兰应用与管子材质相同的不锈耐酸钢板制造。平焊法兰密封面，一般都为光滑式，密封面上加工有浅沟槽，通常称为水线。平焊法兰的规格范围如下：公称压力 PN0.25MPa 的为 $DN10\sim DN1600$。PN0.6MPa 的为 PN10～1000，PN1.0～1.6MPa 的为 $DN10\sim DN600$；PN2.5MPa 的为 $DN10\sim DN500$。

湿式报警装置：有湿式报警阀、延迟器、水力警铃等。湿式报警阀主要用于湿式自动喷水灭火系统上，在其立管上安装。其作用是接通或切断水源；启动水力警铃；防止水倒回到供水源。目前我国生产的有导向阀型和隔板座圈型两种。湿式报警阀平时阀芯前后水压相等（水通过导向杆中的水压平衡小孔，保持阀板前后水压平衡）。由于阀芯的自重和阀芯前后所受水的总压力不同，阀芯处关闭状态（阀芯上面的总压力大于阀芯下面的总压力）。发生火灾时，闭式喷头喷水，由于水压平衡小孔来不及补水，报警阀上面的水压下降，此时阀下水压大于阀上水压，于是阀板开启，向洒水管及喷水头供水，同时水沿着报警阀的环形槽进入延迟器，压力继电器及水力警铃等设施，发出水警信号并启动消防水泵等设施。延迟器主要用于湿式喷水灭火系统，安装在湿式报警阀与水力警铃、水力继电器之间的管网上，用以防止湿式报警阀因水压不稳所引起的误动作而造成的误报。水力警铃主要用于湿式喷水灭火系统，安装在湿式报警阀附近。当报警阀打开水源，水流将冲动叶轮，旋转铃锤，打铃报警。

3. 温感式水幕装置安装

工作内容：部件检查、切管、套丝、上零件、管道安装、本体组装、球阀及喷头安装、调试。

定额编号 7-83～7-87 公称直径 P37～P38

[应用释义] 雨淋阀：主要用于雨淋喷水灭火系统、预作用喷水系统、水幕系统和水喷雾灭火系统，如图 2-28～图 2-30 所示，为几种类型雨淋阀的示意图。这种阀与湿式报警阀、干式报警阀、干湿式两用阀不同点在于启动方式。前三种阀门，喷头动作后阀门才启动，而雨淋阀则是在喷头动作以前，靠自动或手动启动，使阀内的第三室压力下降，当降至供水压力的 1/2 时，阀门开启，水流立即充满整个雨淋管网，喷水灭火，并同时启动水力警铃或电铃报警。这种雨淋阀一般都手动复位。

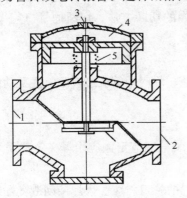

图 2-28 加压式雨淋阀
1—进口；2—出口；
3—活塞腔入口；4—活塞；5—弹塞

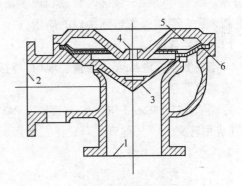

图 2-29 隔膜型雨淋阀
1—进口；2—出口；3—阀膜瓣；
4—隔膜腔进口；5—隔膜腔；6—隔膜

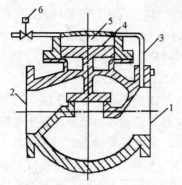

图 2-30　活塞型雨淋阀

1—进口；2—出口；3—活塞腔连通管；
4—活塞；5—活塞腔；6—电磁阀

套丝机：由人力拖动改成机械电力拖动，增设了电动机，齿轮变速箱系统和进刀量控制系统。用电动套丝机加工螺纹，由于车削速度均匀，进刀量可控、可调，车成的螺纹尺寸正确，标准，质量好。同时，机械代替了人力操作，减轻了体力劳动，大大提高了工效，在工地得到了广泛的应用。

4. 水流指示器安装

（1）螺纹连接

工作内容：外观检查、切管、套丝、上零件、临时短管安装拆除、主要功能检查、安装及调整。

定额编号　7-88～7-91　公称直径　P39～P40

[应用释义]　套丝：指在管道安装过程中，要给管端加工使之产生螺纹以便连接，管端螺纹加工过程即套丝。一般可分手工和机械加工两种方法。即采用手工绞板和电动套丝机。这两种套丝机结构基本相同，即绞板上装有四块板牙，用以切削管壁产生螺纹。套出的螺纹应端正，光滑无毛刺，无断丝缺扣，螺纹松紧度适宜，以保证螺纹接口的严密性。

①人工绞板：由绞板和板牙组成。绞板上有板牙架，上设四个板牙孔，用来装置板牙，即管螺纹车刀，每副四个，编有序号，应按序号装入板牙孔中，不许装错。板牙有不同规格，用来加工不同管径的螺纹，使用时，应按管径规格选用。人工绞板有一些缺陷，如螺纹不正，细丝螺纹，断丝缺扣，螺纹裂缝等。

②电动套丝机：见第二章第三节第二条定额编号 7-83～7-87。

砂轮切割机：见第二章水灭火系统安装第三节定额应用释义定额编号 7-74～7-75 公称直径中释义。

水流指示器：见第二章水灭火系统安装第一节定额应用释义第四条释义。

管箍：见第二章水灭火系统安装第三节定额应用释义第二条释义。

切管：管子安装之前，根据所要求的长度将管子切断。常用切断方法有锯断、刀割、气割等。施工时可根据管材、管径和现场条件选用适当的切断方法。切断的管口应平正，无毛刺，无变形，以免影响接口的质量。

（2）法兰连接

工作内容：外观检查、切管、坡口、对口、焊法兰、临时短管安装拆除、主要功能检查、安装及调整。

定额编号　7-92～7-96　公称直径　P41

[应用释义]　公称直径：见第二章水灭火系统安装第三节定额应用释义定额编号 7-67～7-73 公称直径中释义。

坡口：指为了保障焊缝的熔深和填实金属量而设置的管道斜坡。为焊接创造良好的熔炼空间，使焊缝与母材良好结合，便于操作，减少焊接变形，保障焊缝的几何尺寸。管壁厚度在 6mm 以内，采用平焊缝；管壁厚度在 6～12mm，采用 V 形焊缝；管壁厚度大于 12mm，而且管径尺寸允许工人进入管内焊接时，应采用 X 形焊缝。后两种焊缝必须进行管子坡口加工。管子坡口有Ⅰ形、Ⅴ形、Ⅹ形、Ｕ形几种。坡口的加工方法：

①人工坡口：主要应用手锉磨削，用于小管、壁厚≤4mm，工作量不大的场合。

②坡口机坡口：用于管径较大、壁厚4～10mm，要求坡口较规整的管道坡口。

③火焰切割坡口：用于大管径和厚壁管、现场作业的坡口，有氧-乙炔焰和等离子坡口，这种坡口形成表面氧化层，须进一步打磨修正。

对口：指钢管焊接时，管子与管子相对。对口应使两管中心线连接在一条直线上，也就是被施焊的两个管口必须对准，允许的错口量不得超过规定值。对口时，两管端的间隙应在允许范围内。

交流电焊机：见第二章水灭火系统安装第三节定额应用释义定额编号7-74～7-75公称直径中的释义。

三、其他组件安装

1. 减压孔板安装

工作内容：切管、焊法兰、制垫、加垫、减板检查、二次安装。

定额编号 7-97～9-101 公称直径（mm以内） P42

［应用释义］ 减压孔板：建筑物层数较多时，各层消火栓处所受水压情况有很大不同，底层水压力最大，因此出流量也最大。火灾时，贮存在消防水箱内的水很快就被用完。为了保证在消防时均匀供水，应在下层消火栓栓口前装置减压节流孔板，以降低消火栓处的压力，节制流量。其示意图如图2-31所示。

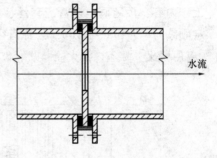

图 2-31 减压孔板结构示意图

2. 末端试水装置安装

工作内容：切管、套丝、上零件、整体组装、放水试验。

定额编号 7-102～7-103 公称直径（mm以内） P43

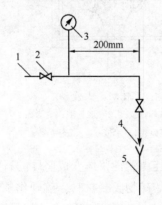

图 2-32 末端试水装置示意图
1—与系统连接管道；
2—控制阀；3—压力表；
4—标准放水口；5—排水管道

［应用释义］ 平焊法兰：见定额编号7-78～7-82公称直径中平焊法兰的释义。如图2-32所示。

3. 集热板制作、安装

工作内容：划线、下料、加工、支架制作及安装、整体安装固定。

定额编号 7-104 集热板 P44

［应用释义］ 集热板：见第二章水灭火系统安装第一节说明应用释义第七条释义。

固定支架：指管道相互之间不能产生相对位移，将管道固定在确定的位置上，使管道只能在两个固定支架之间伸缩，以保证各分支管路位置一定的支架。固定支架不仅承受管子及其附件、管内流体、保温材料等的重量等静荷载，同时还承受管道因温度压力的影响而产生的轴向伸缩推力和变形应力等动荷载。常用的固定支架有：①管卡固定支架，适用于 $DN15\sim150$ 室内不保温管道；②焊接角钢固定支架，适用于 $DN25\sim400$ 的室外不保温管道；③曲面槽固定支架，适用于室外 $DN150\sim700$ 的保温管道。

活动支架：指允许管道有位移的支架。包括滑动支架、导向支架、滚动支架、吊架以及用于给水管道上的管卡。①滑动支架是能使管子在支架结构间自由滑动的支架，可分为适用于室内外保温管道上的高位滑动支架和适用于室外不保温管道上的低位滑动支架，它一般设置在补偿器、铸铁阀门两侧或其他只允许管道做轴向移动的地方。②滚动支架分为滚柱支架和滚珠支架两种，是以滚动摩擦代替滑动摩擦以减小管道热伸缩时的摩擦力的支架。③管道吊架分普通吊架和弹簧吊架两种，普通吊架适用于伸缩性较小的管道，弹簧吊架适用于伸缩性和振动性较大的管道。

扁钢：外形是扁条形，其宽度 $\geqslant101mm$ 的为大型；$60\sim100mm$ 的为中型；$\leqslant50mm$ 的为小型。

四、消火栓安装

1. 室内消火栓安装

工作内容：预留洞、切管、套丝、箱体及消火栓安装、附件检查安装、水压试验。

定额编号　7-105～7-106　公称直径　P45

[应用释义]　室内消火栓：见第 8.2.10 释义。其安装示意图如图 2-33、图 2-34 所示。

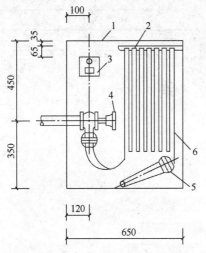
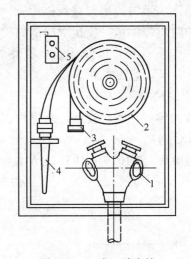

图 2-33　单栓室内消火栓安装图
1—消火栓箱；2—挂架；3—消防按钮
4—消火栓；5—水枪；6—水龙带

图 2-34　双出口消火栓
1—双出口消火栓；2—水龙带；
3—水带接口；4—水枪；5—按钮

水泥：呈粉末状，与水混合后，经过物理化学反应过程能由塑性浆体变成坚硬的石状体，并能将散粒状材料胶结成为整体，所以水泥是一种良好的矿物胶凝材料。就硬化条件而言，水泥浆体不但能在空气中硬化，还能更好地在水中硬化，保持并继续增长其强度，故水泥属于水硬性胶凝材料。水泥是最重要的建筑材料之一。我国建筑工程中目前常用的水泥主要有硅酸盐水泥、普通硅酸盐水泥、矿渣硅酸盐水泥、火山灰质硅酸盐水泥和粉煤灰硅酸盐水泥。在一些特殊工程中，还使用高铝水泥、膨胀水泥、快硬水泥、低热水泥和耐硫酸盐水泥等。由于水泥的科学技术及生产的不断发展,满足各种特殊性能要求的新品种水泥正在逐渐增多,例如膨胀硅酸盐水泥、低热硅酸盐水泥和膨胀硫铝酸盐水泥等。

2. 室外消火栓安装

(1) 室外地下式消火栓

工作内容: 管口除沥青、制垫、加垫、紧螺栓、消火栓安装。

定额编号 7-107～7-112 消火栓 P46

[**应用释义**] 地下式消火栓:在我国北方寒冷地区多采用地下式消火栓,如图 2-35 所示。地下式消火栓有直径为 100mm 和 65mm 的栓口各一个。并应有明显的标志,为便于火场使用和安全,室外消火栓应沿道路设置,道路宽度超过 60m 时,宜在道路两边设置消火栓,并宜靠近十字路口。消火栓距路边不应超过 2m,距房屋外墙不宜小于 5m。甲、乙、丙类液体储罐区和液化石油气罐罐区的消火栓,应设在防火堤外。但距罐壁 15m 范围内的消火栓,不应计算在该罐可使用的数量内。室外消火栓的间距不应超过 120m。室外消火栓的保护不应超过 150m。在市政消火栓保护半径 150m 以内,如消防用水量不超过 15L/s 时,可不设室外消火栓。

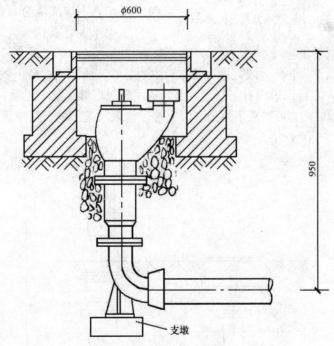

图 2-35 浅型地下式消火栓

氧气:即 O_2,焊接用氧气要求纯度达到 98% 以上。氧气厂生产的氧气以 15MPa 的压力注入专用的钢瓶或氧气瓶内,送至施工现场或供用户使用。氧气瓶是高压容器,由优质碳素钢和低合金钢制造,内径为 $\phi 290$,瓶长 1450mm,容积 38～40L,重量为 60kg,外设两个防振胶圈。氧气瓶的充气压力为 15MPa,氧气纯度 98% 以上,配用的氧气表型号有:QD-1-0 ～25%～40%,氧气流量 80m³/h,压力调节范围 0.1～2.5MPa;QD～2A～25%～1.6%,氧气流量 40m³/h,压力调节范围 0.1～1.0MPa。氧气瓶的使用:装上氧气表,拧紧接头夹螺丝,打开氧气阀,查看压力表,高低压正常无漏气时,即可接上氧气胶管使用。

（2）室外地上式消火栓

定额编号　7-113～7-116　消火栓　P47

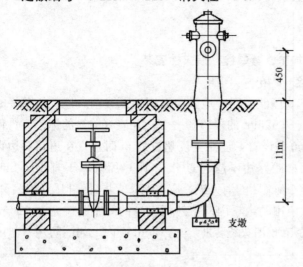

图 2-36　深型地上式消火栓

[应用释义]　地上式消火栓：在我国南方温暖地区多采用地上式消火栓，较少采用地下式消火栓。室外地上式消火栓有一个直径为 150mm 或 100mm 和两个直径为 65mm 的栓口，如图 2-36、图 2-37 所示。

普通硅酸盐水泥：凡由硅酸盐水泥熟料、0%～5%石灰石或粒化高炉矿渣、适量石膏磨细制成水硬性胶凝材料，称为硅酸盐水泥（波特兰水泥）。硅酸盐水泥分两种类型，不掺加混合材料的称Ⅰ型硅酸盐水泥，其代号为 P·Ⅰ。在硅酸盐水泥熟料粉磨时掺加不超过水泥质量5%的石灰石或粒化高炉矿渣混合材料的称Ⅱ型硅酸盐水泥，其代号为 P·Ⅱ。硅酸盐水泥的原料主要是石灰质原料和黏土质原料两类。石灰质原料提供 CaO，它可以采用石灰石、白垩石灰质凝灰岩等。黏土质原料主要提供 SiO_2、Al_2O_3 及少量 Fe_2O_3，它可以采用黏土、黄土等。如果所选用的石灰质原料和黏土质原料

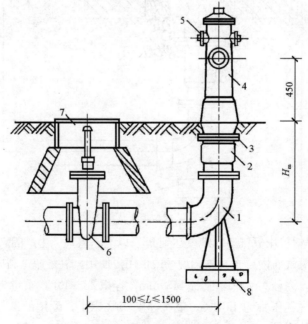

图 2-37　浅型地上式消火栓

1—弯管；2—阀体（排水阀）；3—连接法兰；4—本体；

5—KWS65 型接口；6—闸阀；7—检查井；8—支墩

按一定比例配合不能满足化学组成要求时，则要掺加相应的校正原料，校正原料有铁质校正原料和硅质校正原料。铁质校正原料主要补充 Fe_2O_3，它可采用铁矿粉、黄铁矿渣等；硅质校正原料主要补充 SiO_2，它可采用砂岩、粉砂岩等。此外为了改善煅烧条件，常加入少量的矿化剂、晶种等。硅酸盐水泥生产的大体步骤是：先把几种原料按适当比例配合后在磨机中磨成生料；然后将得到的生料入窑进行煅烧；再把烧好的熟料配以适当的石膏（和混合材料）在磨机中磨成细粉，即得水泥。

定额编号 7-117～7-120 消火栓 P48

[应用释义] 电焊条：电焊时熔化填充在焊接工作件接合处的金属条，外面有药皮，熔化时保护电弧使其稳定并隔绝空气中氧、氮等有害气体与液体金属接触作用，以免形成脆性易裂的化合物。

石棉橡胶板：见第二章水灭系统安装第二节定额应用释义定额编号 7-74～7-75 公称直径中的释义。

铅油：见定额编号 7-78～7-82 公称直径中铅油的释义。

3. 消防水泵接合器安装

工作内容：切管、焊法兰、制垫、加垫、紧螺栓、整体安装、充水试验。

定额编号 7-121～7-126 地下式 地上式 墙壁式 P49～P50

[应用释义] 切管：管子安装之前，根据所要求的长度将管子切断。常用切断方法有锯断、刀割、气割等。施工时根据管材、管径和现场条件选用适当的切断方法。切断的管口应平正、无毛刺、无变形，以免影响接口质量。

地上式水泵接合器：形似室外地上消火栓，接口位于建筑物周围附近地上，目标明显，使用方便，如图 2-38 所示。要求有明显的标志，以免火场上误认为是地上消火栓。

地下式水泵接合器：形似地下消火栓，设在建筑物周围附近的专用井内，不占地方，适用于寒冷地区，如图 2-39 所示。安装时注意，使接合器进水口处在井盖正下方，顶部

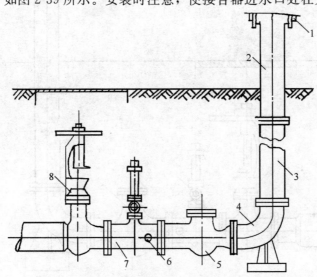

图 2-38 SQ 型地上式水泵接合器
1—进水接口；2—本体；3—法兰接管；4—弯管；
5—升降式单向阀；6—放水阀；7—安全阀；8—闸阀

进水口与井盖底面距离不大于 0.4m，地面附近应有明显标志，以便火场辨别。

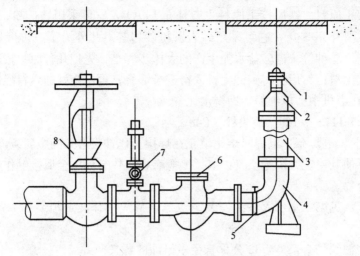

图 2-39　SQ 型地下式水泵接合器
1—进水接口；2—本体；3—法兰接管；4—弯管；
5—放水阀；6—升降式单向阀；7—安全阀；8—闸阀

墙壁式水泵接合器：形似室内消火栓，设在建筑物的外墙上，其高出地面的距离不宜小于 0.7m，并应与建筑物的门、窗、孔洞保持不小于 1.0m 的水平距离，如图 2-40 所示。

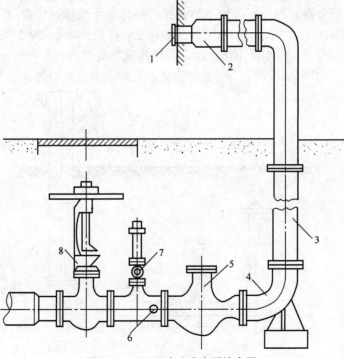

图 2-40　SQ 型墙壁式水泵接合器
1—进水接口；2—本体；3—法兰接管；4—法兰弯管；
5—升降式单向阀；6—放水阀；7—安全阀；8—闸阀

消防水泵接合器：为了便于消防车通行和取水灭火，水泵接合器应设在方便消防车使用的地点。同时在其周围15～40m，应设有室外消火栓或消防水池，并要有明显标志。

五、隔膜式气压水罐安装（气压罐）

工作内容：场内搬运、定位、焊法兰、制加垫、紧螺栓、充气定压、充水、调试。

定额编号 7-127～7-130 公称直径 P51

[应用释义] 砂轮切割机：切断管材时采用砂轮切割的方法叫砂轮切割法。砂轮切割是依靠高速旋转的砂轮片与管壁接触摩擦切削，将管壁切断。使用砂轮切割时的操作如下：切割时，要使砂轮片和管子保持垂直，进刀用力不要过猛，以免砂轮破碎伤人。砂轮切割速度快，可以切断各种各样的型钢。适宜于施工现场采用。

交流电焊机：见定额编号7-74～7-75公称直径释义。

汽车式起重机：将起重机构安装在普通载重汽车或专用汽车底盘上的一种自行式全回转起重机。这种起重机的优点是运行速度快，能迅速旋转，对路面的破坏性很小。但吊装作业时必须支腿，因而不能负荷行驶，且不适合松软或泥泞地面作业。

隔膜式气压水罐：详见第二章水灭火系统安装第一节说明应用释义第八条和第8.2.14条释义。

六、管道支吊架制作、安装

工作内容：切断、调直、煨制、钻孔、组对、焊接、安装。

定额编号 7-131 管道支吊架 P52

[应用释义] 管道支吊架：如图2-41所示，详见第二章水灭火系统安装第一节说明应用释义第九条释义。

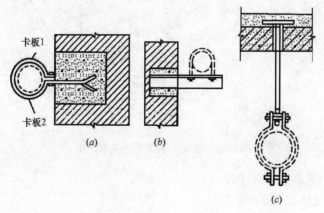

图2-41 支、托架
(a)管卡；(b)托架；(c)吊环

型钢：断面呈不同形状的钢材的统称。断面呈L形的叫角钢，呈U形的叫槽钢，呈圆形的叫圆钢，呈方形的叫方钢，呈工字形的叫工字钢，呈T形的叫T形钢。

七、自动喷水灭火系统管网水冲洗

工作内容：准备工具和材料、制堵盲板、安装拆除临时管线、通水冲洗、检查、清理现场。

定额编号 7-132～7-137 公称直径 P53

[应用释义] 无缝钢管：见第二章水灭火系统安装第一节说明应用释义第三条释义。

【例】 某宿舍水灭火系统安装图如图 2-42 所示，试按照本章工程量计算规则应用释义及定额应用释义进行工程量计算及其定额计算。

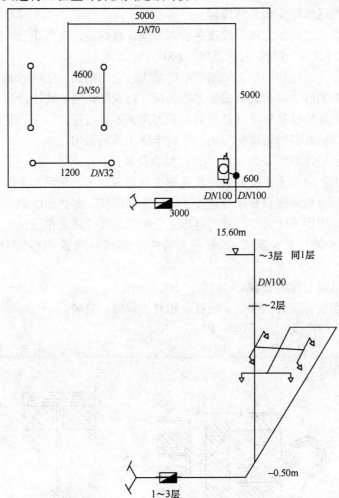

图 2-42 水灭火系统平面及系统图

【解】 （1）清单工程量计算

①项目名称：DN100 镀锌钢管

单位：m 工程量：3.0m＋0.6m＋15.60m－（－0.5m）＝19.70m

【注释】3.0＋0.6 为图纸下端的水平 DN100 镀锌钢管的长度之和，15.60－（－0.5）为竖直 DN100 镀锌钢管的长度之和。

②项目名称：DN70 镀锌钢管

单位：m 工程量：（5.0m＋5.0m＋4.6m）×3（三层）＝43.80m

【注释】（5.0＋5.0＋4.60）为单层 DN70 镀锌钢管在上图中依次从右到左的长度之和，3 为层数。

③项目名称：DN50 镀锌钢管

单位：m 工程量：1.20m×3（三层）＝3.60m

【注释】1.20 为单层 DN50 镀锌钢管在上图的长度，3 为层数。

④项目名称：DN32 镀锌钢管

单位：m　工程量：1.20m×3×3（三层）＝10.80m

【注释】1.20×3 为单层 DN32 镀锌钢管在上图中依次从上到下的长度之和，3 为层数。

⑤项目名称：水表

单位：组　工程量：1 组

⑥项目名称：水喷淋（雾）喷头

单位：个　工程量：6 个（每层 6 个）×3（3 层）＝18 个

⑦项目名称：室内消火栓

单位：套　工程量：3 套（每楼楼层楼梯口处）

⑧项目名称：消防水泵接合器

单位：套　工程量：1 套

⑨项目名称：水灭火控制装置调试

单位：点　工程量：3 点

清单工程量计算见表 2-9。

清单工程量计算表　　　　　　　　　　　表 2-9

序号	项目编码	项目名称	项目特征描述	计量单位	工程量
1	030901001001	水喷淋钢管	室外，DN100	m	19.70
2	030901001002	水喷淋钢管	室外，DN70	m	43.80
3	030901001003	水喷淋钢管	室内，DN50	m	3.60
4	030901001004	水喷淋钢管	室内，DN32	m	10.80
5	031003013001	水表	材质，型号，连接方式	组	1
6	030901003001	水喷淋喷头	形式自动水喷头	个	18
7	030901010001	室内消火栓	室内，单口	套	3
8	030901012001	消防水泵接合器	室内	套	1
9	030905002001	水灭火控制装置调试	总线制	点	3

（2）定额应用部分。

有了工程量清单之后，其每一项按照其具体规格安装方式，套用定额，有的定额计算单位与清单计算单位不同需注意一下，如管道清单计算单位为 m，而定额计算单位则为 10m。

注：清单及其定额计算中均未加入管网冲洗，支架制作及其安装，管道系统强度试验，严密性试验等部分。也未包括管道、设备、支架、法兰焊口、除锈刷油等。以上定额可执行《刷油、防腐蚀、绝热工程》、《工业管道工程》、《静置设备与工艺金属结构制作安装工程》等相应定额。

第三章　气体灭火系统安装

第一节　说明应用释义

一、本章定额适用于工业和民用建筑中设置的二氧化碳灭火系统、卤代烷 1211 灭火系统和卤代烷 1301 灭火系统中的管道、管件、系统组件等的安装。

［应用释义］　在不能采用水或泡沫进行灭火的场所，就需要设置有气体灭火系统，根据灭火介质的不同，可将固定式气体自动灭火系统分为卤代烷 1211 灭火系统，卤代烷 1301 灭火系统，二氧化碳灭火系统等。

二氧化碳灭火系统：CO_2 是一种良好的灭火剂，属于不导电、惰性气体，低毒性、灭火后不污损保护物，且来源广泛、生产容易、价格低廉，仅为卤代烷 1211 灭火剂的 1/50。按系统应用场合，二氧化碳灭火系统通常可分为移动式二氧化碳灭火系统、全充满二氧化碳灭火系统及局部二氧化碳灭火系统。移动式二氧化碳灭火系统：移动式二氧化碳灭火系统是由二氧化碳钢瓶、集合管、软管卷轴、软管以及喷筒等组成；全充满系统也称全淹没系统，是由固定在某一地点的二氧化碳钢瓶、容器阀、管道、喷嘴、控制系统及辅助装置等组成，如图 2-43 所示。局部二氧化碳灭火系统及局部二氧化碳灭火系统也是由设置固定的二氧化碳喷嘴、管路及固定的二氧化碳源组成，可直接、集中地向被保护对象或局部危险区域喷射二氧化碳灭火，其使用方式与手提式灭火器类似，如图 2-44 所示。CO_2 灭火主要是起窒息作用，并有少量的冷却降温作用，二氧化碳灭火系统的主要设备有二氧化碳钢瓶、管路、容器阀、选择阀、气动启动器、喷嘴。二氧化碳钢瓶是由无缝钢管制成的装有容器阀的高压容器，目前我国所采用的工作压力都是 15MPa、容量为 40L、水试验压力为 22.5MPa 的设备。容器阀尽管种类较多，但从结构上看，基本上由三部分构成，即充装阀部分（截止阀或止回阀）、释放阀部分（截止阀或闸刀阀）和安全膜片（泄开部分）。管路是二氧化碳的运送路径，是连接钢瓶喷头的通道。管路中的总管（多为无缝钢管）、连接管（挠性管）及操纵管（挠性管）等构成二氧化碳输送管网。选择阀主要用于一个二氧化碳源供给两个以上保护区域的装置上，其作用是选择释放二氧化碳方向，以实现选定方向的快速灭火。

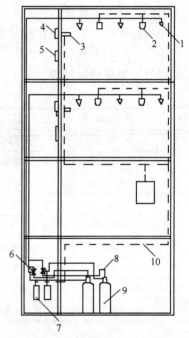

图 2-43　组合分配型全淹没
系统示意图

1—喷头；2—探测器；3—声报警器；
4—放气指示灯；5—手动操作盘；
6—分配阀；7—启动气瓶；8—集流管；
9—灭火剂贮瓶；10—导线

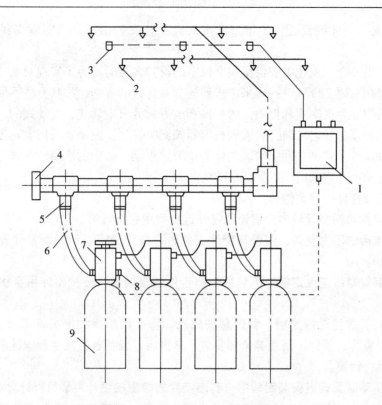

图 2-44 单元独立型系统构成图

1—控制盘；2—喷头；3—探测器；4—安全阀；5—单向阀；

6—软管；7—瓶头阀；8—电磁阀；9—灭火剂贮瓶

卤代烷 1211 灭火系统：卤代烷 1211 即指二氟一氯一溴甲烷 CF_2ClBr。1211 在灭火系统中以液相贮存，这有利于使用，但从喷嘴喷出后会成气态，属于气体灭火，容易实现全淹没方式灭火。1211 在液化后成无色透明，气化后是略带芳香味、低毒、不导电的气体。卤代烷 1211 灭火系统进行灭火优点很多，仅有个别缺点。优点：①卤代烷 1211 在一般情况下的绝缘电阻约为 2500kΩ，绝缘性能好。②气体击穿电压很大，在扑灭电器火灾上有很大优势。③高纯度的 1211 的化学稳定性很好。缺点：它对一些金属材料具有腐蚀性，一些非金属材料具有溶胀作用，化学稳定性因此受到破坏。卤代烷 1211 灭火系统中其蒸汽压力会随着温度的下降而急剧下降，并且其自身的蒸汽压力不高，不能保证气体进行快速喷射灭火。因此，需要用其他的一些气体对其增压。现在的加压方式有用氮气加压的预先加压和用其他气体的临时加压两种加压方式。1211 灭火剂是应用最广的一种卤代烷灭火剂，它的应用范围仅次于 1301。

卤代烷 1301 灭火系统：以卤代烷 1301 灭火剂 CF_3Br（三氟一溴甲烷）作为灭火介质，由于其灭火毒性小、使用期长、喷射性能好、灭火性能好、用量省、易气化、空气淹没性好、洁净、不导电、腐蚀性小、稳定性好，是应用最广泛的一种气体灭火系统。但由于其对大气臭氧层有较大的破坏作用。目前已开始停止生产使用。

二、本章定额中的无缝钢管、钢制管件、选择阀安装及系统组件试验等均适用于卤代烷 1211 和 1301 灭火系统，二氧化碳灭火系统按卤代烷灭火系统相应安装定额乘以系数 1.20。

[应用释义]　无缝钢管：见第二章水灭火系统安装第三节说明应用释义第三条中释义。

选择阀：当一个二氧化碳源供给两个以上的保护区域时，为了实现对某一区域进行快速灭火，需要在系统上设置选择阀来选择释放二氧化碳的方向。按其方法不同，有多种方式，按主阀活门分为提阀式和提动式的；按释放方式分有电动式、气动式的。各种类型的选择阀均应在容器阀开启之前开启或者与容器阀同时开启。电动式采用电磁先导阀或直接采用电机开启；气动式则是利用启动气体的压力，推动气缸中的活塞，将阀门打开，两种选择阀均设有手动开启阀门，以保证系统的正常运行。

三、管道及管件安装定额：

1. 无缝钢管和钢制管件内外镀锌及场外运输费用另行计算。

2. 螺纹连接的不锈钢管、铜管及管件安装时，按无缝钢管和钢制管件安装相应定额乘以系数 1.20。

3. 无缝钢管螺纹连接定额中不包括钢制管件连接内容，应按设计用量执行钢制管件连接定额。

4. 无缝钢管法兰连接定额，管件是按成品、弯头两端是按接短管焊接法兰考虑的，定额中包括了直管、管件、法兰等全部安装工序内容，但管件、法兰及螺栓的主材数量应按设计规定另行计算。

5. 气动驱动装置管道安装定额中卡套连接件的数量按设计用量另行计算。

[应用释义]　铜管：包括紫铜管和黄铜管两种。制造紫铜管所用材料牌号有 T_2、T_3、T_4 和 TVP 等，含铜量较高，要占 99.7% 以上；黄铜管所用材料牌号有 H_{62}、H_{68} 等，都是锌和铜的合金，如 H_{62} 黄铜管，其材料成分为 60.5%～63.5%，锌为 39%，其他杂质<0.5%。常用无缝铜管的规格范围为外径 12～250mm，壁厚 1.5～5mm；铜板卷焊接管的规格范围为外径 155～505mm，供货方式有单根和成盘的两种。

螺纹连接：也称丝扣连接，是钢管最常用的一种连接方式，它是利用多种形式的带帽螺纹的管件和绞制有螺纹的管端，相互内外螺丝旋紧而连接起来的。把管子的连接端绞制成螺纹的过程叫套丝，这种连接方式可适用于镀锌钢管和普通焊接钢管。

法兰连接：它是将法兰盘固结于（焊接或螺纹连接）管端，然后将两根管端的法兰盘用螺栓接合起来。此种连接方式在定额中列有单项"法兰安装"项目。

弯头：见定额编号 7-70～7-77 公称直径中弯头的释义。

螺栓：见第 8.2.3 条释义。

四、喷头安装定额中包括管件安装及配合水压试验安装拆除丝堵的工作内容。

[应用释义]　喷头：见第 8.2.4 条释义，其结构示意图如图 2-45 所示。

水压试验：详见第二章第一节第三条。

五、贮存装置安装，定额中包括灭火剂贮存容器和驱动气瓶的安装固定、支框架、系统组件（集流管，容器阀，气、液单向阀，高压软管），安全阀等贮存装置和阀驱动装置的安装及氮气增压。二氧化碳贮存装置安装时，不需增压，执行定额时，扣除高纯氮气，其余不变。

[应用释义]　安全阀：一种用来泄压、防止意外事故发生的装置，如图 2-46 所示。由铜合金等材料制成，主要由压紧螺块、泄压膜片座及膜片构成。一般安装在储存容器、

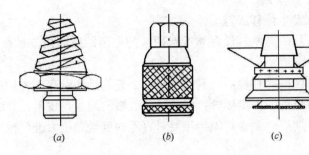

图 2-45 气体喷头结构示意图

(a) 离心雾化型喷头；(b) 射流型喷头；(c) 开花型喷头

集流管和容器阀等安全阀门后所形成的封闭管段上。作用是为了防止储存容器内的压力超过正常允许压力而引发事故。在集流管上设置安全泄压装置是为了防止灭火剂释放时集流管内压力过高引发事故。在气体灭火系统中，若管道连接有隙缝使液态灭火剂泄漏，也有可能为其他原因引起液态灭火剂泄露时，若温度升高则使压力

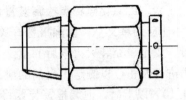

图 2-46 安全阀

升高到爆破的压力，这时安全阀的膜片就会破裂，起到泄压的作用，泄压口压力巨大，很危险，因此在安装时泄压口不能朝向人员有可能接近的方向，以免造成人员伤亡。

容器阀：也叫瓶头阀，其作用通常是封存灭火剂，不能产生泄漏，并利于灭火剂的充装，发生火灾时，要及时开启，快速将灭火剂释放出去。容器阀的种类比较多，基本上都有3个部分选择，充装部分、释放部分和泄压部分。容器阀按启动类型可分为：电动型容器阀、机械型容器阀、气动型容器阀和电爆型容器阀。这几种起动方式的作用原理大致相同，以气动型容器阀为例：它的控制是主要由三个部件控制的，安装于起动用气瓶上的电磁阀和先导阀，安装于二氧化碳钢瓶上的气动阀。在平时，起动气瓶中的高压气体被电磁阀关闭，二氧化碳钢瓶也被封闭，当遇到火灾时，火灾探测器检测到火灾并启动电磁阀释放高压气体，高压气体开启先导阀和气动阀两个阀门，二氧化碳便开始灭火。

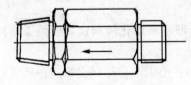

图 2-47 单向阀

单向阀：用来控制管道中气体或液体的方向，使它只能流向一个方向的阀门，如图 2-47 所示，单向阀有液体单向阀和气体单向阀，它们在管路中的安装部位不同。单向阀的组成：它通常由钢合金组成，安装时必须密封可靠，比较耐用。为了更换、安装瓶头阀，单向阀与容器阀或集流管之间采用的是耐压软管连接，采用耐压软管还有一个原因就是可以减缓阀开启的时候对管网的冲击。单向阀的维护包括检查阀芯的灵活性和阀的密封性，而且应该定期维护检查。单向阀的作用原理：它的开启依靠于液体或气体对它的压力，在压力消失之后，又会自行关闭。因液体或气体的压力作用了一个方向，单向流通，故叫做单向阀。

单向阀作用在不同位置有不同的作用：作用于气动气路上的单向阀能开启相应的选择阀和容器阀；在集流管和容器阀之间的单向阀能阻止灭火剂的回流。

灭火剂贮存瓶的安装：灭火剂贮存瓶的安装必须遵守如下规则：

(1) 贮瓶安装必须牢固可靠地固定在专用支架上，以免系统在喷射灭火剂时，在增压

气体较大的反作用力下发生位移或转动。

（2）管网式灭火系统的贮瓶宜设在靠近保护区的专用贮瓶间内。贮瓶间平时应关闭，不允许闲杂人员进入。

（3）用于同一保护区的贮存容器，其规格尺寸、充装量和贮存压力均应相同。

（4）每个贮瓶上应设置的固定标牌，标明每个贮瓶的编号，皮重、充装灭火剂后的重量、贮存压力及充装日期等。至少每隔半年要对容器的重量和压力进行校正，以测定灭火剂的泄漏量。

（5）安装前要作外观检查，应无明显碰伤和变形。压力表完好无损。手动操作装置应有铅封。

六、二氧化碳称重检漏装置包括泄漏报警开关、配重及支架。

〔应用释义〕　泄漏报警开关：每个贮瓶上应设耐久的固定标牌，标明每个贮瓶的编号、皮重、充装灭火剂后的重量、贮存压力及充装日期等。至少每年要对容器的重量和压力进行校正，以测定灭火剂的泄漏量，凡检查出贮瓶净重损失在5％以上或充装压力损失在10％以上时，泄漏报警装置将报警，必须补充或更换。

七、系统组件包括选择阀，气、液单向阀和高压软管。

〔应用释义〕　选择阀：详见第三章气体灭火系统安装第一节说明应用释义第二条释义。

单向阀：详见第三章气体灭火系统安装第一节说明应用释义第五条释义。

高压软管：二氧化碳的运送路径，是连接钢瓶和喷头的通道。高压软管承受一定压力，有较好耐压性能。

八、本章定额不包括的工作内容：

1. 管道支吊架的制作安装应执行本册定额第二章的相应项目。

2. 不锈钢管、铜管及管件的焊接或法兰连接，各种套管的制作安装、管道系统强度试验、严密性试验和吹扫等均执行第六册《工业管道工程》定额相应项目。

3. 管道及支吊架的防腐刷油等执行第十一册《刷油、防腐蚀、绝热工程》相应项目。

4. 系统调试执行本册定额第五章的相应项目。

5. 阀驱动装置与泄漏报警开关的电气接线等执行第十册《自动化控制仪表安装工程》相应项目。

〔应用释义〕　铜管：详见第三章气体灭火系统安装第一节说明应用释义第三条释义。

防腐刷油：一般使用防锈漆。防锈漆分为油性防锈漆和树脂防锈漆两种。在实际操作中，我们最常用的油性防锈漆有红丹油性防锈漆和铁红油性防锈漆；树脂防锈有红丹酚醛防锈漆、锌黄醇酸防锈漆。这两类防锈漆均有良好的防锈性能，主要用于涂刷钢结构表面，用来防锈。

电磁驱动器：利用动铁片与通有电流的固定线圈之间或被此线圈磁化的静铁片之间的相互作用而制成的仪器。

第二节　工程量计算规则应用释义

第8.3.1条　管道安装包括无缝钢管的螺纹连接、法兰连接、气体驱动装置管道安装及钢制管件的螺纹连接。

[应用释义] 螺纹连接：详见第三章气体灭火系统安装第一节说明应用释义第三条释义。

法兰连接：详见第三章气体灭火系统安装第一节说明应用释义第三条释义。

气动驱动器：详见第8.3.8条

第8.3.2条 各种管道安装按设计管道中心长度，以"m"为计量单位，不扣除阀门、管件及各种组件所占长度，主材数量应按定额用量计算。

[应用释义] 阀门：详见第二章水灭火系统安装第一节说明应用释义第十一条释义。

第8.3.3条 钢制管件螺纹连接均按不同规格以"个"为计量单位。

[应用释义] 螺纹连接：详见第三章气体灭火系统安装第一节说明应用释义第三条释义。

第8.3.4条 无缝钢管螺纹连接不包括钢制管件连接内容，其工程量应按设计用量执行钢制管件连接定额。

[应用释义] 无缝钢管：详见第二章水灭火系统安装第一节说明应用释义第三条释义。

第8.3.5条 无缝钢管法兰连接定额，管件是按成品、弯头两端是按接短管焊法兰考虑的，定额包括了直管、管件、法兰等预装和安装的全部工作内容，但管件、法兰及螺栓的主材数量应按设计规定另行计算。

[应用释义] 弯头：见定额编号7-76～7-77公称直径中弯头的释义。

第8.3.6条 螺纹连接的不锈钢管、铜管及管件安装时，按无缝钢管和钢制管件安装相应定额乘以系数1.20。

[应用释义] 铜管：详见第三章气体灭火系统安装第一节说明应用释义第二条释义。

不锈钢管：不锈钢管分三类。按添加的金属元素不同分为：铬不锈钢，铬镍不锈钢和铬锰氮系列不锈钢；按耐腐蚀性能分为：耐大气腐蚀、耐酸碱腐蚀和耐高温不锈钢等；按不锈钢的金相组织可分为马氏体、锈素体、奥氏体、沉淀硬化型钢。不锈钢管具有较高的电极电位，表面致密的氧化膜和均匀的内部组织具有很高的耐酸性能。

第8.3.7条 无缝钢管和钢制管件内外镀锌及场外运输费用另行计算。

[应用释义] 无缝钢管：详见第二章水灭火系统安装第一节说明应用释义第三条中第3点释义。

第8.3.8条 气动驱动装置管道安装定额包括卡套连接件的安装，其本身价值按设计用量另行计算。

[应用释义] 气动驱动装置：由气动容器、起动容器的容器阀及操纵管组成，其作用是借助于起动容器中的高压二氧化碳，开放灭火剂容器的容器阀。容器阀安装在贮瓶瓶口上，故又称瓶头阀，贮存容器通过它与管网系统相连，是灭火剂及增压气体进、出贮存容器的可控通道。容器阀平时封住瓶口，不让灭火剂及增压气体泄漏；火灾时便迅速开启，顺利的排灭火剂，具有封存、释放、加注（充装）超压排放等功能，是系统的重要部件之一。容器阀种类较多，它的选择由系统的工作特点及控制方式决定。以容器开启的方式而言，有电动（电磁）、气动、电爆及机械（手动）等四种基本类型。

卡套：指管件之间的连接装置，起固定作用。

第8.3.9条　喷头安装均按不同规格以"个"为计量单位。

[应用释义]　喷头：装于灭火系统管网末端，灭火剂最后通过它按设计要求喷射到被保护的空间，是系统中主要部件之一。它的工作直接影响到系统灭火的应用效果，应根据不同的系统，合理正确地选用和布置喷头。1211从喷头喷出后大部分是液态，然后气化。喷头的类型通常以喷射性能来分类。雾化型：其喷射主要特点是射流呈微小液珠或汽雾，使灭火剂喷出后迅速雾化，如图2-45（a）所示；射流型：是一种从喷口直接形成射流的喷头，如图2-45（b）所示；开花型：其喷射性能介于液流型和雾化型之间，是一种复合式的喷射，如图2-45（c）所示。

第8.3.10条　选择阀安装按不同规格和连接方式分别以"个"为计量单位。

[应用释义]　选择阀：详见第三章气体灭火系统安装第一节说明应用释义第二条释义。

第8.3.11条　贮存装置安装中包括灭火剂贮存容器和驱动气瓶的安装固定和支框架、系统组件（集流管、容器阀、单向阀、高压软管）、安全阀等贮存装置和阀驱动装置的安装及氮气增压。

贮存装置安装按贮存容器和驱动气瓶的规格（L）以"套"为计量单位。

[应用释义]　贮存容器：简称贮瓶，是盛装1211灭火剂的容器。由于1211灭火系统（装置）采用增压输送的方法，因此，不论是临时加压或预先加压，系统都要求贮瓶能承受相当的压力，不允许有灭火剂和增压气体的泄漏。目前国内外卤代烷灭火装置采用1.05MPa、2.5MPa和4.2MPa三种增压系统，1211灭火装置通常采用前两种压力；1301灭火装置常用后两种压力。卤代烷灭火系统的贮瓶应按照使用中最高允许温度时的最高工作压力条件设计和制造。

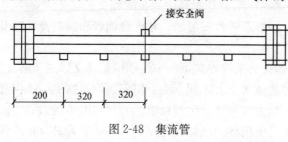

图2-48　集流管

单向阀：详见第三章气体灭火系统安装第一节说明应用释义第五条释义。

高压软管、容器阀、集流管解释详见第一节第五条，集流管示意图如图2-48所示。

第8.3.12条　二氧化碳贮存装置安装时不需增压，执行定额时应扣除高纯氮气，其余不变。

[应用释义]　二氧化碳贮存装置：主要指二氧化碳钢瓶。其作用是储存二氧化碳灭火剂，并且靠容器内二氧化碳蒸汽压力来驱动二氧化碳灭火剂喷出，是二氧化碳灭火剂的供给源。它是由无缝钢管制成的高压容器，内外均经除锈处理，其上部装设有容器阀。使用钢瓶时，应使其固定、牢固，确保系统释放二氧化碳时钢瓶不会移动。目前，我国使用的二氧化碳容器的工作压力为15MPa，容量为40L，水压试验为22.5MPa。对于工作压力15MPa，水压试验压力为22.5MPa的容器，其充装率不应大于0.68kg/L，以保证在环境温度不超过45℃时容器瓶内压力不超过其工作压力。要定期作水压试验，一般每隔8～10年测试一次，其永久膨胀率不得大于10%，否则应视为作废而不能使用。容器的充装率（每升容器充装的二氧化碳公开数）不能过大。

第 8.3.13 条 二氧化碳称重检漏装置包括泄漏报警开关、配重、支架等，以"套"为计量单位。

［应用释义］ 二氧化碳称重检漏装置：每个贮瓶上应设置耐久的固定标牌，标明每个贮瓶的编号、皮重、充装灭火剂后的重量、贮存压力及充装日期等。至少每半年要对容器的重量和压力进行校正，以测定灭火剂的泄漏量，凡检查出贮瓶净重损失在 5％以上或充装压力损失在 10％以上的，必须补充或更换。二氧化碳称重检漏装置就是检查气体泄漏的装置。

二氧化碳报警开关详见第一节第六条。

第 8.3.14 条 系统组件包括选择阀、单向阀（含气、液）及高压软管。试验按水压强度试验和气压严密性试验，分别以"个"为计量单位。

［应用释义］ 水压试验：详见第二章水灭火系统安装第二节第一条说明应用释义定额编号 7-74～7-75 公称直径的释义。

选择阀，单向阀详见第一节第五条。

第 8.3.15 条 无缝钢管、钢制管件、选择阀安装及系统组件试验均适用于卤代烷 1211 和 1301 灭火系统。二氧化碳灭火系统，按卤代烷灭火系统相应安装定额乘以系数 1.2。

［应用释义］ 卤代烷 1211 灭火系统：详见第一节第一条。

1301 灭火器解释详见第一节第一条。

第 8.3.16 条 管道支吊架的制作安装执行本册第二章相应定额。

［应用释义］ 管道支吊架：详见第二章水灭火系统安装第一节说明应用释义第十一条释义。

第 8.3.17 条 不锈钢管、铜管及管件的焊接或法兰连接、各种套管的制作安装、管道系统强度试验、严密性试验和吹扫等均执行第六册《工业管道工程》相应定额。

［应用释义］ 铜管：详见第三章气体灭火系统安装第一节说明应用释义第三条释义。

法兰连接：详见第三章气体灭火系统安装第一节说明应用释义第三条释义。

第 8.3.18 条 管道及支吊架的防腐、刷油等执行第十一册《刷油、防腐蚀、绝热工程》相应定额。

［应用释义］ 防腐刷油：详见第三章气体灭火系统安装第一节说明应用释义第八条释义。

第 8.3.19 条 系统调试执行本册定额第五章相应定额。

［应用释义］ 本条解释详见本册第二章水灭火系统安装第二节工程量计算规则应用释义第 8.2.23 条应用释义解释。

第 8.3.20 条 电磁驱动器与泄漏报警开关的电气接线等执行第十册《自动化控制装置及仪表安装工程》相应定额。

［应用释义］ 接线：按生产厂家的说明，使用合适的工具，接通系统线路，使装置正常工作。

泄漏报警开关：每个贮瓶上应有耐久的固定标牌，标明每个贮瓶重量、编号、贮存压力及充装日期。至少每半年要对容器的重量和压力进行校正，以测定灭火剂的泄漏量，一且发现泄漏超过一定数量，可启动泄漏报警开关，提示以至报警。

电磁驱动器解释详见第一节第八条。

第三节　定额应用释义

一、管道安装

1. 无缝钢管（螺纹连接）

工作内容： 切管、调直、车丝、清洗、镀锌后调直、管口连接、管道安装。

定额编号　7-138～7-141　公称直径　P59

〔应用释义〕　公称直径：见定额编号 7-67～7-73 公称直径释义。

但在一般情况下，大多数制品其公称直径既不等于实际外径，也不等于实际内径，而是与实际内径相似的一个整数。所以公称直径又叫名义直径，是一种称呼直径。

调直：钢管具有塑性，在运输装卸过程中容易产生弯曲，弯曲的管子在安装时必须调直，调直的方法有冷调直和热调直两种。冷调直用于管径较小且弯曲程度不大的情况，否则宜用热调直。

（1）冷调直：管径小于 50mm，弯曲度不大时，可用手锤进行冷调直。一把锤垫在管子的起弯点作支点，另一把则用力敲击凸起面，两个手锤不移位，对着敲，直至敲平为止，在锤的部位垫上硬木头，以免将管子击扁。

（2）热调直：管径大于 50mm，弯曲度大于 20°的较大管径。可用热调直。热调直将弯曲的管子放在地炉上，加热到 600～800℃，然后拔出放置在用多根管子组成的平台上滚动，热的管子在平台上反复滚动，在重力作用下，达到调直的目的。调直后的管子，应放平存放，以避免产生新的弯曲。

定额编号　7-142～7-145　公称直径　P60

〔应用释义〕　无缝钢管：详见第二章水灭火系统安装第一节说明应用释义第三条 3. 释义。

2. 无缝钢管（法兰连接）

工作内容： 切管、调直、坡口、对口、焊接、法兰连接、管件及管道预装及安装。

定额编号　7-146～7-147　公称直径　P61

〔应用释义〕　切管：见定额编号 7-121～7-126 地上式地下式墙壁式释义。

法兰连接：见第三章气体灭火系统安装第一节说明应用释义第三条释义。

电焊条：见定额编号 7-117～7-120 消火栓中电焊条释义。

3. 气体驱动装置管道安装

工作内容： 切管、煨弯、安装、固定、调整、卡套连接。

定额编号　管外径　7-148～7-149　P62

〔应用释义〕　管外径：管件的外部直径。

煨弯：在管道安装中，遇到管线交叉或某些障碍时，需要改变管线走向，应采用各种角度的弯管来解决。如 45°和 90°弯，乙字弯（来回弯），弧形弯等。煨弯的方法有冷弯和热煨弯。

（1）冷弯。钢管冷弯是指不加热，在常温状态下，管内不装砂，用手动弯管器或电动弯管机弯制。手动弯管的结构形式较多。它是由固定滚轮、活动滚轮、管子夹持器及手柄组成。使用手动弯管器操作如下：先将弯管插入两滚轮之间，一端由夹持器固定，然后转动手柄，管子被拉弯，另一端由夹持器固定，然后转动手柄，管子被拉弯，直至达到需要的弯曲角度。

（2）热煨弯。将钢管加热到一定温度后进行弯曲加工，制成需要的形状。称钢管的热煨弯。钢管的热煨弯在工程上最早使用灌砂热煨法。近年来出现火焰弯管机，可控硅中频电弯管机，减轻了劳动强度，提高了生产效率。

4. 钢制管件（螺纹连接）

工作内容：切管、调直、车丝、清洗、镀锌后调直、管件连接。

定额编号 7-150～7-153 公称直径 P63

[应用释义] 钢管连接：钢管的连接方式有三种：

（1）螺纹连接。详见第三章气体灭火系统安装第一节说明应用释义第三条释义。

（2）焊接。有氧乙炔焊和电弧焊，它一般适用于不镀锌钢管，很少用于镀锌钢管，用焊接时镀锌层易破坏脱落加快锈蚀。

（3）法兰连接。详见第三章气体灭火系统安装第一节说明应用释义第三条释义。

定额编号 7-154～7-157 公称直径 P64

[应用释义] 砂轮切割机：见定额编号 7-74～7-75 公称直径释义。

普通车床：见定额编号 7-74～7-75 公称直径释义。

二、系统组件安装

1. 喷头安装

工作内容：切管、调直、车丝、管件及喷头安装、喷头外观清洁。

定额编号 7-158～7-162 公称直径 P65

[应用释义] 喷头：见第 8.3.9 条释义。

2. 选择阀安装

（1）螺纹连接

工作内容：外观检查、切管、车丝、活接头及阀门安装

定额编号 7-163～7-167 公称直径 P66

[应用释义] 选择阀：详见第三章气体灭火系统安装第一节说明应用释义第三条释义，其示意图如图 2-49 所示。

切管：见定额编号 7-121～7-126 地下式和墙壁式释义。

工业酒精 99.5%：乙醇与水互溶，与水结成恒沸点混合物，沸点为 78.15℃，

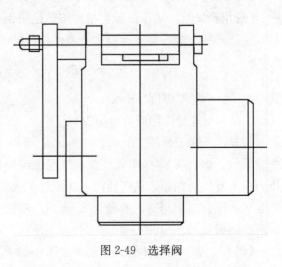

图 2-49 选择阀

其中含乙醇 95.5%，水 4.5%。用分馏方法不能把其中的水完全除去。作为商品的工业酒精的浓度大致在 95% 左右。含 99.5% 以上的乙醇称为无水乙醇或无水酒精。通常是在 95.5% 的乙醇加入生石灰，经过回流、蒸馏而制得。在无水乙醇中加入金属钠蒸馏，可得含乙醇为 99.95% 的所谓绝对酒精。

（2）法兰连接

工作内容：外观检查、切管、坡口、对口、焊法兰、阀门安装。

定额编号　7-169　公称直径　P67

〔应用释义〕　石棉橡胶板：见定额编号 7-74～7-75 公称直径释义。

坡口：见定额编号 7-92～7-96 公称直径释义。

3. 贮存装置安装

工作内容：外观检查，搬运，称重，支架框架安装，系统组件安装，阀驱动装置安装，氮气增压。

定额编号　7-170～7-175　贮存容器规格　P68

〔应用释义〕　贮存容器：见第 8.3.11 条释义。考虑到温度升高会使贮瓶内压力升高、不同充装比的影响、减少制造规格和提高设备的通用性等因素，1211 和 1301 贮瓶都应以在最高允许温度为 55℃，系统最大标准充装压力为 4.2MPa，承压 6.5MPa 工作压力考虑，并应符合《钢制焊接压力容器技术条件》的有关要求。

三、二氧化碳称重检漏装置安装

工作内容：开箱检查、组合装配、安装、试动调整。

定额编号　7-176　二氧化碳称重检漏装置　P69

〔应用释义〕　二氧化碳称重检漏装置：见第 8.7.13 条释义。

六角带帽螺栓：见定额编号 7-117～7-120 消火栓释义。

四、系统组件试验

工作内容：准备工具和材料、安装拆除临时管线、灌水加压、充氮气、停压检查、放水、泄压、清理及烘干。

定额编号　7-177～7-178　系统组件　P70～P71

〔应用释义〕　水压试验：指施工单位用钢板卷制焊接的钢管，要求按生产制造钢管的有关技术标准进行强度检验和严密性检验的试验。试验压力可按下式计算：

$$P_s = \frac{200SR}{D_w - 2S} \text{（MPa）}$$

式中　S——管壁厚度（mm）；

　　　R——管材许用应力（MPa）；

　　　D_w——管子外径（mm）。

氧气：即 O_2，焊接用氧气要求纯度达到 98% 以上。氧气工厂生产的氧气以 15MPa 的压力注入专用的钢瓶或氧气瓶内，送至施工现场或用户使用。氧气瓶是高压容器，由优质碳素钢和低合金钢制造，内径为 2.9mm，瓶长 1450mm，容积 38～40L 重量为 60kg，外设两个防振胶圈。

【例】　某车间气体灭火系统图如图 2-51 所示，如果按照本章工程量计算规则应用释

义，如何进行工程量计算。每个容器都设有二氧化碳称重减漏装置，称重装置示意图如图
2-50 所示。

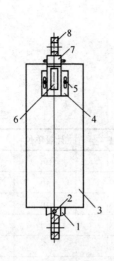

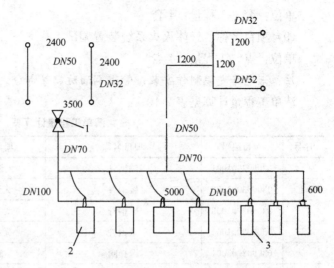

图 2-50 称重装置

1—螺母；2—螺钉；3—闷盖；4—固定架
5—螺钉；6—显示盘；7—微动开关；8—活塞杆

图 2-51 气体灭火系统图

1—选择阀；2—贮存瓶；3—启动气瓶

【解】 （1）项目名称：$DN100$ 无缝钢管

单位：m 工程量：5.0m+0.6m=5.60m

【注释】5.60m 为图纸下端的 $DN100$ 无缝钢管的长度之和。

（2）项目名称：$DN70$ 无缝钢管

单位：m 工程量：5.0m+3.5m=8.5m

【注释】5.0 为图纸右端竖向 $DN70$ 无缝钢管的长度，3.5 为图纸左端 $DN70$ 无缝钢管的长度。

（3）项目名称：$DN50$ 无缝钢管

单位：m 工程量：1.2m+3.5m+2.4m=7.1m

【注释】3.5＋1.2 为图纸右端 $DN50$ 无缝钢管的长度之和，2.4 为图纸左端横向 $DN50$ 无缝钢管的长度。

（4）项目名称：$DN32$ 无缝钢管

单位：m 工程量：2.4m×2+1.2m×3=8.4m

【注释】2.4×2 为图纸左端 $DN32$ 无缝钢管的长度之和，1.2×3 为图纸右端横向 $DN32$ 无缝钢管的长度。

（5）项目名称：选择阀

单位：个 工程量：2个

（6）项目名称：气体喷头

单位：个 工程量：6个

（7）项目名称：贮存装置

单位：套　工程量：4 套

（8）项目名称：称重检漏装置

单位：套　工程量：4 套

（9）项目名称：气体灭火系统装置调试

单位：点　工程量：4 点

注：未包括支架制作安装，管道刷油防腐等部分。

清单工程量计算见表 2-10。

表 2-10

清单工程量计算表

序号	项目编码	项目名称	项目特征描述	计量单位	工程量
1	030903001001	碳钢管	无缝，DN100	m	5.6
2	030903001002	碳钢管	无缝，DN70	m	8.5
3	030903001003	碳钢管	无缝，DN50	m	7.1
4	030903001004	碳钢管	无缝，DN32	m	8.4
5	030902005001	选择阀	法兰连接	个	2
6	030902006001	气体喷头	自动闭式下喷头	个	6
7	030902007001	贮存装置	规二氧化碳储气瓶	套	4
8	030902008001	称重检漏装置	如图 2-48 所示	套	4
9	030905004001	气体灭火系统装置调试	二氧化碳系统	点	4

第四章　泡沫灭火系统安装

第一节　说明应用释义

一、本章定额适用于高、中、低倍数固定式或半固定式泡沫灭火系统的发生器及泡沫比例混合器安装。

［应用释义］　泡沫灭火系统：系统中所用的灭火剂一般能与水混溶，通过机械方法或化学反应可产生大量泡沫，具有灭火作用。它一般由水、防腐剂、助溶剂、抗冻剂、泡沫稳定剂、发泡剂、降黏剂等构成完整的系统。以泡沫为灭火介质的灭火系统称为泡沫灭火系统。

泡沫灭火系统主要用于扑灭非水溶性可燃液体及一般固体火灾。其灭火原理是泡沫灭火剂的水溶液通过化学、物理作用，充填大量气体（CO_2、空气）后形成无数小气泡，覆盖在燃烧物表面，使燃烧物与空气隔绝，阻断火焰的热辐射，从而形成灭火能力。同时泡沫在灭火过程中析出液体，可使燃烧物冷却。受热产生的水蒸气还可降低燃烧物附近的氧气浓度，也能起到较好的灭火效能。

发生器：泡沫发生器是指产生泡沫的各基料在一个容器内发生反应（化学或物理的）产生大量泡沫用以灭火。此容器跟比例混合器和喷嘴连通，按设计的比例在比例混合器内混合后的原料通过阀门到达发生器内，通过物理的或化学的作用产生大量泡沫由喷嘴喷出灭火。

泡沫比例混合器：根据预先设计的比例纳入各种基料并将其充分混合的结构。其比例设计是否合理、混合是否充分对泡沫产生速度的快慢、量的大小非常重要。

二、泡沫发生器及泡沫比例混合器的安装中包括整体安装、焊法兰、单体调试及配合管道试压时隔离本体所消耗的人工和材料。但不包括支架的制作、安装和二次灌浆的工作内容。地脚螺栓按本体带有考虑。

［应用释义］　整体安装：就是将系统中各部件先装配成一个个单独的整体，然后通过阀门、管道和信号输送设备将各部件连成一个完整的系统，使之能产生联动控制、协调工作、完整地执行其任务。

焊法兰：见第二章水灭火系统安装第一节说明应用释义第三条法兰的释义。

管道的支吊架：见第二章水灭火系统安装第一节说明应用释义第九条释义。

二次灌浆：见第二章水灭火系统安装第一节说明应用释义第八条释义。

地脚螺栓：用于将结构固定在地上的螺栓，使用时先在地上预埋一块板，留有螺孔，然后固定结构，用螺栓将结构和板固定，然后三次灌浆抹平即可。

三、本章不包括内容：

1. 泡沫灭火系统的管道、管件、法兰、阀门、管道支架等的安装及管道系统水冲洗、强度试验、严密性试验等执行第六册《工业管道工程》中相应项目。

[应用释义] 管道：按基本特性，管道可分为两大类，一类是输送介质、为生产服务的管道，称为工业管道。另一类是为生活或为改变劳动卫生条件而输送介质的管道，称为卫生工程管道，通常又叫暖卫或水暖管道，例如输送生活用水、蒸汽、煤气和采暖热媒以及生活污水、雨水、消防用水的管道等。

工业管道和卫生管道的根本区别在于工业管道为生产输送介质，并与生产设备相连接，是为生产服务的；卫生管道为生活输送介质，常与卫生器具相连，是为生活服务的。

工业管道输送的介质种类繁多，参数范围也很大。为了便于设计、施工和运行管理，可按介质的性质参数，把管道分为不同种类。

按照压力，工业管道可分为：

(1) 低压管道：公称压力不超过 25kgf/cm² (2.5MPa)；

(2) 中压管道：公称压力 40~64kgf/cm² (4~6.4MPa)；

(3) 高压管道：公称压力 100~1000kgf/cm² (10~100MPa)；

(4) 超高压管道：公称压力超过 1000kgf/cm² (100MPa)。管道在介质压力下必须具有足够的机械强度和可靠的密封性。

按照介质的温度，工业管道可分为常温管道、低温管道、中温管道和高温管道。管道在介质温度作用下，应满足以下要求：

(1) 管材在介质温度作用下必须稳定可靠，在介质温度及外界温度变化作用下，将产生热变形，所以管材应设有补偿器，以便吸收管子的热变形，减少管道热应力。

(2) 为了减少管道的热交换和温差应力，输送冷介质和热介质的管道一般应在管外设绝热层。

按介质的性质，管道可分为汽、水介质管道，腐蚀性介质管道，化学危险品介质管道和粉粒介质管道。

管件：在管道工程中，要使用大量的金属和非金属管材、各种各样的阀门、接头配件以及小型部件，统称为管件。

法兰：见第二章水灭火系统安装第一节说明应用释义第三条释义。

阀门：见第二章水灭火系统安装第一节说明应用释义第十一条释义。

管道支吊架：见第二章水灭火系统安装第一节说明应用释义第九条释义。

管道系统水冲洗：一般管道在压力试验强度试验合格后进行清洗。清洗步骤为：

(1) 清洗前，应将管道系统内的流量孔板、滤网、温度计、调节阀阀芯、止回阀阀芯等拆除，待清洗合格后再重新装上。

(2) 热水、供水、回水及凝结水管道系统用清水进行冲洗。如管道分支较多，末端或面积较小时，可将干管中的阀门拆掉1~2个，分段进行冲洗。如管道分支不多，排水管可以从管道末端接出。排水管截面积不应小于被冲洗管道截面积的60%。排水管应接至排水井或排水沟并保证排泄和安全。冲洗时，以系统内可以达到的最大压力和流量(不小于1.5m/s)进行，直至出口处的水色和透明度与入口处目测一致为合格。

(3) 管道冲洗后应将水排尽，需要时可用压缩空气吹干或采取其他保护措施。

强度试验：又称压力试验，是指对船体、锅炉、管件(管子、管道配件和部件等)的密封性能及管道安装时接头密封性能进行检查的试验。按试验的介质不同，可分为用水作介质的水压试验和用气体作介质的气压试验。

水压试验应用清洁的水作介质，氧气管道应用无油质的水。向管内灌水时，应打开管道各高处的排气阀，待水灌满后，关闭排气阀和进水阀，用手摇式水泵或电动水泵加压，压力逐渐升高到一定数值时，应停下来对管道进行检查，无问题时再继续加压，一般分2~3次升至试验压力。当达到试验压力时停止加压。一般动力管道在试验压力下保持5min，化工工艺管道在试验压力下保持20min。在试验压力下保持的时间内，如管道未发生异常现象，压力表指针不下降，即为强度试验合格。对位差较大的管道系统，应考虑试验介质的静压影响。液体管道以最高点的压力为准，但最低点的压力不得超过管道附件及阀门的承受能力。

气压试验一般为空气，也可用氮气或其他惰性气体进行。氧气管道试验用的气体，应是无油的。试验时，压力应逐渐升高，达到试验压力时停止升高。在焊缝和法兰连接处涂上肥皂水，检查是否有气体泄漏。如发现有泄漏的地方，应作上记号，卸压后进行修理。消除缺陷后再升压至试验压力，在试验压力下保持30min，如压力不下降，即认为强度试验合格。

严密性试验：当管道连接完毕后，通入一定量的水或气体，以检查是否有泄露现象，这种检测管道严密性的作法称严密性试验。

2. 泡沫喷淋系统的管道、组件、气压水罐、管道支吊架等安装可执行本册第二章相应项目及有关规定。

[应用释义] 泡沫喷淋系统：主要包括气压水罐、泡沫发生器、管道、喷嘴等设备。当发生火灾时，火灾探测系统发出警报，消防控制中心启动水罐阀门和化学剂阀门释放物质产生大量泡沫灭火剂，经管道由喷嘴喷出灭火，如图2-52所示。

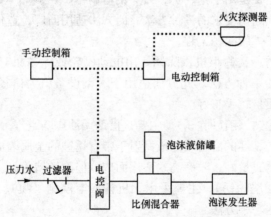

图 2-52 高倍数泡沫灭火系统典型方块图

管道：见第四章泡沫灭火系统安装第一节说明应用释义第三条释义。

组件：在管道工程中，要使用大量的金属和非金属管材、各种各样的阀门、接头配件以及小型部件，统称为组件。

气压水罐：泡沫灭火系统的灭火剂要与水相溶，通过物理的或化学的变化产生大量泡沫灭火剂灭火，其供水由气压水罐来实现。气压水罐中的水由气动压力来使之流出水罐。

管道吊支架：见第二章水灭火系统安装第一节说明应用释义第九条释义。

3. 消防泵等机械设备安装及二次灌浆执行第一册《机械设备安装工程》相应项目。

［应用释义］　消防泵：见第 8.2.19 条释义。

二次灌浆：见第二章水灭火系统安装第一节说明应用释义第八条释义。

4. 泡沫液贮罐、设备支架制作安装执行第五册《静置设备与工艺金属结构制作安装工程》相应项目。

［应用释义］　泡沫液贮罐：泡沫灭火系统中用以灭火的药剂在不使用时是不会大量产生泡沫的，此时药剂贮存在泡沫液贮罐内。一旦发生火灾，系统装置驱动泡沫发生器将泡沫液吸入并使之产生大量泡沫喷出灭火。贮罐要求耐高压。

设备支架：指用以固定设备中各部分间相对位置及各部件本身的安装形式以使之能正常、安全、顺利地工作的支架，有铸铁底座、型钢吊支架等。

5. 油罐上安装的泡沫发生器及化学泡沫室执行第五册《静置设备与工艺金属结构制作安装工程》相应项目。

［应用释义］　油罐：贮存油料的容器，用来装运各种油。由于油类中不少易挥发，所以要求油罐能耐高压。同时由于多数油类属易燃易爆物质，所以油罐周围区域要严禁烟火。为防止运输过程中摩擦产生静电火花，油罐一般用一金属链拖到地面，以防止火灾事故。

泡沫发生器：见第四章泡沫灭火系统安装第一节说明应用释义第一条释义。

化学泡沫室：通过化学反应产生灭火泡沫的装置，由化学剂在其中产生剧烈化学反应，生成带大量气体的泡沫物质，直接覆盖于着火物体表面使缺氧而熄灭。

6. 除锈、刷油、保温等均执行第十一册《刷油、防腐蚀、绝热工程》相应项目。

［应用释义］　除锈：清除金属表面锈蚀物质称为除锈，主要有五种方法。

（1）手工除锈。主要是用手锤、铲、刀、钢丝刷子、粗砂布（纸），对带锈蚀的金属表面进行处理，并达到除锈要求的一种方法。此方法适用面广、造价低、施工方便，但除锈质量较差，仅适用于一般除锈工程。

（2）电动工具除锈。又称半机械除锈，用电动刷轮或除锈机对带锈蚀的表面进行处理，并达到除锈要求的一种方法。此方法适用于大型设备、大口径管道、大面积除锈工程，除锈效率较高，质量较手工好。

（3）喷射、抛射除锈（喷砂除锈）。主要是借助无油压缩空气（或高压水），将已净化的具有一定硬度和冲击韧性的磨料喷射或抛射于带有锈蚀的金属表面上，达到除净锈蚀的一种方法。此方法除锈质量好，效率高，适用面广，但除锈造价高。

（4）化学除锈（酸洗除锈）。主要采用无机稀酸溶液刷（喷）、浸泡带有锈蚀金属表面，并达到除锈目的的一种方法。

（5）除锈剂除锈。主要是用一种弱酸性化学液体（即除锈剂）刷涂或浸泡于带锈的金属表面，通过化学反应将金属表面上的锈蚀除掉的一种方法。此方法用于结构复杂但又不易采用其他方法除锈的设备、部件等除锈工程。除锈质量因受到除锈剂质量和施工条件的影响而不够稳定，除锈造价较高。

保温：指防止或减少工业与民用设备、管道或建筑物向周围外界散失热量的绝热工程。

7. 泡沫液充装定额是按生产厂在施工现场充装考虑的，若由施工单位充装时，可另行计算。

[应用释义] 泡沫液充装：指向泡沫液贮罐中充装高压的泡沫液，以便于火灾时利用或火灾后重装，根据不同设备、贮罐，充装量不一样。

8. 泡沫灭火系统调试应按批准的施工方案，另行计算。

[应用释义] 泡沫灭火系统：见第四章泡沫灭火系统安装第一节说明应用释义第一条释义。

第二节 工程量计算规则应用释义

第 8.4.1 条 泡沫发生器及泡沫比例混合器安装中已包括整体安装、焊法兰、单体调试及配合管道试压时隔离本体所消耗的人工和材料，不包括支架的制作安装和二次灌浆的工作内容，其工程量应按相应定额另行计算。地脚螺栓按设备带有考虑。

[应用释义] 泡沫发生器：固定在喷口，用以产生和喷射空气泡沫的灭火设备，如图2-53 所示。泡沫比例混合器将气体泡沫液按比例混合后，经管道输入泡沫发生器，吸入空气或其他气体，产生气体泡沫，扑灭火灾，如图 2-54～图 2-56 所示。

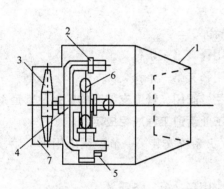

图 2-53　PF4 型高倍数泡沫发生器
1—发泡网；2—喷嘴；3—叶轮；4—管路；
5—比例混合器；6—水轮机；7—壳体

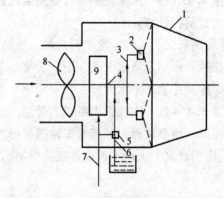

图 2-54　PF4 型高倍数泡沫发生器工作原理
1—发泡网；2—喷嘴；3—管路；4—水管；5—比例混合器；
6—吸液管；7—管路；8—叶轮；9—水轮机

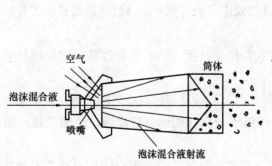

图 2-55　中倍数泡沫发生器工作原理

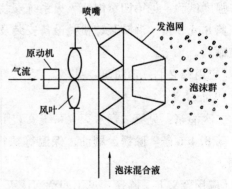

图 2-56　高倍数泡沫发生器的发泡原理

泡沫比例混合器：泡沫灭火设备之一。当发生火灾时，消防泵中的水流入泡沫比例混合器，与泡沫液按 94∶6 的比例混合，供给泡沫发生器产生泡沫灭火。

整体安装：见第四章泡沫灭火系统安装第一节说明应用释义第二条释义。

法兰：见第二章水灭火系统安装第一节说明应用释义第三条释义。

支架：见第二章水灭火系统安装第一节说明应用释义第九条管道支吊架的释义。

二次灌浆：见第二章水灭火系统安装第一节说明应用释义第八条释义。

地脚螺栓：见第四章泡沫灭火系统安装第一节说明应用释义第二条释义。

第 8.4.2 条 泡沫发生器安装均按不同型号以"台"为计量单位，法兰和螺栓按设计规定另行计算。

［应用释义］ 泡沫发生器：见第四章泡沫灭火系统安装第二节工程量计算规则应用释义第 8.4.1 条释义。

法兰：见第二章水灭火系统安装第一节说明应用释义第三条释义。

螺栓：见第二章水灭火系统安装第一节说明应用释义第三条释义。

第 8.4.3 条 泡沫比例混合器安装均按不同型号以"台"为计量单位，法兰和螺栓按设计规定另行计算。

［应用释义］ 泡沫比例混合器：见第 8.4.1 条释义。

法兰：见第二章水灭火系统安装第一节说明应用释义第三条释义。

螺栓：见第二章水灭火系统安装第一节说明应用释义第三条释义。

第 8.4.4 条 泡沫灭火系统的管道、管件、法兰、阀门、管道支架等的安装及管道系统水冲洗、强度试验、严密性试验等执行第六册《工业管道工程》相应定额。

［应用释义］ 泡沫灭火系统：见第四章泡沫灭火系统安装第一节说明应用释义第一条释义。

管道：见第四章泡沫灭火系统安装第一节说明应用释义第三条释义。

法兰：见第二章水灭火系统安装第一节说明应用释义第三条释义。

阀门：见第二章水灭火系统安装第一节说明应用释义第十一条释义。

管道支架：见第二章水灭火系统安装第一节说明应用释义第九条管道支吊架的释义。

强度试验：见第四章泡沫灭火系统安装第一节说明应用释义第三条 1. 释义。

第 8.4.5 条 消防泵等机械设备安装及二次灌浆执行第一册《机械设备安装工程》相应定额。

［应用释义］ 消防泵：见第二章水灭火系统安装第二节工程量计算规则应用释义第 8.2.19 条释义。

二次灌浆：见第二章水灭火系统安装第一节工程量计算规则应用释义第八条释义。

第 8.4.6 条 除锈、刷油、保温等执行第十一册《刷油、防腐蚀、绝热工程》相应定额。

［应用释义］ 除锈：见第四章泡沫灭火系统安装第一节工程量计算规则应用释义第三条 6. 释义。

第 8.4.7 条 泡沫液贮罐、设备支架制作安装执行第五册《静置设备与工艺金属结构

制作安装工程》相应定额。

〔应用释义〕 泡沫液贮罐：泡沫灭火器中用以灭火的介质，在不使用时贮存的容器即泡沫液贮罐。发生火灾时，系统装置驱动泡沫发生器将泡沫液吸入并使之产生大量泡沫喷出灭火。

设备支架：见第四章泡沫灭火系统安装第一节说明应用释义第三条4.释义。

第8.4.8条 泡沫喷淋系统的管道组件、气压水罐、管道支吊架等安装应执行本册第二章相应定额及有关规定。

〔应用释义〕 泡沫喷淋系统：见第四章泡沫灭火系统安装第一节说明应用释义第三条2.释义。

管道组件：在管道工程中，要使用大量的金属和非金属管材、各种各样的阀门、接头零件及小型部件，统称管道组件。

气压水罐：见第四章泡沫灭火系统安装第一节说明应用释义第三条2.释义。

管道吊支架：它的结构形式，按不同的设计要求分很多种。主要有滑动支架、固定支架、导向支架、吊架和木垫式管架等。它们有的是属于大型管架，有的是钢筋混凝土结构，有的是大型钢结构。

第8.4.9条 泡沫液充装是按生产厂在施工现场充装考虑的，若由施工单位充装时，可另行计算。

〔应用释义〕 泡沫液充装：见第四章泡沫灭火系统安装第一节说明应用释义第三条7.释义。

第8.4.10条 油罐上安装的泡沫发生器及化学泡沫室执行第五册《静置设备与工艺金属结构制作安装工程》相应定额。

〔应用释义〕 泡沫发生器：见第四章泡沫灭火系统安装第二节工程量计算规则应用释义第8.4.1条释义。

第8.4.11条 泡沫灭火系统调试应按批准的施工方案另行计算。

〔应用释义〕 泡沫灭火系统：见第四章泡沫灭火系统安装第一节说明应用释义第一条释义。

第三节 定额应用释义

一、泡沫发生器安装

工作内容： 开箱检查、整体吊装、找正、找平、安装固定、切管、焊法兰、调试。

定额编号 7-179～7-183 水轮机式，电动机式 P76

〔应用释义〕 水轮机式：通过机械作用产生泡沫的泡沫发生器，其机械作用通过水轮机或电动机来实现。水轮机或泡沫发生器利用向介质中加水的过程中水流带动水轮机产生机械转动使泡沫在发生器中产生。

电动机式：直接用电动机带动浆片等物质，产生机械作用使泡沫生成的发生器。

平焊法兰：又叫搭焊法兰，可用钢板割制或型材锻制。其优点是制造简单、成本低，但焊接工作量大，经不起高温、高压、反复弯曲和温度波动等作用。平焊法兰密封面可制成光滑式、凹凸式和榫槽式三种，其中以光滑式平焊法兰最为普遍。

乙炔气：有机化合物，炔的一种，分子式 C_2H_2，无色有臭味的可燃气体。可由电石和水生成。用来合成有机物质，又用于照明、焊接和切割金属。

氧气：即 O_2，焊接用氧气要求纯度达到 98％以上。氧气厂生产的氧气以 15MPa 的压力注入专用的钢瓶式氧气瓶内，送到施工现场或用户使用。

清油：又称鱼油、熟油。用干性植物油或干性油再加部分干性植物油，经熬炼并加入催干剂而制成的，多用于稀释红丹锈漆，可单独涂刷基层表面，也可作打底涂料、配腻子，但漆膜柔韧、易发黏。市场有成品出售。

石棉橡胶板：见定额编号 7-74～7-75 公称直径释义。

交流电焊机：见定额编号 7-74～7-75 公称直径中交流焊机的释义。

二、泡沫比例混合器安装

1. 压力储罐式泡沫比例混合器安装

工作内容：开箱检查、整体吊装、找正、找平、安装固定、切管、焊法兰、调试。

定额编号　7-184～7-187　压力储罐式泡沫比例混合器　P77

［应用释义］　平焊法兰：最常用的一种形式。这种法兰与管子的固定，是将法兰套在管端，焊接法兰里口与外口，使法兰固定，适用公称压力不超过 2.5MPa。用于碳素钢管连接的平焊法兰，一般用 A₃ 和 20 号钢板制成；用于不锈耐酸钢管管道上的平焊法兰应用与管子材质相同的不锈耐酸钢板制造。平焊法兰密封面一般都为光滑式，密封面上加工有浅沟槽，通常称为水线。平焊法兰的优点是制造简单、成本低，缺点是焊接工作量大，经不起高温、高压及反复弯曲和温度波动等作用。

镀锌钢管：见第二章第一节第三条。

接头零件：见定额编号 7-67～7-73 公称直径中接头零件的释义。

石棉橡胶板：见定额编号 7-74～7-75 公称直径释义。

铅油：又称原漆、原铅油、原油、白油膏，具漆膜柔软、亮度差、坚硬性差。

砂轮片：砂轮切割机的切割部分。砂轮片在砂轮切割机的电动装置作用下高速旋转，与切割物相接触，在压力作用下产生摩擦切割，最后将物体切断。

卷扬机：以电动机为动力，通过不同形式减速器，驱动卷筒运转作垂直和水平运输的一种常见的施工机械。卷扬机种类很多，可分为快速、慢速、手摇三种。由于它结构简单、操作维修方便，应用十分广泛，其构成：见定额编号 7-67～7-73 公称直径释义。

工作装置：由卷筒和钢丝绳滑轮组成，有卷筒、双卷筒、三卷筒等不同形式。

2. 平衡压力式比例混合器的安装

工作内容：开箱检查、切管、坡口、焊法兰、整体安装、调试。

定额编号　7-188～7-190　平衡压力式比例混合器　P78

［应用释义］　切管：管子使用前，根据所要求的长度将管子切断。常见的切断方法有：

锯割是一种常用的切管方法。手工切断即用平锯切断管子。在使用细锯条时，因齿距小，只有几个齿同时与管壁的断面接触，锯齿吃刀小，而不致卡掉锯齿，较省力，但速度慢。用粗锯条时，锯齿与管壁面接触较少，锯齿的吃刀量大，容易卡掉锯齿，较费力，但切割速度快。为防止将管口锯偏，可先在管壁上划好线。切断时，锯条应保持与管子轴线垂直，才能使切口平直。如发现锯偏，应将锯弓转换方向再锯。锯口要锯到底部，不应把剩下的一部分折断，防止管壁变形。使用电锯时，将管子固定在锯床上，锯条对准切断线即可切断。

使用砂轮切割机切割，效率较高，切断的管子端面光滑，只有少数飞边，再用锉刀轻轻一挫即可除去。

刀割是用管子割刀切断管子。多用于切割 DN50 以下的管子，此种割法比锯条切割管子快，切割断面也较平直，缺点是受挤压管径缩小，因此在刀割后，须用铰刀刮去其缩小部分。

气割是利用氧气和乙炔燃烧产生的热量，使被切割的金属在高温下熔化，然后利用高压气流将熔化的金属吹离，使金属管子被切断，并产生氧化铁熔渣。一般用在 DN100 以上的钢管上。但镀锌钢管不允许使用。

凿切主要用于铸铁管。采用的工具为扁凿（或窄凿）及锤头。将管子切断处垫于木条上，转动管子用凿子在上面沿切线轻凿一、两圈以刻出浅沟，然后沿浅沟以木棍用力敲打，同时不断转动管子，连续敲打几圈直至管子折断为止。凿切时人站在管子侧面。操作的人应戴保护眼镜，以防铁片飞溅伤了眼睛。

等离子弧的温度高达 15000～33000℃，热量比电弧更集中。现有的高熔点金属和非金属在等离子弧下都能被熔化，切割效率高、热影响区小、变形小、质量高。

不论哪种方法切割管子，其切口都应平整，不得有裂纹、重皮。如有毛刺、凹凸、缩口、熔渣、氧化铁等都应清除。切口平面偏差不大于管径的 10%，不得超过 3mm。

坡口：见定额编号 7-92～7-96 公称直径释义。

平焊法兰：见定额编号 7-78～7-82 公称直径释义。

清油：见定额编号 7-179～7-183 水轮机式，电动机式释义。

石棉橡胶板：见定额编号 7-74～7-75 公称直径释义。

交流电焊机：见定额编号 7-74～7-75 公称直径释义。

3. 环泵式负压比例混合器安装

工作内容：开箱检查、切管坡口、焊法兰、本体安装、调试。

定额编号 7-191～7-193 环泵式负压比例混合器 P79

[应用释义] 如图 2-57，图 2-58 所示。切管：见定额编号 7-188～7-190 平衡压力比例混合器释义。

坡口：见定额编号 7-92～7-96 公称直径中坡口的释义。

砂轮切割机：切断钢管时采用砂轮切割的方法叫砂轮切割法。砂轮切割是依靠高速旋转的砂轮片与管壁接触摩擦切削，将管壁切断，使用砂轮切割时操作如下：切割时，要使砂轮片与管子保持垂直，进刀用力不要过猛，以免砂轮破碎伤人。砂轮切割速度快，可以切断各种各样的型钢，适用于现场施工采用。

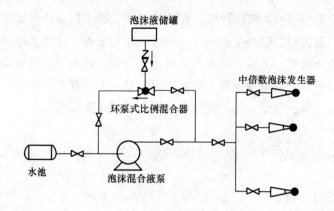

图 2-57　环泵式比例混合器流程图

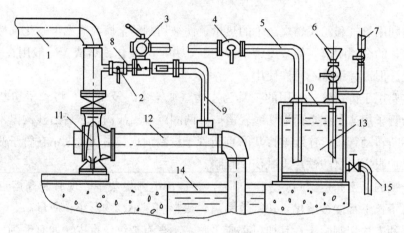

图 2-58　环泵式比例混合流程安装示意图

1—泵出口管；2—阀门；3—环泵式比例混合器；4—阀门；5—吸液管；

6—泡沫液加入口；7—排气口；8—混合器进液管；9—混合液出液管；10—泡沫液储罐；

11—消防泵；12—消防泵进水管；13—泡沫液；14—水源；15—排渣口

4. 管线式负压比例混合器安装

工作内容：开箱检查、找正、找平、螺栓固定、调试。

定额编号　7-194　管线式负压比例混合器　P80

〔应用释义〕　找平：用水准仪测量部件的水平情况，适当调整，使之偏差在规定范围内。

钢板垫板：用钢板制成的垫板，一般为防止附件与主件间摩擦过大损坏主件而设置在附件与主件间。

氧气：见第四章泡沫灭火系统安装第三节定额应用释义第一条释义。

【例】　泡沫灭火系统如图 2-59 所示，它包括了本章中的哪些项目，如何计算其工程量？

【解】　本系统需要计算的工程量有泡沫发生器\泡液比例混合器、法兰、碳钢管等工程。

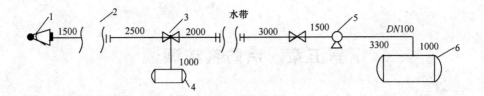

图 2-59 泡沫灭火系统

1—泡沫产生器；2—水带；3—泡沫混合器；4—泡沫储液罐；5—水泵；6—水罐

下面具体计算其工程量：

（1）项目名称：碳钢管 DN100

单位：m

工程量：1.50m＋2.50m＋1.00m＋2.00m＋3.00m＋1.50m＋3.30m＋1.00m

＝15.80m

【注释】上式为图示所有尺寸之和。

（2）项目名称：DN100 法兰安装

单位：副　工程量：4 副

（3）项目名称：泡沫发生器

单位：台　工程量：1 台

（4）项目名称：泡沫比例混合器

单位：台　工程量：1 台

（5）项目名称：泡沫液贮罐

单位：台　工程量：1 台

注：支架的制作、安装和二次灌浆的工程量未作计算，其工程量应按相应定额另行计算。泡沫灭火系统调试按批准的施工方案另行计算。

清单工程量计算见表 2-11。

清单工程量计算表　　　　　　　　　　　　　　　　　　　　　表 2-11

序号	项目编码	项目名称	项目特征描述	计量单位	工程量
1	030903001001	碳钢管	DN100，法兰连接	m	15.80
2	031003011001	法兰	DN100	副	4
3	030903006001	泡沫发生器	水轮机式	台	1
4	030903007001	泡沫比例混合器	类型，型号等	台	1
5	03090308001	泡沫液贮藏	质量，灌浆材料	台	1

第五章　消防系统调试

第一节　说明应用释义

一、本章包括自动报警系统装置调试，水灭火系统控制装置调试，火灾事故广播、消防通信、消防电梯系统装置调试，电动防火门、防火卷帘门、正压送风阀、排烟阀、防火阀控制系统装置调试，气体灭火系统装置调试等项目。

［应用释义］　自动报警系统：包括火灾探测器、手动报警按钮、控制器等设备。由于融入先进的电子技术、微机技术及自动控制技术，其结构和功用已达到较高水平。一个系统要想正常可靠、运行，除在初期合理设计外，还必须要正确合理的安装操作使用和经常维护检查，而这些工作都需要建立在对系统检测、调试之上。在系统安装结束，建筑内部装修结束，竣工报告得到后进行，而在测试，或在调试开通之前，调试开通的单位必须具有以下的文件：

（1）火灾自动报警系统用的建筑平面图；

（2）火灾自动报警方框图；

（3）在安装设备时，须具备设备外部接线图；

（4）控制设备的安装尺寸图，联动设备的安装图，端子箱安装尺寸图；

（5）安装技术记录、安装检验记录；

（6）设备使用说明书；

（7）在变更设计的部分要有证明文件；

（8）在变更设计的部分要有实际的施工图；

（9）对调试开通人员的资格审查和职责分工：国家对调试开通人员的要求比较高，调试开通人员必须通过资格审查，调试开通人员一般应由生产厂的工程师，或者有工程师水平的员工或者是经过专门训练委托的人才能担任，而且必须经过消防监督机构审查批准才有资格，调试开通前、开通时，以及开通后的工作必须分工明确，严格按照规定执行。

调试开通前需检查的内容及要求有：①检查火灾自动报警系统的安装，它的安装正确与否按照《火灾自动报警系统安装使用规范》的有关规定执行。②对安装线路的检查，使用合适的检查工具依据生产厂家的说明，避免一些电路器件的损坏。③对集中报警控制器，区域报警控制器，手动报警按钮，探测器的型号、数量、规格是否与设计要求一致要作出检查，并检查技术资料等是不是缺少。

调试中要按照以下规定检查各项内容：

①按照生产厂家的产品说明书对报警系统进行单机通电检查试验，在确认其工作状况正常后进入下面的调试。

②按照 GB—4717《火灾报警控制器通用技术条件》，在通电检查中，检查火灾报警器的报警自检功能、故障报警功能、复位功能、消音功能、火警优先功能、电源自动转

换、报警记忆功能、备用电源的欠压和过压报警功能、电源自动转换和备用电源的自动充电功能等。检查报警级别、区域交叉和脉冲复位等其他功能。用主电源和备用电源两种电源检查火灾自动报警系统的联动功能和各种控制功能。

③按照 GB-4714《火灾报警控制器通用技术条件》检查主电源和备用电源的容量。

④按照《火灾自动报警控制器通用技术条件》的要求，进行主电源和备用电源的自动转换试验，主电源和备用电源两者之间应该能够自动转换，对备用电源的检查要进行三次充放电，看其功能是否正常。

⑤系统调试正常后，用便携式探测试验器对安装的每只探测器进行加烟（加温）试验。感烟探测器实验器材：JTr-SY-A 型探测试验器，拉杆长度 0.5~2.8m，微型吹烟机电源 DC3V，烟源为棒线香 $\phi8\times100$mm，感温探测器试验器材：JTW-SY-A 型探测器，拉杆长度 0.55~2.4m，温源 300W，工作电源 AC220V，出口温度 80℃，两个试验步骤方法略有不同，感烟型试验先将能产生烟的棒线装入烟口，开启微型吹烟机，探测器就会检测喷射出来的烟雾，在 30 秒内，如果探测器的灯亮，则表明探测器工作正常；感温探测器在试验时先将温源头接在拉杆上端，调节拉伸杆长度，并将温源头靠近探测器的吸热罩壳，若探测器的灯在 10s 内亮，则表示探测器的工作状态正常。

⑥依据系统调试程序进行系统的自检，在系统的调试完全正常后，连续无故障地运行 120h，系统调试工作就完成，写出调试报告。

（10）调试开通程序和规程。

火灾事故广播系统：当发生火灾后，需要有消防专用通信系统来迅速地确认火灾，并向人们发出警报。这样就可及时地扑救火灾，有效地组织和指挥人员快速疏散。消防专用电话系统，消防对讲电话插孔系统，火灾事故广播系统都是消防专用系统。在系统安装结束、建筑内部装修结束，得到竣工报告单后方可进行火灾事故广播系统的调试。调试前，应具备以下文件：

①火灾事故广播系统用的平面图；

②火灾事故广播系统方框图；

③设备安装时的设备外部接线图（包括设备尾端编号、端子接出线等）；

④设备安装尺寸图（包括控制设备、扬声设备的安装图、探测预埋件、端子箱安装尺寸等）；

⑤安装验收单，含安装技术记录（包括隐蔽工程检验记录）和安装检验记录（包括绝缘电阻接地测试记录）；

⑥设备的使用说明书（包括电路图以及备用电源的充放电说明）；

⑦变更设计的证明文件；

⑧变更设计部分的实际施工图；

⑨调试程序或规程；

⑩对调试开通人员的资格审查和职责分工；国家对调试开通人员的要求比较高，调试开通人员必须通过资格审查，调试开通人员一般应由生产厂的工程师，或者有工程师水平的员工或者是经过专门训练委托的人才能担任，而且必须经过消防监督机构审查批准才有

资格。调试开通前，开通时，以及开通后的工作必须分明确，严格按照规定执行。

调试开通前需检查的内容及要求有：a. 检查技术资料，备品备件是否齐全。b. 检查分路广播控制盘，音频传输线路，火灾专用扩音机，扬声器等设备的型号、数量和规格是不是按照有关规定及规范设计要求。

调试过程中需要注意的几个问题：

a. 看系统任一分路有故障时，其他的分路是不是能够正常地广播。

b. 看保护控制装置能不能达到有关规定的耐热标准。每一个输出分路输出的显示信号是否能正常显示。

c. 看在每一个楼层设置的馈线隔离变压器是不是可以正常地工作。

系统调试完全正常后工作：应该保证系统可以连续而且无故障地运行 120h，此时调试工作完成，写出调试开通报告。

消防电梯：在高层建筑发生火灾后，工作电梯常常因为停电或者不能阻挡烟气而不能使用，这时就必须设置高层建筑特有的消防电梯，消防电梯的使用非常有必要，能够为消防人员控制火势和扑救以及救助受伤人员争取时间。若没有消防电梯，消防人员靠楼梯攀爬进行扑救，则一方面会与向下疏散的人群对撞，另一方面会因体力不支等难以很好地扑救火灾。疏散出来的受伤人员也需要利用消防电梯进行及时地抢救。依据 GB50045《高层民用建筑设计防火规范》中的规定，应该设置有消防电梯的高层建筑有以下几种：

(1) 塔式住宅；

(2) 12 层及 12 层以上的单元式住宅和通廊式住宅；

(3) 一类公共建筑；

(4) 高度超过 32m 的其他二类建筑。

当前高层建筑消防电梯的台数按以下的规定执行：

(1) 每层建筑面积不大于 1500m²，设置 1 台消防电梯。

(2) 每层建筑面积大于 1500m²，但小于等于 4500m² 时，设置 2 台消防电梯。

(3) 每层建筑面积大于 4500m² 时，应该设置 3 台消防电梯。

防火卷帘门：防火卷帘是一种防火分隔物，一般由铝合金板或钢板等金属材料制成，并将金属板连成可卷绕的相连平面，卷在门窗上口转轴箱中。当起火时，可以放下来阻止火势蔓延。

根据卷帘轻重，有轻型和重型之分。轻型厚度为 0.5～0.6mm，重型厚度为 1.5～1.6mm。根据卷帘构造，可分为普通型钢质防火卷帘和复合型钢质防火卷帘。普通型是用单片钢板制成，复合型是用双片钢板制成，中间加有隔热材料，按照卷帘开启方向，可分为上下开启式，横向开启式和水平开启式三种。按照卷帘卷起的方法，分为手动式和电动式。手动式是用拉链控制的，电动式卷帘则是在转轴处安装电动机，控制电动机动作来对卷帘进行控制。

防火卷帘的设计安装要符合的要求是：

(1) 防火卷帘的自动起动探测器应在墙的两面安装，并和卷帘的开关联系起来，则任何一个探头起动，都可以把卷帘关闭。

（2）在受火时导轨在垂直方向上可发生一定的膨胀变形，因此导轨应留有足够空隙。

（3）为保证防火卷帘的自动启闭机构在火灾时能正常运转，不受损坏，自动启闭机构应用金属外壳封闭。

（4）防火卷帘应有一定的启闭速度，以保证火灾初起时人员的安全疏散和消防人员顺利扑救火灾。

（5）每一防火卷帘应设置两套控制卷门机的电器按钮，在门洞内外各一套。自动控制的保险装置应安装在卷帘附近 2m 范围内的暴露部分或随时能监控的部分；自动控制的电源，备用电源应能正常使用，电器线路应埋入墙内或设有穿管，不允许裸露。

（6）设在疏散走道、前室的防火卷帘，应具有自动、手动和机械控制的功能，应具有在降落时有短时间停滞并能从两侧手动控制的功能。

电动防火门：用在防火墙上、楼梯间出入口或管井开口部位，能够隔烟、隔火的一种建筑防火分隔。它能有效地减少火灾损失，防止烟、火的扩散。防火门的分类：若按其燃烧性能分，可分为非燃烧体防火间和难燃烧体防火门，若按其耐火极限分则可分为甲、乙、丙三级，甲级防火门耐火极限最低为 1.20h，乙级防火门为 0.9h，丙级防火门为 0.6h，防火门的设计、建造要按照《高层民用建筑设计防火规范》中的有关规定：

（1）用于疏散的走道、楼梯间和前室的防火门，应具有自行关闭的功能。

（2）常开的防火门，当发生火灾时，应具有自行关闭和信号反馈的功能。

（3）防火门应为向疏散方向开启的平开门，并在关闭后应能从任何一侧手动启动。

（4）双扇门和多扇防火门应具有按顺序关闭的功能。

水灭火系统：指以水为灭火物的灭火系统，是灭火系统中最基本、最常用的灭火系统。根据系统构成及灭火过程，基本分为二类，即室内消火栓灭火系统和喷洒水灭火系统。

室内消火栓灭火系统也称室内消火栓消防给水系统，是自动监测、报警、自动灭火的自动化消防系统，担任着建筑物内部消防灭火的任务，它一般由消防水源（室内给水管网，天然水源，消防水池等）消防供水设备（消防水箱、气压给水设备）主要供水设施（消防水泵消防水池），室内消防给水管网，室内消火栓灭火设施（室内消火栓、水带、水枪、消防卷盘）等构成，在远离消防水泵所在位置而进行的消防水泵的启、停控制，称之为消防水泵的远距离控制，它和就地控制都是消防系统里重要的一环。远路的控制方法有几种，即由消防控制中心发出指令控制信号控制消防泵起停；水流报警启动器也可实现控制消防水泵的起停；报警按钮也可控制消防泵的起停。这三种方法不仅仅是实现了消防水泵的远距离控制，而且通过这三种方法消防控制中心也可了解到消防水泵的起停状态信号，使消防人员及时了解消防水泵的运转情况如何。

室内喷洒水系统可分为干式、湿式、雨淋式、预作用式、喷雾式及水幕式等多种形式，具有如下特点：

（1）系统结构简单，使用、维护方便，成本低且使用期长；

（2）系统安全可靠、灭火效率高；

（3）适用范围广，尤其适用于高层民用建筑、工厂、仓库以及地下工程等场所；

（4）可实现电子计算机的监控与处理，自动化程度高，便于集中管理、分散控制。

湿式喷洒水灭火系统是自动喷水系统中最基本的系统形式。由闭式喷头、管道系统、湿式报警阀、报警装置和给水设备等组成。该系统在报警阀的上下管道中始终充满着压力水，故称湿式自动喷水灭火系统。其工作原理：发生火灾后，火焰或高温气流使闭式喷头的热敏感元件动作，喷头开启，喷水灭火。此时，管网中的水由静止变为流动，水流使水流指示器动作发出电信号，在报警控制器上指示某一区域已在喷水。由于喷头开启泄压，在压力差作用下，原来处于关闭的湿式报警阀就自动开启，压力水通过报警阀，流向灭火管网，同时打开通向水力警铃的通道，水流冲击警铃发出声光报警信号。消防控制中心根据水流指示器或压力开关的报警信号，自动启用消防水泵向系统加压供水，达到维持自动喷水灭火的目的。

雨淋喷水灭火系统采用开式喷头，系统一旦开启，设计作用面积内的所有喷头同时喷水，可以在瞬间喷出大量的水，覆盖整个火区。系统由高位水箱、喷洒水泵、供水设备、雨淋阀、管网、开式喷头及报警器、控制箱等组成。发生火灾时，被保护现场的火灾探测器动作，启动电磁阀，从而打开雨淋阀，由高位水箱供水，经开式喷头喷水灭火。当供水管网水压不足，经压力开关检测并启动消防喷淋泵，补充消防用水，以保证管网中水流的流量和压力。火灾时火灾探测器除启动雨淋阀外，还能将火灾信号传输至报警控制柜（箱），发出声、光报警，并显示灭火地址。因此雨淋喷水灭火系统还能及早地实现火灾报警。灭火时，压力开关、水力警铃也能实现火灾报警。

正压送风阀：建筑物内发生火灾时，为了将烟雾排出房间，减少烟雾对人的伤害，利用送风机等机械鼓风产生正压将烟雾通过排烟阀排出，而烟雾不能通过排烟阀返回。

排烟阀：该阀用于排烟系统的管道上，平时处于关闭状态，当发生火灾时，自动控制系统使排烟阀迅速开启，或通过现场手动开启装置打开阀门。同时联动排烟机等联动设备进行排烟。有的排烟阀同时还具有当烟气温度达到 280℃时重新将阀门关闭的排烟防火阀功能。

防火阀：适用于安装在有防火要求的通风空调系统、排烟系统的管道上。当建筑物发生火灾时，防火阀在温度熔断器、电信号或平动作用下动作迅速关闭，切断火势和烟气沿管道蔓延的通路。

气体灭火系统：以某些气体作为灭火介质，通过这些气体在整个防护区或保护对象周围的局部区域建立起灭火浓度实现灭火。由于其特有的性能特点，主要用于保护某些特殊场所，是固定灭火系统中的一种重要形式。

根据所用的灭火剂，气体灭火系统可归纳为四类：卤代烷 1301 灭火系统、卤代烷 1211 系统、二氧化碳灭火系统和卤代烷替代系统。

卤代烷 1301 灭火剂（三氟-溴甲烷）和卤代烷 1211 灭火剂（二氟-溴-氯甲烷）毒性小，使用周期长，喷射性能好，灭火性能好，但由于其对大气臭氧层的较大破坏作用，已开始停止生产使用。二氧化碳灭火系统相对卤代烷系统投资较大，灭火时毒性较大，且二氧化碳会产生温室效应，也不宜广泛使用。卤代烷替代品正处于研究阶段。

从灭火方式看，分为全淹没式和局部应用形式。全淹没式系统指通过在整个房间内建立灭火剂设计浓度实施灭火的系统形式。这种系统形式对整个防护区提供保护；局部应用系统指保护房间内或室外某一设备（局部区域）、通过直接向火灾表面喷射灭火剂实施灭火的系统形式，就整个房间看，灭火剂浓度远小于灭火浓度。气体灭火剂系统的基本组成由储贮装置、启动分配装置、输送释放装置、控制装置等设施组成。在选用气体灭火剂时要注意，有些火灾适宜用气体灭火系统扑救，如液体和气体火灾、固体物质的表面火灾、电气设备火灾等；而有些火灾不宜用气体灭火系统扑救，如本身能供氧物质（如炸药）的火灾等。在设计和选择使用时一定要注意。另外，气体灭火系统有一定的毒性危害，因此要有一定的安全措施，以避免其启动后对人的威胁。

二、系统调试是指消防报警和灭火系统安装完毕且联通，并达到国家有关消防施工验收规范、标准所进行的全系统的检测、调整和试验。

［应用释义］ 消防系统的安装：消防系统安装的一般要求：

1. 火灾自动报警联动装置的施工安装需要很强的专业性，因此负责安装的安装单位不仅需要有许可证，而且需要有批准权限的公安消防监督机构批准才能进行安装。否则就不能保证施工安装的质量，也不能确保安装后系统能够正常地运行。

2. 安全必须满足设计说明书和设计图纸的安装要求，且应按照《火灾自动报警系统安装使用规范》中的有关规定执行。

3. 系统安装的设备应是通过国家消防电子产品质量监督检测中心检测的合格产品，且安装前应该很好地保管，在不安装时避免碰撞损坏。

4. 一些必要的设备安装技术文件和平面图，系统图，安装尺寸图，接线图等在施工前都必须要准备好。

5. 系统安装应该按照设计图纸进行施工，如果需要修改则必须经由原设计单位的同意并文字批准。

6. 在系统安装完毕后，安装单位应该提交变更设计的证明文件；变更设计部分的实际施工图，绝缘电阻，接地电阻等的检验记录；包括隐蔽工程检验等的安装技术记录；安装竣工报告。

三、自动报警系统装置包括各种探测器、手动报警按钮和报警控制器，灭火系统控制装置包括消火栓、自动喷水、卤代烷、二氧化碳等固定灭火系统的控制装置。

［应用释义］ 自动报警系统：能够自动地监测防火区域，及时地发现火情并向人群和控制中心通报，能够有效地控制和扑灭火灾，是现代防火建筑中非常重要的一部分。

自动报警系统装置包括各种探测器，手动报警按钮和报警控制器。

消防栓的控制：室内消防栓系统中消防泵的启动和控制方式选择，与建筑物的规模和水系统有关，以确保安全、控制电路简单合理为原则。消防栓系统中消防泵联动控制的基本逻辑是：当手动消防按钮的报警信号送入系统的消防控制中心以后，消防泵控制屏或控制装置产生手动或自动信号直接控制消防泵，同时接收水位信号器返回的水位信号。一般的，消防泵的控制都是经消防中心控制室来联动控制的。

自动喷水系统控制：对湿式灭火系统的控制，主要是对系统中所设喷淋泵的启、停控制。平时无火灾时，管网压力水由高位水箱提供，使管网内充满压力水。火灾时，由于着火区温度急剧升高，使闭式喷头中玻璃球体内不同颜色的液体受热膨胀而导致玻璃球炸裂，喷头打开，喷出压力水灭火。此时湿式报警阀自动打开，准备输送喷淋泵（消防泵）的消防供水。压力开头检测到降低了的水压，并将其水压信号送入湿式报警控制箱，启动喷淋泵。当水压超过某一值时，停止喷淋泵。所以从喷淋泵的控制过程看，它是一个循环控制过程。系统中的水流指示器、压力开关将水流转换成火灾报警信号，控制报警控制柜（箱）发出声、光报警并显示灭火地址。

对雨淋喷水灭火系统的控制，也集中在对消防水泵的控制。发生火灾时，被保护现场的火灾探测器动作，启动电磁阀，从而打开雨淋阀，由高位水箱供水，经开式喷头喷水灭火。当供水管网水压不足，经压力开关检测并启动消防喷淋泵，补充消防用水，以保证管网水流的流量及压力。当充分保证灭火系统用水，通常在开通雨淋阀的同时，就应当尽快起动消防水泵。

卤代烷灭火系统：卤代烷是以卤素原子取代烷烃类化合物分子中部分或全部氢原子后所生成的一类有机化合物的总称。卤代烷1211灭火剂是甲烷中的氢原子被氟（F）、氯（Cl）、溴（Br）三种卤素原子取代后形成的卤代烷化合物。其主要是通过抑制燃烧的化学反应过程，使燃烧化学反应链中断而达到灭火的目的。另外，还有1301灭火剂，它们又叫"哈龙"灭火剂。

卤代烷灭火系统的控制：卤代烷灭火剂由于价格高，又有毒性，并且常用于重要及可燃可爆场所的灭火，因此对系统的控制和操作要求较高。对于管网式灭火系统应有自动控制、手动控制和机械应急操作三种方式；无管网灭火装置应有自动控制和手动控制两种启动方式。

（1）自动控制　设有卤代烷自动灭火系统装置的场所，都应设置由两种不同类型的火灾探测器与灭火控制装置配套组成火灾自动报警系统。保护区内的火灾探测器作为两个独立的火灾信号，兼有火灾报警和自动启动灭火装置的双重功能。系统控制可靠与否，主要取决于火灾探测器的可靠性。两种探测器应组成与门控制方式，对保护区作复合探测，以提高自动灭火控制的可靠性，防止因探测器误报而喷射灭火剂，造成不必要的经济损失和对人体的危害。当报警控制器只接收到一个独立火警信号时，系统处于报警状态，提醒值班人员查明原因；当两个独立火灾信号同时发出，报警控制器处于灭火状态，执行灭火程序。

（2）手动控制　这是通过设置在消防控制室的报警控制器（或灭火控制盘）和保护区门外手动操作盘上的手动按钮来执行。他们应具有手动启动和紧急制动两种功能：当按下任一处手动启动按钮，都可使报警控制器处于灭火状态，执行灭火程序；按下任一处制动按钮，都可以在延时的有效时间内，中断灭火指令，但瓶头阀一旦开启，紧急制动失去作用。

（3）机械应急操作　在管网灭火系统中，要求能在贮瓶间用人力直接启动灭火装置进行灭火。对临时加压系统，手动机械打开启动气瓶的容器阀；对贮压系统，手动机械打开贮瓶的容器阀。

二氧化碳灭火系统自动控制：包括火灾报警显示、灭火介质的自动释放灭火以及切断被保护区的送排风机，并关闭门窗等的联动控制等。火灾报警由安置在保护区域的火灾报警控制器实现。灭火介质的释放同样由火灾探测器控制电磁阀，实现灭火介质的自动释放。系统中设置两路火灾探测器（感烟、感温），由两路信号的"与"关系，再经大约30s的延时，自动释放灭火介质。

当发生火灾时，被保护区域的火灾探测器探测到火灾信号后（或由消防按钮发出火灾信号），驱动火灾报警控制器，一方面发出火灾声、光报警，同时又发出指令控制信号，启动二氧化碳钢瓶启动容器上的电磁阀，开启二氧化碳钢瓶，灭火介质自动释放，并快速灭火。同时，火灾报警控制器还发出联动控制信号，停止空调风机、关闭防火门等，并延时一定时间，待人员撤离后，再发送信号关闭房间，还应发出火灾声、光报警，待二氧化碳喷出后，报警控制器发出指令，使置于门框上方的放气指示灯亮。火扑灭后，报警控制器发出排气指示，说明灭火过程结束。

探测器：火灾探测器通常由固定部件和外壳、电路、敏感元件等四部分构成。

固定部件和外壳：它是探测器的机械结构。其作用是将传感元件、电路印刷板、接插件、确认灯和紧固件等部件有机地连成一体，保证一定的机械强度，达到规定的电气性能，以防止其所处环境如光源、阳光、灰尘、气流、高频电磁波等干扰和机械力的破坏。

电路的作用是将敏感元件转换所得的电信号进行增大并处理成火灾报警控制器所需的信号，通常由保护电路、指示电路、抗干扰电路、接口电路和转换电路等组成。

（1）保护电路：用来监视探测器和传输线路的故障。检查试验自身电路元件、部件是否完好，监视探测器是否正常工作；检查传输线路是否正常（如探测器与火灾报警器之间连接导线是否通）。它由监视电路和检查电路组成。

（2）指示电路：用以指示探测器是否动作。探测器动作后，自身应给出显示信号。这种自身动作显示通常在探测器上设置动作信号灯，称作确认灯。

（3）抗干扰电路：由于外界环境条件，如温度、风速、强电磁场、人工光等因素，会对不同类型的探测器正常工作产生影响，或者造成假信号使探测器误报。因此，探测器要配置抗干扰电路来提高它的可靠性。常用的有滤波器、延时电路、积分电路、补偿电路等。

（4）接口电路：用以完成火灾探测器和火灾报警控制器间的电气连接，信号的输入和输出，保护探测器不致因安装错误而损坏等作用。

（5）转换电路：它将敏感元件输出的电信号变换成具有一定幅值并符合火灾报警控制器要求的报警信号。它通常包括匹配电路、放大电路和阀值电路。具体电路组成形式取决于报警系统所采用的信号种类，如电压或电流阶跃信号、脉冲信号、载频信号和数码信号等。

敏感元件的作用是将火灾燃烧的特征物理量转换成电信号。因此，凡是对烟雾、温度、辐射敏感的传感元件都可使用。它是探测器的核心部分。

在工程设计中，应根据探测器的警戒区域火灾形成和发展的特点及环境条件，正确地选择探测器的类型，这样才能有效地发挥火灾探测器的作用，延长使用寿命，减少误报和提高系统的可靠性。

报警控制器：火灾控制器也称火灾自动报警控制器，它是建筑消防的核心部分。现代火灾报警控制器，融入了先进的电子技术、微机技术及自动控制技术，达到较高的技术水平。由微机技术实现的火灾报警器已将报警与控制融为一体，也即一方面可以产生控制作用，形成驱动报警装置及联动灭火装置、联锁减灾装置的主令信号，同时又能自动发出声、光报警信号。随着现代科技的发展，火灾报警控制器的功能越来越齐全，性能越来越完善，其功能可归纳如下：

（1）由于火灾警报控制器工作的重要性、特殊性，为确保其安全可靠长期不间断运行，就必须要设置本机故障监测，也即对某些重要线路和元部件，要能进行自动监测。一旦出现线路断线、短路及电源欠压、失压等故障时，及时发出声、光报警。

（2）当火灾报警控制器出现火灾报警或故障报警后，可首先手动消除声报警、但光字信号继续保留。消声后，如再次出现其他区域火灾或其他设备故障时，音响设备能自动恢复再响。

（3）火灾报警控制器具有火灾报警优先于故障报警功能。

（4）火灾报警控制器具有记忆功能。当出现火灾报警或故障报警时，能立即记忆火灾或事故的地址与时间，尽管火灾或事故信号已消失，但记忆并不消失。只有当人工复位后，记忆才消失，恢复正常监控状态。

（5）迅速而准确地发送火灾警报信号。火灾警报器发送火灾信号时，一方面由报警控制器本身的报警装置发出报警，同时也控制现场的声、光报警装置发出报警。

（6）火灾报警器发出火警信号的同时，经适当延时，还能启动灭火设备。灭火控制信号可用高、低电位信号，也可用开关接点信号。

（7）火灾报警控制器除能启动灭火设备外，还能启动联锁减灾设备。联锁减灾设备控制信号同样可用高、低电位信号或开关接点信号。

（8）可为火灾探测器提供工作电源。

根据不同消防系统的不同要求，对火灾报警控制器的功能要求也是不同的。

四、气体灭火系统调试试验时采取的安全措施，应按施工组织设计另行计算。

［应用释义］ 气体灭火系统：见第五章消防系统调试第一节说明应用释义第一条释义。

第二节　工程量计算规则应用释义

第 8.5.1 条　消防系统调试包括：自动报警系统、水灭火系统、火灾事故广播、消防通信系统、消防电梯系统、电动防火门、防火卷帘门、正压送风阀、排烟阀、防火阀控制装置、气体灭火系统装置。

［应用释义］ 自动报警系统：火灾自动报警器与联动控制系统是将火灾消灭在萌芽状态、最大限度地减少火灾危害的有力工具。基于这种思想和高层建筑以自救为主的原则，我国的有关消防规范和技术标准对火灾自动报警系统有以下基本要求：

（1）确保系统正常工作稳定，信号传输准确可靠；

（2）确保火灾探测器和报警功能，保证不漏报；

（3）系统的性能价格比高；

（4）系统的应变能力强，调试、管理维护方便；

(5) 系统的联动能力丰富，联动控制式样方式有效、多样；

(6) 系统的工程运用性强，布线简单、灵活方便；

(7) 系统的灵活性、兼容性强，产品成系列；

(8) 减少环境因素影响，减少系统误报率。

为了达到以上基本要求，火灾自动报警系统通常由火灾探测器、火灾报警控制器，以及联动模块、控制装置等组成。火灾探测器是对火灾进行有效探测的基础与核心；火灾探测器的选用及其与火灾报警控制器的配合，是火灾自动报警系统设计的关键。火灾报警控制器是火灾信息处理和报警识别与控制的核心，最终通过联动控制装置实施对消防设备的联动控制和灭火操作。因此根据火灾报警控制器功能与结构以及系统设计构思的不同，火灾自动报警系统呈现出不同的应用形式。

一般，火灾报警控制器按照其用途可以分为通用火灾报警控制器、区域火灾报警控制器和集中火灾报警控制器。通用火灾报警控制器兼有区域和集中火灾报警控制器的功能，小容量的可以作为区域火灾报警控制器使用，大容量的可以独立构成中心处理系统，形式多样，功能完备，可以按照其特点用作各种类型火灾自动报警系统的中心控制器，完成火灾探测、故障判断、火灾报警、设备联动、灭火控制以及信息通信传输等功能。

区域火灾报警控制器用于火灾探测器的监测、巡检、供电与备电，接收火灾监测区域内火灾探测器的输出参数或火灾报警、故障信号，并且转换为声、光报警输出，显示火灾部位或故障位置等，其主要功能有火灾信息采集与信号处理，火灾模式识别与判断，声、光报警，故障监测与报警，火灾探测器模拟检查，火灾报警计时，备电切换与联动控制等。

集中火灾报警控制器用于接收区域火灾报警控制器的火灾报警信号或设备故障信号，显示火灾或故障部位，记录火灾信息和故障信息，协调消防设备的联动控制和构成终端显示等，其主要功能包括火灾报警显示、故障显示、联动控制显示、火灾报警计时、联动联锁控制实现、信息处理与传输等。

水灭火系统：见第五章消防系统调试第一节说明应用释义第一条释义。

火灾事故广播：见第一章火灾自动报警系统安装第一节说明应用系统第一条释义。

消防通信系统：为了迅速确认或通报火情，及时对火灾采取补救措施，火灾时有效地组织和指挥楼内人员安全迅速地疏散，需设置消防专用通信系统。建筑物内消防专用通信系统大致分为消防专用电话系统，消防对讲电话插孔系统，火灾事故广播系统。

消防专用电话系统是用于消防控制室与消防专用电话分机设置点的火情通报与普通电话分开的独立系统。

消防对讲电话插孔系统应设置在建筑物的关键部位及机房等处与消防控制室紧急通话，巡视员或消防人员携带的话机可随时插入消防对讲电话插孔与消防控制室进行紧急对话。

消防专用通信应为独立的通信系统，不得与其他系统合用，该系统的供电装置应选用带蓄电池的电源装置，要求不间断供电。

火灾事故广播系统是火灾时用于指挥现场人员进行疏散的设备，应连同火灾警报装置与系统设计同时进行。区域-集中和控制中心系统应设置火灾事故广播系统，集中系统内有消防联动控制功能时，亦应设置火灾事故广播系统。若集中系统内无消防联动控制功能时，宜设置火灾事故广播系统。

消防电梯系统：见第五章消防系统调试第一节说明应用释义第一条消防电梯的释义。

电动防火门和防火卷帘门：见第五章消防系统调试第一节说明应用释义第一条释义。

正压送风阀、排烟阀、防火阀及气体灭火系统的解释见第五章消防系统调试第一节说明应用释义第一条释义。

第8.5.2条　自动报警系统包括各种探测器、报警按钮、报警控制器组成的报警系统，分别不同点数以"系统"为计量单位，其点数按多线制与总线制报警器的点数计算。

〔应用释义〕　火灾探测器、报警按钮、报警控制器：有关概念请参见第一章内容。

多线制：监控系统由二线制、三线制、四线制等组成。

总线制：见8.1.8条释义。

第8.5.3条　水灭火系统控制装置按照不同点数以"系统"为计量单位，其点数按多线制与总线制联动控制器的点数计算。

〔应用释义〕　多线制：见8.1.8条释义。

联动控制器：它的功能是当火灾发生时，它能对室内消火栓系统、自动喷水灭火系统、防排烟系统、卤代烷灭火系统以及防火卷帘门和警铃等联动控制。

第8.5.4条　火灾事故广播、消防通信系统中的消防广播喇叭、音箱和消防通信的电话分机、电话插孔，按其数量以"10只"为计量单位。

〔应用释义〕　其释义见第一章有关内容。

第8.5.5条　消防用电梯与控制中心间的控制调试以"部"为计量单位。

〔应用释义〕　消防电梯：其概念见第一节有关内容。

消防电梯的设置应符合下列规定：

（1）消防电梯宜设置排烟前室；

（2）消防电梯前室宜靠外墙设置；

（3）消防电梯前室应设有消防竖管和消火栓；

（4）消防电梯井要与其他（如电缆井、管道井）坚向管中分开单独设置，向电梯机房供电的电源线路不应敷设在电梯井道内；

（5）选用适当速度的消防电梯；

（6）消防电梯轿厢内应设专用电话；

（7）消防电梯到最远救护点的步行距离不宜过大，一般不宜超过30～40m；

（8）为便于维修管理，几台电梯的梯井往往连通或其开口相连通，电梯机房也合并使用；

（9）避免将两台或多台电梯放在同一防火分区内；

（10）电梯轿厢的载重量要能满足要求，一般不应小于800kg。

疏散路线一般可分为四段、四个过程：

（1）从着火房间内到房间门口的疏散路线；

（2）建筑物中公共走道中的疏散路线；

（3）在楼梯间内的疏散路线；

（4）出楼梯间之后到室外等安全区域的疏散路线。

这四个疏散线路中的每一步必须都是安全的，最终必须走到安全区域上，不允许路线在两个方向都可以行走，必须要是单通道的。

消防电梯设置要求：

（1）消防电梯轿厢的内装修应采用不燃烧材料；

（2）电梯的行驶速度，应按从首层到顶层的运行时间不超过 60s 计算确定；

（3）消防电梯中，机房与相邻其他电梯井、机房之间应采用耐火极限不低于 2.00h 的隔墙隔开，当在隔墙上开门时，应设甲级防火门；

（4）消防电梯间前室门口宜设抽水设施，消防电梯井底应设排水设施，排水井容量不应小于 2.00m³，排水泵排水量不应小于 10L/s；

（5）电梯前室的门应采用乙级防火门或具有停滞功能的防火卷帘；

（6）动力与控制电缆，电线应采取防水措施；

（7）消防电梯可与客梯或工作电梯兼用，但应符合上述各项要求。

安全出口、事故照明、防烟、排烟设施都是建筑灭火当中非常重要的安全疏散设施。安全出口包括有很多内容如：消防电梯、疏散门、封闭楼梯间、防烟楼梯间、室外避难楼梯、避难间、避难层、疏散走道、避难袋、救生网、救生梯、救生绳、救生垫、缓降器等。事故照明主要包括的设施及设备有：疏散口、指示灯、避难口、观众指示灯、楼梯间、疏散走道等。防排烟设施包括的有排烟口，通风口等。

安全疏散设计应遵循的原则：

（1）疏散走道不要布置成不甚畅通的 S 形或 U 形；

（2）疏散路线要简洁明了；

（3）尽可能有多个疏散方向可供疏散；

（4）尽量不使疏散路线与补救路线相交叉；

（5）合理设置各种安全疏散设施，做好构造设计。

（6）路线设计要做到步步安全；

（7）路线设计要符合人们的习惯要求；

第 8.5.6 条 电动防火门、防火卷帘门指可由消防控制中心显示与控制的电动防火门、防火卷帘门，以"10 处"为计量单位，每樘为一处。

［应用释义］ 电动防火门：见第五章消防系统调试第一节说明应用释义第一条释义。

防火卷帘门：见第五章消防系统调试第一节说明应用释义第一条释义。

第 8.5.7 条 正压送风阀、排烟阀、防火阀以"10 处"为计量单位，一个阀为一处。

［应用释义］ 正压送风阀、排烟阀、防火阀的解释见第五章消防系统调试第一节说明应用释义第一条释义。

第 8.5.8 条 气体灭火系统装置调试包括模拟喷气试验、备用灭火器贮存容器切换操作试验，按试验容器的规格（L），分别以"个"为计量单位。试验容器的数量包括系统调试、检测和验收所消耗的试验容器的总数，试验介质不同时可以换算。

［应用释义］ 气体灭火系统：见第五章消防系统调试第一节说明应用释义第一条释义。

第三节 定额应用释义

一、自动报警系统装置调试

工作内容：技术和器具准备、检查接线、绝缘检查、程序装载和校对检查、功能测试、系统试验、记录整理。

定额编号　7-195～7-199　自动报警系统　P84

[应用释义]　数字存储打印示波器 HP－54512B：电子示波器（或称阴极射线示波器）是一种常用的电子仪器。它不仅能快速地将电信号转换成光图像在荧光屏上显示出来，还能用于测量电信号的幅度、频率、相位和非线性失真。通过各种传感器，示波器还可广泛用于测试温度、压力、振动、光、声和热等物理现象。数字存储打印示波器在单纯示波器的基础上加了数字存储功能，同时还多了打印功能，HP－54512B 是较为先进的一种。

数字万用表 34401A：万用表是一种多量限，用途广的电工测量仪表。一般万用表可测直流电流、直流电压、交流电压、电阻和音频电频等。万用表主要是由一只灵敏度高的磁电式表头、转换开关和测量线路三部分组成。普通万用表读数通过读数盘上指针刻度来读取；数字万用表则通过液晶显示直接读取，测量较精密，读数误差小，是一种较为先进的测量仪表。

二、水灭火系统控制装置调试

工作内容：技术和器具准备、检查接线、绝缘检查、程序安装或校对检查、功能测试、系统试验、记录整理等。

定额编号　7-200～7-202　水灭火系统控制装置　P85

[应用释义]　酒精：学名乙醇，有机化合物，醇的一种，无色可燃液体，有特殊的气味，是制造合成橡胶、塑料和染料等的原料，也是化学工业上常用的溶剂，并有杀菌的作用，用作消毒清洁剂、防腐剂。

三、火灾事故广播、消防通信、消防电梯系统装置调试。

工作内容：技术和器具准备、检查接线、绝缘检查、程序安装或校对检查、功能测试、系统试验、记录整理等。

定额编号　7-203～7-204　广播喇叭、音箱、通信分机、插孔、电梯　P86

[应用释义]　广播喇叭：广播台用于放大声音，增强传输效果的器具。

电梯：多层建筑、建筑工地等载运人或物作垂直方向运动的机械，由动力机和吊着的箱状装置构成。多用电作动力，又称升降机。

四、电动防火门、防火卷帘门、正压送风阀、排烟阀、防火阀控制系统装置调试。

工作内容：技术和器具准备、检查接线、绝缘检查、程序装载或校对检查、功能测试、系统试验、记录整理等。

定额编号　7-205～7-207　电动防火门、防火卷帘门、正压送风阀、排烟阀、防火阀　P87

[应用释义]　电动防火门、防火卷帘门、正压送风阀、排烟阀的解释见第五章消防

系统调试第一节说明应用释义第一条释义。

1. 自动排烟防火阀。该阀设置在排烟系统的管道上或安装在排烟风机的吸入口处，兼有自动排烟阀和防火阀的功能，平时处于关闭状态，当发生火灾需要排烟时，可自动开启排烟。当管道内气流温度达到280℃时，阀门靠装有280℃易熔金属的温度熔断器而自动关闭，切断气流，防止火灾蔓延。

2. 防火调节阀。该阀是安装在有防火要求的通风空调系统的管道上，平时常开，当空气中温度达到70℃时，阀门关闭，同时输送出阀门关闭信号，使通风空调系统停机。

3. 防烟防火调节阀。该阀是安装在有防烟防火要求的通风空调系统的管道上，平时常开。当空气温度达到70℃时，阀门关闭。防烟防火调节阀同时可作调节阀使用，从而把通风空调系统中风量调节阀与防火阀合为一体，该阀主要以阀内熔断器动作而自动关闭、手动关闭和复位。同时可根据系统要求选用电信号动作装置，与感烟探测器、感温探测器或其他消防系统的报警装置联锁。

自耦调压器：见定额编号7-32～7-35总线制释义。

五、气体灭火系统装置调试

工作内容：准备工具、材料；进行模拟喷气试验和对备用灭火剂贮存容器切换操作试验。

定额编号 7-208～7-213 试验容器规格 P88

［应用释义］ 电磁铁：磁铁的一种，用线圈绕铁芯而成，线圈通电时铁芯变成磁体，不通电时磁性消失。电磁铁有直流电磁铁和交流电磁铁之分。

直流电磁铁由两部分组成：一部分是软钢制成的带有励磁绕组的电磁铁芯；另一部分是衔铁。电磁铁的线圈通电后铁芯磁化将衔铁吸引，铁芯吸引衔铁的力称为电磁铁的吸力。由于直流电磁铁的线圈里流过的是直流电，线圈的电阻要承受全部外加电压，所以直流电磁铁的线圈匝数甚多，电阻较大。在直流电磁铁的铁芯里不产生涡流与磁滞损耗，铁芯不会因此而发热，故铁芯用整块软铁制成，直流电磁铁线圈里流过的电流的大小与衔铁（负载）的位置无关，衔铁动作时，线圈的匝数保持大致恒定。随着衔铁的吸合，气隙减小，磁阻降低，磁通增加，与磁感应强度的平方成正比的吸力将增加很多。

第六章　安全防范设备安装

第一节　说明应用释义

一、本章包括入侵探测设备、出入口控制设备、安全检查设备、电视监控设备、终端显示设备安装及安全防范系统调试等项目。

[应用释义]　入侵探测设备：负责探测人员的非法入侵，向区域报警控制器发送信息。保安系统所用探测器随着科技的发展不断更新，可靠性和灵敏度也不断提高。如何根据具体环境恰当地选择探测器，以发挥其功效，同时注意各种探测器的配合使用，减少误报，杜绝漏报，是建立报警系统的首要任务。下面是各种探测器的应用说明：

1. 入侵及袭击信号器

（1）磁性触头。又称磁性开关，是最常用的一种报警信号器，发送门、窗、柜、仪器外壳、抽屉等打开的信息。这种开关的优点是：很少误报警，监视质量高，而且造价较低。

（2）玻璃破裂信号器。又称玻璃破裂传感器，用来监视玻璃平面，对监视质量和报警可靠性有较高的要求时采用。玻璃破裂信号器只对玻璃破裂时所产生的高频作出反应。当玻璃板被击破时，玻璃板产生质量加速度，因而产生机械振荡，机械振荡以固体声的形式在玻璃内传播。信号器中的压电陶瓷传感器拾取此振荡波并使之转换成电信号，玻璃破裂的典型频率在信号器中经过放大，然后被利用来启动警报。

（3）固体声信号器。这种信号器反映机械作用。优先用于铁柜和库房的监视。信号器应安装在传声良好的平面上，例如混凝土墙、混凝土楼板、无缝硬砖墙砌体。当一强力冲击有固体声信号器监视的建筑结构时，构件便产生质量加速，因而产生机械振荡，它以固体声的形式在材料中传播。固体声信号器的压电陶瓷传感器拾取此振荡，并把它转换成电信号，经放大、分析，然后启动报警。

（4）报警线。使用细的绝缘电线，张紧粘贴或埋入需要监视的平面上，监视电流连续流动。当报警线被切断，电流为零时，报警信号即发出。这种报警方法的缺点是：发出报警时，监视平面已被破坏，因此不能单独使用，可与其他报警装置配合使用。

（5）报警脚垫。一种反映荷重的报警信号器（即压力信号器）。用这种信号器可以以简单的方式看守屋门，防止非法踏入，也可把它铺放在壁橱、保险柜和楼梯口前面。如果脚垫被人踩踏，两片金属薄片便互相接通，使电路闭合，启动报警。

（6）袭击信号器。由人工操作的报警信号器，即人员受到歹徒袭击时使用的一种报警信号器。这种信号器有手操式、脚操式两类。为了防止平时不注意而误操作，在手操式应急报警信号器的按钮上贴有纸片或塑料片，写上"报警"标志。脚操式应急信号器主要用于银行或储蓄所，因为进行操作时不引起歹徒注意。仅由脚尖抬起才能动的脚操作开关，在防止误操作方面比脚踏式开关较为安全。

以上传感器属于点、线、平面监视报警信号器，用于需要保护的部位或物品。从报警时间上看，只有罪犯已进入室内并且开始犯罪活动时才能报警，因此报警时间较晚。同时被保护物品或装置可能已受到破坏或盗走，因而不宜单独使用。为了将罪犯阻止在远离保护物品的范围外及及早报警，必须采取空间保护措施，即选用红外、微波和超声波探测器以增加防范手段。

2. 红外、微波和超声波探测器

（1）被动式红外探测器。红外信号器（又称红外一运动信号器）用它的光电变换器接收红外辐射能，假若有人进入信号器的接收范围，那么，在一定的时间内到达信号器的红外辐射量就会发生变化，电子装置对此红外辐射量进行计值，然后启动警报，装在信号器内的红色发光二极管同时显示报警。由于红外探测器能探知物体运动及温度变化两个方面，因此红外探测器成为十分可靠的入侵信号器，它耗电量小，对缓慢运动的物体也能探知。它适用于探测整个房间，也适用于探测房间内的局部区域，用于入门过道。红外线不能穿透一般材料，正是这个原因，在高大的物体或装置后面存在不可探测的阴影区。

（2）超声波探测器。超声波是一种频率在（200MHz以上）人们听觉能力之外的声波，根据多普勒效应，超声波可以用来侦察闭合空间内的入侵者。探测器由发送器、接收器及电子分析电路等组成。从发射器发射出去的超声波被监视区的空间界限及监视区内的物体上反射回来，并由接收器重新接收。如果在监视区域内没有物体运动，那么反射回来的信号频率正好与发射出去的频率相同，但如果有物体运动，则反射回来的信号频率就发生了变化，则启动报警装置。在一个房间内可装置多个超声波探测器，但必须朝向同一个方向，否则相互交叉会发生误报。

（3）微波探测器（高频多普勒仪）。微波探测器的工作方式同样以多普勒效应为基础，但使用的不是超声波而是微波。如果发射的频率与接收的频率不同，例如此时有人进入监视区，高频多普勒仪便发生警报。人体在信号器的轴线上移动比横向移动更容易被觉察出来。高频电磁波遇到金属表面和坚硬的混凝土表面特别容易反射，它对空气的扰动、温度的变化和噪音均不敏感，它能穿透许多建筑物构件，大多数隔墙及玻璃板。因此缺点是，在监视空间以外的运动物体也可以导致错误的报警。

（4）红外-微波双技术探测器。由于微波的穿透能力很强，甚至保护区外的运动物体也能引起误报。而红外探测器的保护有可能出现阴影区，即没有保护到的区域。所以为了提高报警的可靠性，将两种技术综合在一起使用，便产生了红外-微波双技术探测器。它是将两种信号器放在一个机壳内，再加上一个"与门"电路构成。只有两种信号均有反应，探测器才会输出报警信号。例如美国C&K公司的DT系列产品DT5360，该探测器吸顶安装，地面保护面积为 $100m^2$。

（5）主动型红外探测器（光栅）。该探测器由一个发送器和一个接收器组成。发送器产生红外区的不可见光，经聚焦后成束型发射出击，接收器拾取红外信号，由晶体管电路对所拾取的信号进行分析和计算，如光束被遮断 $1/100s$ 以上，或接收到的信号与发射的不一致时，接收器便会报警。如果监视面积很大，可用多个光栅，作上下叠层安装或左右并列安装。此外，为了监视不在一条直线上的区域，可以用一块适当的转向镜反射至接收器。主动型红外探测器被优先用于过道、走廊及保险库周围的巡道，还可用于库房、生产车间作长距离的监视，最长可达800m。

出入口控制系统包括 3 个层次的设备,底层是直接与人员打交道的设备,有读卡机、电子门锁、出口按钮、报警传感器和报警喇叭等。它用来接受人员输入的信息,再转换成电信号送到控制器中,同时根据来自控制器的信号,完成开锁、闭锁等工作。控制器接受底层设备发来的有关人员的信息,同自己存储的信息作比较以作出判断,然后再发出处理的信息。单个控制器就可以组成一个简单的门禁系统,用来管理一个或几个门。多个控制器通过通信网络同计算机连接起来就组成了整个建筑物的门禁系统。计算机装有门禁系统的管理软件,它管理着系统中所有的控制器,向它们发送控制命令,对它们进行设置,接受其发来的信息,完成系统中所有信息的分析与处理。

安全检查设备:为防止进出人员带入危险品,在建筑物的主要出入口设置的检测设备,利用 X 光等介质可透视人体,并对设定的危险品作出反应,联动报警。这对防止事故的发生起到重要作用。

电视监控设备:广泛应用于工业和民用建筑中的特殊场合,用以对一个或多个目标的工作状态和重要保安部位的动态进行监视。例如办公大楼、宾馆的入口、主要通道、电梯轿厢、商店的贵重品售货柜、银行营业厅、文物展览厅等。

电视监视设备有多种组成形式,但都是由摄像、传输、显示和控制等四个主要部分组成。摄像部分的功能是对监视目标(被摄体)进行摄像,并将其变换为电信号,摄像部分的主体是电视摄像机。对摄像部分的设计不但要考虑摄像机设置的位置,还要考虑如何取得最佳摄像效果和对摄像机本身的保护措施。

将图像的视频信号送至目的地的部分称为传输部分。传输部分分为有线传输和无线传输两种。监视应用电视一般采用有线传输,所采用的传输线几乎都是同轴电缆。

显示部分的功能是将传输部分送来的视频信号进行接收并重放显示取样,显示部分一般都采用显示器作为视频监视器,也有采用投影电视方式显示。

控制部分的主要功能是对摄像机进行遥控操作,通常控制的动作有:光圈大小、聚焦远近、焦距长短、上下左右移动、摄像机电源的通断等。

终端显示设备:即监视系统的显示设备,有黑白和彩色两种,分别与黑白和彩色摄像机联用。它的规格按其对角尺寸来划分,一般在 $34\sim51$cm 之间。其基本参数包括视频输入与音频输入、清晰度、工作温度和功耗等。视频输入为 $0.5\sim2.0\mathrm{V_{PP}}$ 复合信号(全电视信号),25Ω,音频输入为高阻方式。黑白监视器的清晰度比彩色监视器高。监视器的工作温度为 $-5\sim50$℃,其功耗在 $35\sim75$W 之间,供电电压为 AC220V,50Hz。

安全防范系统:不同的建筑物的保安系统有不同的组成部分,但基本子系统包括如下:

(1)出入口控制系统:又称门禁系统,是在建筑物内的主要管理区的出入口、电梯厅、主要设备控制中心机房、贵重物品的库房等重要部位安装门磁开关、电控锁或读卡机等控制装置,由中心控制室监控,系统采用计算机多重任务的处理,能够对各个通道口的位置,通行对象及通行时间等进行实时控制或设定程序控制,适应一些银行、金融贸易楼和综合办公楼的公共安全管理。

(2)防盗报警系统:采用红外或微波技术的信号探测器,在一些无人值守的部位,根据部位的重要程度和风险等级要求以及现场条件,例如金融楼的贵重物品房等进行周边界或定向定位保护,高灵敏的探测器获得侵入物的信号以有线或无线的形式传送到中心控制值班室，同时报警信号以声或光的形式在建筑模拟图形屏上显示，值班人员能及时获得发生事故的信息。

（3）闭路电视监视系统：在人们无法或不可能直接观察的场合，闭路电视能实时、形象、真实地反应监控对象的画面，并已成为人们在现代化管理中监控的一种极为有效的观察工具，这就是闭路电视监控系统在现代监控系统中起独特作用和被广泛应用的重要原因。

（4）保安人员巡逻管理系统：保安人员巡逻管理是采用设定程序路径上的巡视开关或读卡机，确保值班人员能够按照顺序和时间在防范区域内的巡视站进行巡逻，同时确保人员安全。

（5）防盗门控制系统：在高层公寓楼或居住小区，防盗门控制系统能为来访人与居室中的人提供双向通话或可视通话以及人们控制入口大门电磁开关的功能，此外还有向保安部门进行紧急报警的功能。

二、本章包括以下内容：

1. 设备开箱、清点、搬运、设备组装、划线、定位、安装设备。

［应用释义］　设备开箱：就是打开装放设备的包装箱，看设备是否完好无损。

设备组装：一般设备为了运输的方便，不致在运输过程中因震动而损坏设备，生产厂家将设备拆卸成小部件分开装，用户得到设备后，先要将设备按使用说明图纸重新组装。

2. 施工及验收规范内规定的调试和试运行、性能实验、功能实验。

［应用释义］　调整：根据使用环境的具体情况对设备某些部位进行调试，使之能更充分地发挥功能作用。

试运行：对组装好的设备进行开机运行，检测其组装是否正确，有无断路、功能不全现象，以便及时调换。

3. 各种机具及附件的领用、搬运、拆除、退库等。

［应用释义］　搬运：指设备从设备仓库到安装现场指定堆放点的工作。

三、安防检测部门的检测费由建设单位负担。

［应用释义］　检测费：指对建筑材料、构件和安装物进行一般鉴定，检查所花费的费用，包括自设实验室进行试验所消耗的材料和化学药品等费用。

四、在执行电视监视设备安装定额时，其综合工日应根据系统中摄像机台数和距离（摄像机与控制器之间电缆的实际长度）远近分别乘以表 2-12、表 2-13 中折算系数。

黑白摄像机折算系数　　　　　　　　　　　　　　　　表 2-12

台数 距离（m）	1～8	9～16	17～32	33～64	65～128
71～200	1.3	1.6	1.8	2.0	2.2
200～400	1.6	1.9	2.1	2.3	2.5
71～200	1.6	1.9	2.1	2.3	2.5
200～400	1.9	2.1	2.3	2.5	2.7

彩色摄像机折算系数　　　　　　　　　　　　表 2-13

距离（m） 台数	1～8	9～16	17～32	33～64	65～128
71～200	1.6	1.9	2.1	2.3	2.5
200～400	1.9	2.1	2.3	2.5	2.7

　　[应用释义]　　电视监控设备：对于要求较高的办公大厦、宾馆酒店、超级市场、银行或金融交易所等场所，常设有保安中心。通过闭路监视电视随时观察出入口、重要通道和重点保安场所的动态。闭路电视监视系统由摄像、控制、传输和显示部分组成。当有监听功能的需求时，应增设伴音部分。只需在一处连续监视一个固定目标时，可选单机电视监控系统。也可在一处集中监视多个目标；在进行监视的同时，可以根据需要定时起动录像机、伴音系统和时标装置，记录监视目标的图像、数据、时标，以便存档分析处理。

　　五、系统调试是指入侵报警系统和电视监控系统安装完毕并且联通，按照国家有关规范进行的全系统的检测、调整和试验。

　　[应用释义]　　入侵报警系统：此系统负责建筑物内重要场所的探测任务，包括点、线、面和空间的安全保护。系统一般由探测器，区域报警控制器和报警控制中心设备组成，其基本结构包括三个层次：最底层是探测器和执行设备，它们负责探测人员的非法入侵，向区域报警控制器发送信息；区域控制器负责下层设备的管理，同时向控制中心传送报警信息；控制中心设备是负责管理整个系统工作的设备，通过通信网络总线与各区域报警控制器连接。对于较小规模的系统，由于监控点少，也可采用一级控制器方案，即由一个报警控制器和各种探测器组成，此时无区域控制器或中心控制器之分。

　　电视监控系统：由摄像、传输、控制和显示与记录四个部分组成。摄像部分包括摄像机、镜头、防护罩、支架和电动云台，它的任务是摄取被监视环境或物体的画面并将其转换为电信号。传输部分的任务是把现场摄像机发出的电信号传送到控制器上，它一般包括电缆、调制调解设备、线路驱动设备等。显示与记录部分把从现场传来的电信号转换成图像在监视设备上显示，如有必要，还可用录像机录下来，它包括监视器和录像机。控制部分则包括负责所有设备的控制与图像信号的处理，一般包括视频切换控制器、分配器、中心控制台等。

　　六、系统调试中的系统装置包括前端各类入侵报警探测器，信号传输和终端控制设备、监视器及录像、灯光、警铃等所必须的联动设备。

　　[应用释义]　　入侵探测设备：根据其分工不同可分为入侵及袭击信号器和探测器两大类。入侵袭击信号器包括磁性触头、玻璃破裂信号器，固体声信号器、报警线、报警脚垫和袭击信号器等。探测器根据其介质的不同分为被动式红外探测器、超声波探测器、微波探测器、红外-微波双技术探测器及主动型红外探测器等。

　　信号传输：将信号送至目的地的部分叫信号传输，信号传输分有线传输与无线传输两种，有线传输有同轴电缆、光缆等，无线传输主要是电磁波。

　　终端控制设备：保安监控系统的中心设备。其核心设备是工业控制机、单片机或微型计算机，并配有专门控制键盘、CRT 显示设备、主监视器、录像机、打印机、电话机等设备，另外可增配触摸屏、画面分割器、对讲系统、字符发生系统、声光报警等装置。

录像：用光学、电磁等方法把图像和伴音信号记录下来，以供将来参考之用。

灯光：报警信号用光的形式，一旦报警装置发出警报指令，警灯将闪亮，在建筑模拟图形屏上显示，使值班人员能及时地获得事故信息。

警铃：用规定的铃声报警，以引起值班人员的注意。它一般与探测器或信号器联动，一旦探测器或信号器发现情况向监控中心传输信息的同时，打开警铃，引起附近值班人员的注意。

第二节　工程量计算规则应用释义

第8.6.1条　设备、部件按设计成品以"台"或"套"为计量单位。

［应用释义］　设备：进行工作时所必需的成套器物。按其来源可分为国产设备和引进设备。国产设备中分：标准设备和非标准设备。标准设备是指按照国家颁发的标准图和技术，由设备生产厂成批生产的设备。这些设备一般都由国家规定统一计划价格，非标准设备指国家尚无定型标准，不成系列，各设备生产厂不可能在工艺过程中采用批量生产的某些简单的非标准金属容器等。其只能依据具体工程的设备制造图并委托有制造能力的施工企业制作。引进设备是指以国外进口的成套设备、关键单机等。

设备购置费用的计算包括设备原价加上运输杂费、设备原价系指设备制造厂的交货价格为出厂价格。设备杂运费系指设备供销部门手续、包装费和包装材料费、运输费、装卸费、采购及仓库保管费等。如设备由成套公司提供，应包括成套公司的服务费。设备运输费因设备的运输渠道不同，故费用也不同。一般来说设备运杂费由以下费用构成：

1. 国产标准设备由设备制造厂交货地点起到工地仓库止所发生的运输和装卸费。

2. 引进设备从我国到岸码头或车站起到工地仓库止所发生的运输和装卸费。

3. 设备出厂价中未包含设备的包装和包装材料费。

4. 供销部门的手续费按有关部门规定的费率计算。

建设单位（或承包公司）采购及仓库保管费：是指设备采购、保管及管理人员工资、工资附加费、办公费、差旅交通费、设备供应部门办公及仓库所占用的固定资产使用费、工具用具使用费、劳动保护费、检验试验费等。其应按有关部门规定计算。

工程建设中的设备费用占工程造价的比重较大，尤其是随着技术的进步，特别是对外经济开放后，改进设备及技术改造原有生产设备等的规模日益扩大，因而设备费用在我国固定资产投资中的比重也越来越大。因此，正确地计算设备购置费，对合理控制建设项目的工程造价有很重要的作用。

部件：各设备由一部分一部分的器件组成，这些器件统称为部件。

第8.6.2条　模拟盘以"m²"为计量单位。

［应用释义］　模拟盘：监控系统把整个建筑物划分为多个区域，每个区域有一个地址。利用电脑把这些区域按比例绘成图，每个图块对应一个区域，并把报警控制系统与图上的信号灯联通，当其中某一区域报警，则在模拟盘上的对应区域信号灯亮，使值班人员能迅速了解是哪个区域出了问题。

第8.6.3条　入侵报警系统调试以"系统"为计量单位，其点数按实际调试点数计算。

［应用释义］ 入侵报警系统：利用红外或微波技术的信号探测器，在一些无人值守的部位，根据部位的重要程度和风险等级要求及现场条件，例如金融楼的贵重品库房、重要设备机房、主要出入口通道等进行周边界或定向方位保护，高灵敏度的探测器获得侵入物的信号以有线或无线的方式传送到中心控制值班室，同时报警信号以声或光的形式在建筑模拟图形屏上显示，使值班人员能及时地获得事故发生的信息。

第8.6.4条 **电视监控系统调试以"系统"为计量单位，其头尾数包括摄像机、监视器数量之和。**

［应用释义］ 电视监控系统：详见第六章安全防范设备安装第一节说明应用释义第一条释义。

摄像机：闭路电视监视系统的主要设备，它把反映画面的色彩和灰度等信号通过电缆传到显示器中，显示器便可再现监视环境的画面。

摄像机分类有多种方式。按色彩可分为黑白和彩色摄像机；按工作照度分为普通照度摄像机、低照度摄像机和红外摄像机。摄像机的参数包括清晰度、信噪比、视频输出、最低照度、环境温度、供电电源及功耗等。

监视器：系统的显示设备，有黑白和彩色两种，分别与黑白和彩色摄像机配合使用。它的规格按其对角线尺寸来分，一般在 $34\sim51cm$ 之间。监视器的基本参数包括视频输入与音频输入、清晰度、工作温度和功耗等。视频输入为 $0.5\sim2.0V_{p-p}$ 复合信号（全电视信号），25Ω，音频输入为高阻方式。黑白监视器的清晰度比彩色监视器高，它的供电电压为 AC220V，50Hz。

第8.6.5条 **其他联动设备的调试已考虑在单机调试中，其工程量不得另行计算。**

［应用释义］ 联动设备：以监控中心为主机，利用信号线与报警控制器、入侵探测器、出入口控制设备等连接共同作用的设备。

第三节 定额应用释义

一、入侵探测设备安装

1. 入侵探测器安装

工作内容：开箱检查、设备组装、检查基础、划线定位、安装调试。

定额编号 7-214～7-220 门磁开关、铁门开关、压力开关、行程开关、卷闸开关、紧急脚踏开关、紧急手动开关 P93

［应用释义］ 门磁开关：又称磁性开关或干簧开关，它由一个开关元件和一个永久磁铁组成，两者被精密地安装在被监视目标的固定部分与活动部分的相对位置上，其间是一个有效的容许距离。因有永久磁铁磁场经过磁性开关，使磁性开关保持闭合状态；如果两者的最大容许距离拉大，则经过触头的磁场减弱或完全消失，从而磁性触头打开，切断电路，发出警报。

铁门开关：又称过渡触头，一部分装在门框上，另一部分安在活动部分的相对位置。优先使用于滑动提升窗和门、回转窗及横向推拉门，以便当它们在关闭状态时把报警线与装在活动门扇上的破裂信号器作电气上的连接。

压力开关：一种反映荷重的报警信号器。用这种信号器可以以简单的方式看守屋门，防止有人非法踏入；也可把它铺在壁橱、保险柜和楼梯入口前。如果触头垫被踩踏，两金属薄片便相互接通，电路闭合，启动报警。由于其安全性能有限，应与其他装置联合使用。

卷闸开关：其触头安装在卷帘的滑轨内，监视卷闸是否关闭。此外，卷帘制造商提供一种探测杆，安装在卷帘匣内，记录卷帘移动的高度。

紧急脚踏开关：在工作人员受到袭击或威胁时操作的一种信号开关，由被袭击人员暗中用脚动作启动报警。

紧急手动开关：在工作人员受到袭击或威胁时暗中操作的一种信号报警器，由被袭击人员乘歹徒不注意时按动。为防平时误按，在按钮上贴上写有"报警"字样的标志。

定额编号 7-221～7-234 隐藏式开关、主动红外探测器、微波探测器、被动红外探测器、超声波探测器、声控探测器、激光探测器、玻璃破碎探测器、振动探测器、多技术复合探测器、微波墙式探测器，池漏电缆探测器、地音探测器、次声探测器

P94～P95

[应用释义] 隐藏式开关：主要用于监视偏僻的、不常使用的洞口，例如天窗、屋顶老虎窗及太平门等，其次用来监视通风井和吊顶上面的空间。在开关内，拉线把开关拉在中间位置，如果拉线再进一步拉紧、拉断或松开，其内装的磁性触头便分开，并发出警报。

声控探测器：一般安装在传声良好的平面上，优先用于铁柜和库房的监视；不适用于轻质材料墙和木质橇板，木质墙。当一强力冲击被监视的建筑构件时，构件便产生质量加速度，因而产生机械振荡，它以固体声的形式在材料中传播。声控探测器的压电陶瓷传感器拾取此振荡，并把它转换成电信号。所选的一定频率范围内的信号，经过放大、分析、然后启动警报。利用一种专门的遥测系统，可以在远离报警中心的地方随时控制声控探测器的效能。

振动探测器：用于不担心会发生误报警的地方，例如用于墙体、天花板、玻璃砖、双层玻璃（非绝缘玻璃）和卷帘（在接入报警设备时卷帘是闭锁的）后面的窗玻璃等。但对不稳定的结构、可自由接近的橱窗及易于靠近的单层玻璃等，它不合适。某开关元件是一个可摆动的接触弹簧片，在震动时由于它的质量加速会短时间断开电路，并启动警报。

多技术复合探测器：主要有红外—微波探测器等，它是将多种信号发射器放在一个机壳里，再加上一个"与门"电路构成。只有几种信号均有反应，探测器才会输出报警信号，提高了报警的准确性。

微波墙式探测器：微波探测器的一种，安装在墙面。塑料外壳，盖板是多孔铝板，探测有效范围 25m。

泄漏电缆探测器：利用电子敏感元件同电缆线路连接。当电缆发生泄漏时，流经探测器的电流、电压将发生变化，电子元件探知，将信号传输至报警器发出警报。

次声探测器：同样遵循多普勒效应。发射器发射出次声波在被监视区界限及被监视区内物体上被反射回来，由接收器重新接收，并将接收的频率同发射的频率比较，由于开始设定的频率已定，如果频率发生变化，探测器便发生警报。由于穿透力较强，容易发生误报。

主动红外探测器、微波探测器、被动红外探测器、超声波探测器、玻璃破碎探测器的解释见第六章安全防范设备安装第一节说明应用释义第一条释义。

定额编号 7-235～7-244 感应式探测器、振动式探测器、周围探测器、声控头、无线报警探测器、报警灯、警铃、警号、照明灯，视频报警灯 P96～P97

[应用释义] 无线报警探测器：探测器与报警器的信号传输是靠无线电波，而非通信线路。这样不会因传输线路故障而影响工作。主要介质也是红外线、微波、超次声波等。

周围探测器：其工作原理与室内探测器相似。露天用的仪器，其内部装有调节器，能对雨、雪和雷等气候的影响进行精确的补偿。为了保证探测器的功能，受监视地区应尽可能平坦。

感应式探测器：靠灵敏感应器，如温度感应器等，发现入侵者并发出警报。

声控头：一种对声音振动有敏感反应的感应器，当有异样声音作用于声控头时，它将根据预设的程序作出相应的动作，比如控制灯的开关、门的开关等。

报警灯：应在远处就能看见，且比一般照明灯醒目突出。灯的接线应接至报警中心。灯的颜色优先选用红色。闪烁灯是一种较新式的电一光信号发送器，它的光度较强，且没有活动的机械部件。

警铃：一种声信号发送器，报警时间 2～3min，声音应与日常电铃声不一样，以免混淆。

警号：有两个增强音的喇叭筒，发出很强的警报号声。

照明灯：在自然光缺少的情况下给人们提供了进行视觉工作的必需的环境，按工作原理、结构特点，分为两大类：

（1）热辐射光源。它利用物体通电加热而辐射发光的原理制成，如白炽灯、卤钨灯等。

（2）气体放电光源。它是利用气体放电时发光的原理制成，如荧光灯、荧光高压汞灯等。

视频报警灯：利用视频变化联动报警器发出报警信号，并以光的形式报警的报警灯。

2. 入侵报警控制器安装

工作内容：开箱检查、设备组装、检查基础、划线定位、安装调试。

定额编号 7-245～7-251 多线制防盗报警控制器、总线制防盗报警控制器 P98

[应用释义] 多线制防盗报警控制器：探测器与报警控制器的连接方式称为线制（也就是探测器底座的引线）。探测器配置的电子电路不同，出线方式也不同，一般有二线制、三线制、四线制等组成。

总线报警控制器：所谓总线制是指以防盗报警控制器为主机，采用单片微型计算机及其外围芯片构成多 CPU 的控制系统，以时间分割和频率分割相结合实现信号的总线控制传输。

定额编号 7-252～7-256 有线对讲、地址码板、联动通信接口 P99

有线对讲：指建筑物内各监控区内工作人员、保安人员等带的随时可通过插孔与报警控制中心进行直接对话的对讲机，其传输方式为有线传输。

地址码板：每个监控区内的信息反馈线路都是独立的，在报警控制器内占有一个部位，为了明显识别，将这些回路集中在一块板上，注上地址加以区分。

联动通信接口：把报警控制器与警察局的呼叫设备联动控制。当有人入侵时，报警控制器发出声、光报警信号的同时，把信息传输至警察局，使警察及早赶赴现场处理事件。此联通要符合有关规定。

3. 报警信号传输设备安装

工作内容：开箱检查、设备组装、划线定位、安装调试。

定额编号　7-257～7-263　专线传输发送器、电话线传输发送器、天线传输发送器、无线报警发送设备、无线报警接收机　P100～P101

[应用释义]　专线传输发送器：对某些重要设备单独设置的传输发送设备。

电话线传输发送设备：把声信号转换为电信号，再把电信号通过线路发送出去的设备。

天线传输发送器：视频信号或音频信号经放大器放大、校正器校正、滤波器调整后经天线以高频电磁波的形式发送出去。

无线报警发送设备：无线报警器由于和接收器相距不大，故传播都以电子脉冲的形式。发送设备把报警信号转化为一定频率的电子脉冲，接收器以同频率接收，把脉冲信号转换为电磁信号传给控制中心。

工作内容：开箱检查、设备组装、划线定位、安装调试。

定额编号　7-264～7-268　专用线接收机、电源线接收机、电话线接收机、共用天线信号、报警指挥中心　P102

[应用释义]　共用天线信号：电视信号以电磁波的形式进行传播，空间传播的电磁波在天线上产生感应电势。天线上的感应电势通过天线的馈线与天线的负载构成回路，在高频头的输入端就产生了高频电流。

报警指挥中心：报警指挥中心的核心设备是工业控制机、单片机或微型计算机，并配有专用控制键盘、CRT 显示设备、主监视器、录像机、打印机、电话机等设备，另外还可增配触摸屏、画面分割器、对讲系统、字符发生器、声光报警装置等。它将摄像机及云台和镜头的控制、报警信号处理统一到一个台式控制器下，或者与分控器如视频切换器等相连，采用互联通信，可形成较大的局域网络系统。

专用线接收机：某些重要设备设置专用线传输，不与别的传输线路共用，传输信号也用特定频率，信号的接收也要设置特殊频率的接收器，称之为专用线接收机。

电话线接收机：电话线把音信号转换成的电信号传向收听端。收听端的接收机把电信号还原为音信号。

电源线接收机：由外电路送来的电压、电流并不一定符合设备的工作需要，把要由此电源转换为设备需要的电源的设备，称之为电源线接收机。

二、出入口控制设备安装

1. 前端设备安装

工作内容：开箱检查、设备初验、安装设备、调整、系统调试。

定额编号　7-269～7-275　读卡机、对讲分机、密码键盘、可视门镜，电控锁、电磁吸力锁　P103～P104

[应用释义]　读卡机：原理是利用卡片在读卡机的移动，由读卡机阅读卡片上的密码，经解码后送到控制器进行判断。读卡机到控制器的联接，近距离一般用 RS-

232通信，远距离（1000m以上）用RS-485通信。目前，常用的卡片及读卡机有以下几种：

（1）磁码卡。它是把磁物质贴在塑料片上制成的，磁长可以改写，其缺点是易被消磁、磨损。

（2）铁码卡。这种卡片中间用特殊的细金属线排列编码，采用金属磁扰的原理制成，不易被复制。铁码卡可有效地防磁、防水、防尘、是目前安全性较高的一种卡。

（3）感应式卡。卡片采用电子回路及感应线圈，利用读卡机本身产生的特殊振荡频率，当卡片进入读卡机能量范围时产生共振，感应电流使电子回路发射信号到读卡机，经读卡机将接受的信号转换成卡片资料，送给控制器对比。感应式卡具有防水功能且不用换电池，不易被仿制，是非常理想的卡片。

（4）生物识辨系统。它包括指纹机、掌纹机、视网膜辨识机和声音辨识装置等，指纹和掌纹辨识用于安全性较高的出入口控制系统，视网膜辨识机和声音辨识装置在正常情况下安全性极高，但若视网膜充血或病变以及感冒等疾病会影响使用。

有的读卡机还要求输入相应的密码，以进一步确认，故还带有键盘，其安全性更高。

对讲分机：在监控点可与监控中心直接进行通话的对讲机，叫对讲分机。监控中心工作人员可根据情况选择决定接入哪部分机以了解现场情形。

密码键盘：用以输入密码的键盘。当有人用其输入密码，键盘将其以电信号形式送到控制器对比以确定是否正确，并做出相应的反应。

可视门镜：户门，还有在某种情况下的房屋门，根据居住者个人的安全需要应安装门镜，以便在开门之前看到来客。通过门镜从里面可以看见外面的情形，从外面看不见屋里。

电控锁：利用电路控制锁的开关称为电控锁，常见的有控制块锁、开关锁、数字组合锁、电子数码器等。

智力锁除了要钥匙之外，开锁时还需要知道所存储的秘密数字。

电子数码器由按键器（输入单元）、控制器（输入单元）和控制器（输出单元）组成。通过按键器输入正确密码方可开锁。

电磁吸力锁：这种锁的锁舌附带受一电磁铁控制。在闭锁情况下，只有当内部监视系统确认没问题时，该控制磁铁才能解开锁舌。

2. 控制设备安装

工作内容：开箱检查、设备初验、调整、系统调试。

定额编号　7-276～7-278　自动闭门器、可视对讲机、控制器　P105

［应用释义］　可视对讲主机：在监控中心的对讲主机与监控区每台分机相连接，并在每台分机前安一台微型摄像机与监控中心的监视器相连。当工作人员接通某监视区的对讲分机时，分机处的摄像机也同时启动，使工作人员可通过监视器观察分机处的情形、对讲人的面貌等。

自动闭门器：底层的探测设备、输入设备将信号传输到控制器中，控制器将信号与自己存储的信息相比较作出判断，然后确定是否开门。若信息不对，则门不开。

控制器：中心控制台的核心部件之一，可直接对摄像机、云台、报警信号器统一管理，一般以微处理器为主要器件，结构紧凑，功能完善。

三、安全检查设备安装

1. 安全检查设备安装

工作内容： 开箱检查、搬运、安装通道、设备组装、安装定位、检查调试、试运行。

定额编号 7-279～7-284 X 射线安全检查设备、X 射线安全检查设备数据管理系统 P106～P107

[应用释义] X 射线安全检查设备：利用 X 射线的穿透能力及不同物质对 X 射线的反射能力不同，用它来检查出入人员身上是否藏有违禁物。由发射器发出 X 射线，穿过人体后部分返回，由接收器接收，根据接收信息与存储信息作比较，判断是否有违禁物。有的是出入共用一个单通道，有的是进出分开检查。

X 射线安全检查设备数据管理系统：此系统与报警控制器相联动。检查设备传输来的数据与数据库中数据比较核对，一旦发现与其中违禁品数据相符合，启动报警装置，以声光信号通知工作人员采取相应措施。

2. 金属武器探测门安装

工作内容： 开箱检查、搬运、安装定位、调试、试运行。

定额编号 7-285 金属武器探测门 P108

[应用释义] 金属武器探测门：在重要场所的入口处设置安全检查设备，由发射器发出 X 光形成光栅横过入口，与之联动的是报警控制器。当进入人员经过门口，X 光透视全身，接线器接收，同时将信息转换为电信号传输至数据库相比较，一旦发现信息与金属武器产生的信息数据相同，即启动报警器报警。

四、电视监控设备安装

1. 摄像设备安装

工作内容： 开箱检查、设备组装、检查基础、安装设备、调试设备、试运行。

定额编号 7-286～7-292 摄像机 CCD、微光、X 光摄录一体机、门镜、红外光源 CCD P109

[应用释义] 摄像机：它的种类很多，按成像色彩可分为黑白摄像机、彩色摄像机；彩色摄像机按光电转换器件的种类可分为光电导式摄像机和电荷耦合器件（CCD）式摄像机；按彩色电视制式又分为 NTSC 制彩色摄像机、PAL 制彩色摄像机和 SECAN 制彩色摄像机；按用途又可分为监控用摄像机、专业摄像机、广播用摄像机和家庭用摄像机等。摄像机把反映画面的色彩和灰度等信号通过电缆传至显示器，显示器便可再现监视环境的画面，摄像机包括光学部分和图像的摄取。

CCD：电荷耦合摄像器件，用该器件组装的摄像机与管式摄像机相比较，具有体积小、重量轻、抗冲击、抗烧伤、寿命长、无滞后、低照度、功耗小、图形几何失真小、信号处理电路简单等优点。

X 光：放射性物质衰变把原子核中的中子释放出来形成的光线，穿透力极强。

门镜：门户，还有某种情况下的房屋门，由于居住者个人的安全需要应安装门镜，以便在开门之前看到来客。有各种不同的门镜，适应门板不同厚度的需要。

红外光源 CCD：红外摄像机用于黑暗环境中，但需要装设红外光源。按结构分为普通红外摄像机和红外 CCD 摄像机。

2. 监视器安装

(1) 黑白监视器

工作内容：开箱检查、设备初验、安装设备、找正、调整、试运行。

定额编号　7-293～7-298　黑白监视器　P110

[应用释义]　黑白监视器：显示画面为黑白灰色的监视器，与黑白摄像机配合使用。按对角线尺寸划分，一般在 $34\sim51$cm 之间。视频输入 $0.5\sim2.0V_{PP}$ 复合信号，25Ω，音频输入为高阻方式，黑白监视器的清晰度非常高，可达 850PVL。根据安放位置的不同，可以安在台面上和立柜上。安在台面上一般一人一台监视器，通过切换可观察不同监视区情况。安装在立柜上的一般有许多台，一个监视区一台，可同时观察多个监视区的情形。

(2) 彩色监视器

工作内容：开箱检查、设备初验、安装设备、找正、调整、试运行。

定额编号　7-299～7-304　彩色监视器　P111

[应用释义]　　彩色监视器：显示画面为彩色的监视器，较逼真。与彩色摄像机配合使用，对角线尺寸在 $34\sim51$cm 之间。视频输入 $0.5\sim2.0V_{PP}$ 复合信号，25Ω，音频输入为高阻输入，清晰度较黑白监视器差，只有 350PVL。工作温度为 $-5\sim50^{\circ}C$，功耗一般在 $30\sim25$W。供电电压 AL220V，50Hz。其安装方式也分台式和主柜式。台面上的可通过切换监视不同监视区，但一次只能监视一个区域。立柜上可安装多台，分别连接不同监视区。

3. 镜头安装

工作内容：开箱检查、设备组装、安装设备、调试设备、试运行。

定额编号　7-305～7-309　镜头、焦距光圈小孔镜头　P112

[应用释义]　　镜头：摄像机的光学部分，它由多个不同的透镜组成。可分为定焦和变焦镜头。视野决定是用定焦还是用变焦镜头，亮度的变化决定是否用自动光圈镜头。镜头的技术特性包括有效视场角、透光率和光谱特性、镜头的分辨率，成像亮度的均匀性、成像的几何畸变。

焦距：镜头的焦距和摄像机靶面的大小决定了视角。焦距越小，视距越大，焦距越大，视距越小。改变焦距，可改变透镜的放大倍数，在物距和靶面尺寸一定的情况下，焦距越长，则透镜的放大倍数越大，意味着场景内容越小，即视角越小，反之焦距越短，放大倍数越小，意味着场景内容越多，视角越大。

光圈：一个孔径可调的透光孔，用于调节进光量。在拍摄过程中，光圈大了容易使画面过亮而失去层次；光圈小了使画面过暗而同样失去层次感。后固定组和其他透镜组配合，使成像位置固定在 D 点（该点可放置 CCD 器件或分光镜），调节焦距组使焦点 B、C 重合，这时 D 点的图像最清晰。而变焦组和补偿组是联动的，即当改变焦距时，变焦组与补偿组同时移动，变焦组的移动改变了 B 点的位置，补偿组的移动使补偿组与固定组的合成焦点又正好跟踪了 B 点的移动，从而使焦距无论怎样变化，总能使 D 点保持清晰。光圈的调节有手动、自动和电动之分。

小孔镜头：镜头的镜片是用小孔镜片组合而成。小孔镜片折射光的能力很强，有利于在光线较暗时获得较清晰的图像。

4. 机械设备安装

工作内容：开箱检查、设备初验、基础清理、打孔安装、找正调整、接线、试运行。

定额编号 7-310～7-325 云台、防护罩支架、控制台，监视器柜、监视器吊架 P113～P115

[应用释义] 云台：云台与摄像机配合使用可以扩大监视范围，提高摄像机的使用价值。云台的种类很多，从使用环境上讲有室内云台、室外云台、耐高温云台和水下云台等，以其回转特点看又可分为水平回转云台和水平与垂直双回转云台。

防护罩：用于保护摄像机，分为室内防护罩和室外防护罩。对于具有空调除尘的环境，如计算机房等，摄像机可不用防护罩。在室外用的摄像机防护罩要防雨淋、防腐蚀性气体，特殊场合还需要防爆。

支架：由于监视系统的摄像机要固定于监视区域，所以要有支架把它固定。支架分壁式和悬挂式两种。壁式支架直接固定于墙面，可对出入口，整个房间监视。悬挂式则挂于吊顶处，可全方位旋转，视角较大。

控制台：中心控制台安装在监控室内，通常与防盗报警系统合用。控制台内设主监视器一台，用于显示任何一部摄像机摄取的画面，中心控制台内主要设备的配置根据实际需要和要求，选择相应的设备。如需要记录被监视目标图像和图表数据时，可配置磁带录像机和时间、编号等字符显示装置；如需要监听声音时，可配置声音传输、录音和监听的设施。系统对各设备的控制通过操作键盘来完成，中心控制台通过总线与各视频切换控制器相连。

监视器柜：用来放监视器的立柜，一般有许多柜格，每个柜格放一台监视器，对应一个监视区，可对整个建筑实现全面监视。

监视器吊架：放置监视器的支架，用钢筋焊接而成，把监视器固定其中。

5. 视频控制设备安装

工作内容：开箱检查、设备初验、检查基础、安装设备、找正调整、调试设备、试运行。

定额编号 7-326～7-333 云台控制器、键盘控制器、视频切换器、全电脑切换设备 P116～P117

[应用释义] 云台控制器：也是一种用于监视系统的设备。用它可以遥控电动云台，遥控摄像机的三可调镜头，还可以控制摄像机外罩的雨刷等，也是闭路设备常用的设备之一。云台控制器一般有三路输出，一路用于云台控制，一路用于三个可调镜头的控制，还有一路用于普通室外摄像机防护罩的控制。

视频切换器：作用是将多路不同的视频信号切换到一路信号上。监视现场往往要监视的范围很大，一台摄像机很难胜任，因此采用多台摄像机进行监视。如果采用一对一的形式，即一台监视器对应一台摄像机，一方面造成浪费，另一方面容易使监视的工作人员的眼睛产生疲劳，解决的办法是利用视频信号切换器将多个不同的视频信号源的信号轮流切换到一台或几台监视器上。带有音频切换功能的视频切换器，可以同时切换视频和音频信号，利用这种切换器可以对现场不同的地方进行同时监视和监听。

键盘控制器：用来对监视设备手动控制的装置，有多个按键综合而成。

全电脑视频切换设备：也称同步型视频切换器。它要求系统中凡是与它相连接的摄像机要步调一致。切换期间图像变化自然，清除了翻滚或抖动现象。

6. 音频、视频及脉冲分配器安装

工作内容：开箱检查、设备初验、检查基础、安装设备、调试设备、试运行。

定额编号　7-334～7-337　音频、视频分配器　P118

〔应用释义〕　分配器：将一路高频信号的能量平均地分给二路或二路以上的输出装置，称为分配器。它主要用于前端经混合后的总信号的分配、干线分支或用户分配。通常有二分配、三分配、四分配和六分配。其主要作用有以下三个：

（1）分配作用。它将输入信号平均地分配给各路输出线，且插入损耗不超过规定范围，这就是分配器完成的主要任务，即分配作用。

（2）隔离作用。指分配输出端之间应有一定的隔度，相互不影响。例如，任意一路输出线上的电视接收机，其本机振荡辐射波或故障产生的高频自激振荡，对其他输出线上的接收机不产生影响。

（3）匹配作用。输入信号传输线阻抗为 25Ω，经分配器分配后，各输出线的阻抗也应为 25Ω。因此，分配器还应起到阻抗匹配作用，使输入阻抗与输入线路匹配，各输出端的输出阻抗与输出线路阻抗匹配。

7. 视频补偿器安装

工作内容：开箱检查、设备初验、检查基础、安装设备、调试设备、试运行。

定额编号　7-338～7-341　视频补偿器　P119

〔应用释义〕　视频补偿器：视频电视信号在射频同轴电缆中传输的损耗与频率的平方成正比，补偿器就是用来补偿射频同轴电缆衰减倾斜特性的。补偿器是电缆电视系统中使用的一种无源器件，由电感、电容和电阻元件组成，其幅频特性通常有两种：一种是斜线式、恰恰与电缆的衰减特性相反；另一种是梯样式，即高频端衰减小，低频端衰减较大。

8. 视频传输设备及汉字发生设备安装

工作内容：开箱检查、设备初验、检查基础、安装设备、调试设备、试运行。

定额编号　7-342～7-351　汉字字符发生器、光端发送机、光端接收机、时间信号发送器、多路遥控发射器、天线伺服系统、前端控制解码器、电视信号补偿器、勤务电话、接收设备　P120～P121

〔应用释义〕　光端发送机：在光端发送机中，输入混合的电视视频信号经预失真电路的非线性处理后，由调制电路对光源进行调制，将电信号变成光信号，并经光纤活动连接器输出到光缆线路中去，功率控制电路、温度控制电路、保护电路及工作点控制电路保护和控制光源稳定工作，从而输出恒定的光功率。

光端接收机：在光端接收机中，光信号首先经光缆进口进入光电检波器，由光电检波器将光信号变成电信号，电信号再经低噪声放大、补偿校正、主放大及输出匹配电路输出。其中补偿校正电路用于校正半导体激光器及光电检波器引起的非线性失真。

天线伺服系统：即天线的附属设备。对天线接收的信号作进一步处理，为能在电视上显示做准备。

接收设备：电视系统的终端设备之一，任务是把接收到的高频电视信号还原为视频图像信号和低频伴音信号，并在显示器件上重现光像与通过扬声器重放伴音。

前端解码器：解码器的解码原理取决于彩色电视制式。它把高频信号通过解码还原成三基色图像信号。

电视信号补偿器：电视信号在传送过程中会不断衰减，变得不稳定。补偿器通过对信号中部分弱波进行放大、补偿，使之达到正常信号水平，保证信号的稳定。

勤务电话：两工作台间的工作人员互相联系，对问题互相通告的电话。

汉字发生设备：通过输入代码，经编译器编译，在显示设备上显示出汉字的设备。一般用键盘输入，通过微处理器编译。

时间信号发生器：此设备带有一个精确时钟，且与发送器连接，可把时间直接转换为视频信号传输出去。

9. 录像、录音设备安装

工作内容：开箱检查、设备初验、检查基础、安装设备、调试设备、试运行。

定额编号　7-352～7-359　录像设备、录音机、扩音机、多画面分割器　P112～P123

［应用释义］　录像机：主要有磁头系统、视频信号录放系统、音频信号录放系统、伺服系统、磁带传送系统、机械控制系统及电源系统等几大部分。录像机分为广播用录像机、业务用录像机、普及型录像机等几类。录像机的记录过程就是磁性物质被磁化的过程。这个过程是通过磁头来实现的。磁头有以下几种：

（1）视频磁头鼓组件。主要用作视频信号的记录与重放，视频磁头应与磁带同向运动。磁头的工作面应稍稍突出于磁鼓的圆筒表面。

（2）声音录放/控制信号录放磁头。主要用作声音与控制信号的记录与拾取，录像机中的声音录放磁头与录音机中的声音录放磁头基本相同。声音的记录与重放共用一只磁头。

（3）总消磁头。此磁头位于视频磁头入带处前方。录像机进行记录时，首先用它消除原来记录在磁带上的全部磁迹信号，然后再录上新的磁迹。通常，总消磁头的宽度稍大于视频磁带的宽度。

（4）消音磁头。功能是清除录像带上原有的声音磁迹，它只有在伴音编辑时才启用。

（5）自动跟踪磁头。它利用压电晶体的压电效应，使固定在可弯曲磁头支架上的重放磁头产生位移，准确地跟踪视频磁迹，提高重放画面的质量。

录音机：用机械、光学或电磁等方法把声音记录下来的机器。

扩音机：用来扩大音量的装置，用于有线广播。

多画面分割器：多画面分割器能将多路视频信号合成一幅图像，即在一台监视器上可显示出多路摄像机信号。目前常用的是 4 画面分割器，此外还有 9 画面和 16 画面分割器。使用画面分割器的一个好处，即用一台录像机可同时录制多路视频信号。

10. 电源安装

工作内容：开箱检查、设备初验、检查基础、安装设备、接线调整、试运行。

定额编号　7-360～7-367　交流变压器、摄像机直流电源、交流稳压电源、不间断电源　P124～P125

［应用释义］　交流变压器：将某一数值的交流电压转换成频率相同的另一种或几种不同数值交流电压的电器设备。通常可分为电力变压器和特种变压器两大类。特种变压器是指除电力系统应用的变压器外，其他各种变压器统称为特种变压器。因此它的品种繁

多，常用的有可调节的自耦变压器；测量用的电压互感器、电流互感器；焊接用的电焊变压器等。电力变压器是电力系统中的关键设备之一，有单相和三相之分，容量从几千伏安到数十万伏安。按其作用可分为升压变压器、降压变压器和配电变压器。

摄像机直流电源：摄像机供电电压为直流 24 伏。若与照明线路连接，用带有的变压器转换为直流 24 伏。

交流稳压电源：电子测量仪、自动控制，计算装置等都要求有很稳定的电源供电，但由于交流电源电压的波动，电压不稳会引起控制装置的工作不稳定，甚至无法工作。为此必须在整流滤波之后加入稳压环节。其基本工作原理是：将输入的电压变化取出，与基准电压进行比较，将比较结果的差值电压放大，再用此放大后的差值电压来改变调整管的工作情况，调节输出电压使之基本不变。

配电柜：分配电量的设备，安装发电站、变电站以及用电量较大的电用户中，上面装着各种控制开关、监视仪表及保护装置。

不间断电源：不间断电源装置是一种在交流输入电源因电力中断或电压、频率波形等不符合要求而中断供电时，保证向负荷连续供电的装置。

11. 插头插座焊接安装

工作内容：核对线缆、焊接、检查、整理。

定额编号　7-368～7-377　插头、插座、射频电缆双绞明线光纤　P126～P128

[应用释义]　　插头：装在导线一端的接头，插到插座上，电路就能接通，也叫插销。

插座：接通电路的电器元件，通常接到电源上，跟电器的插头连接时电路就通。

射频电缆：又称同轴射频电缆，是用介质使内、外导体绝缘且保持轴心重合的电缆，一般由内导体、绝缘体、外导体、护套四部分组成。

内导体通常是一根实心导体，也可用空心铜管或双金属线，一般对不须供电的用户网，采用铜包钢线，而对于需要供电的分配网或主干线，则采用铜包铝线，这样既能保证电缆的传输性能，又可满足机械性能要求。

绝缘体的种类主要有聚乙烯、聚氯乙烯等，常用的是介质损耗小、工艺性能好的聚乙烯。绝缘的形式可分为实心绝缘、半空气绝缘、空气绝缘三种。由于半空气绝缘的形式在电气、机械性能方面均占优势，因而得到普遍应用。

外导体有两重作用，它既作为传输回路的一根导体，又具有屏蔽作用，通常有三种结构。金属管状采用铜和铝带纵向包焊接，或者用无缝铝管挤包拉延而成，这种形式的屏蔽性最好，但柔软性较差，常用于干线电缆。铝箔纵包搭接有较好的屏蔽作用，制造成本低，但由于外导体是带纵缝的圆管，电磁波会从缝隙泄漏，一般较少采用。铜网和铝箔纵包组合，这种结构的柔软性好，重量轻，接头可靠，其屏蔽作用主要由铝箔完成，由镀锡铜网导电，这种结构在电缆中大量采用。

考虑到电缆的抗老化，外皮（护套）用聚氯乙烯材料制成。

双绞明线：用钢和铝或钢和铜绞起制成的线，一般作支干线用。

光纤：一种带涂层的透明细丝，直径从几十到几百微米，在光纤外围有缓冲层、外敷层起保护作用。

梯度多模光纤的芯线直径为 40～100mm，光束在芯线与折射层的分界面上以反复全反射的方式传输，由于直径较大，光的入射角不同，存在多种光的传播途径。芯线的折射率在径向以平方律分布，中间的折射率大于边缘，因而中间的光束传播速度较慢。由于中间光速的路径较短，所以使不同光路的光束以差不多相同的速度传输，减少了色散，展宽了传输频带。梯度多模光纤的传输频带每公里可达几百至几千兆赫。

单模光纤的芯线特别细，数字孔径很小，只能通过沿轴向的光束。它比多模光纤的传输速度快，大大加宽了传输频带，每公里带宽可达 10GHz。

12. 防护系统设备安装

工作内容：开箱检查、设备初验、检查基础、安装设备、系统调整、试运行。

定额编号 7-378～7-382 排风扇、高温系统半导体制冷系统，风冷系统，水冷系统 P129

[应用释义] 排风扇：作用是利用风扇使空气流通，将仪器附近的高温空气吹走，顺便带走设备工作中散发的热量，保持正常温度。

高温系统：有些装置在工作过程中释放出大量热量，使设备本身和周围的空气温度很高。为了防止设备因温度过高而影响使用寿命，专门有一套高温系统来为其降温。系统多以水作为吸热介质。

风冷系统：利用排气扇，吹风机等设备将工作装置辐射出的热量吹走，降低工作环境的温度称为风冷系统。

水冷系统：用水作为吸热介质，将设备工作过程中产生的热量带走，降低设备工作温度的系统称为水冷系统。

五、终端显示设备安装

1. 显示装置安装

工作内容：开箱检查、设备初验、定位安装、调试、试运行

定额编号 7-383～7-384 CRT 显示终端 P130

[应用释义] CRT 显示终端：在中心控制台，用来显示各监视区情形的多台显示器设备，每台对应一个监视区，使工作人员对整个建筑物内部一目了然。

2. 模拟盘安装

工作内容：开箱检查、设备初验、定位安装、调试、试运行。

定额编号 7-385～7-386 监控模拟盘 P131

[应用释义] 监控模拟盘：监控系统把整个建筑划分为多个区域，每个区域对应一个地址。利用电脑技术把这些区域绘成图，每个图块对应一个区域，并把报警控制系统和监控系统与图块上的信号灯联接。一旦区域报警，则模拟盘上对应的图块信号灯亮，同时主监视器自动切换到该区域，使值班人员能迅速了解情况。

六、安全防范系统安装

1. 入侵报警系统调试

工作内容：工作准备、指标测试、功能测试、联调测试、系统试验运行、验交。

定额编号 7-387～7-391 入侵报警系统 P132

[应用释义] 误码率测试仪：对信号转换设备在工作过程中出现错误频率统计测试的装置。

2. 电视监控系统调试

工作内容：工作准备、指标测试、功能测试、联调测试、系统试验运行、验交。

定额编号　7-392～7-396　电视监控系统　P133

[应用释义]　　示波器：主要是广泛用来观测信号的波形。进行交扰调制及交流声调制的测量，可与扫描仪、检波器等附件组合起来直接观测频率特性。

电视测试信号发生器：该发生器可发出点频信号和调频、调幅信号，要求频率稳定、频谱纯净、幅度大小可调。

第七章 2000 年定额交底资料

第一节 定 额 说 明

一、定额的编制依据及参考资料

根据建设部（96）建标经字第 32 号"关于请部分省（区、市）部门承担《全国统一安装工程预算定额》修订工作任务的通知"文件精神，第七册"消防及安全防范设备安装工程"，由北京市和公安部为主编单位，上海市、广东省、原电子部为参编单位。编制依据及参考资料有：

1.《火灾自动报警系统设计规定》GB50116

2.《火灾自动报警系统施工及验收规范》GB50166

3.《自动喷水灭火系统设计规范》GBJ84

4.《自动喷水灭火系统施工及验收规范》GB50261

5.《全国通用给排水标准图集》86S164、87S163、88S162、89S175

6.《卤代烷 1211 灭火系统设计规范》GBJ110

7.《卤代烷 1301 灭火系统设计规范》GB50163

8.《二氧化碳灭火系统设计规范》GB50193

9.《气体灭火系统施工及验收规范》GB5026

10.《低倍数泡沫灭火系统设计规范》GB50151

11.《高倍数、中倍数泡沫灭火系统设计规范》GB50196

12.《泡沫灭火系统施工及验收规范》GB50281

13.《入侵报警工程技术规范》

14.《保安电视监控工程技术规范》

15.《全国统一施工机械台班费用定额》

16.《全国统一安装工程施工仪器仪表台班费用定额》GFD—201

17.《全国统一安装工程基础定额》

18.《全国统一建筑安装劳动定额》

19.《全国统一安装预算定额》

20.《工业电视系统设计规范》GBJ115

21.《民用闭路监视电视系统工程技术规范》GB50198

22.《安全防范工程程序与要求》GA/775

23.《文物系统博物馆安全防范工程设计规范》GB/T16571

24.《银行营业场所安全防范工程设计规范》GB/T16676

25.《电子工程建设预算定额》。

二、定额的项目设置情况

本册定额共设 6 章 33 节 396 个子目。

第一章 "火灾自动报警系统安装"包括探测器、按钮、模块（接口）、报警控制器、联动控制器、报警联动一体机、重复显示器、警报装置、远程控制器、火灾事故广播、消防通信、报警备用电源安装等共 9 节 66 个子目。

第二章 "水灭火系统安装"包括自动喷水灭火系统的管道、各种组件、消火栓、气压水罐的安装及管道支吊架的制作安装等共 7 节 71 个子目。

第三章 "气体灭火系统安装"包括二氧化碳灭火系统、卤代烷 1211 灭火系统和卤代烷 1301 灭火系统中的管道、管件、系统组件安装等共 4 节 41 个子目。

第四章 "泡沫灭火系统安装"包括高、中、低倍数固定式或半固定式泡沫灭火系统的发生器及泡沫比例混合器安装等共 2 节 16 个子目。

第五章 "消防系统调试"包括自动报警系统装置调试，水灭火系统控制装置调试，火灾事故广播、消防通信、消防电梯系统装置调试，电动防火门、防火卷帘门、正压送风阀、排烟阀、防火阀控制系统装置调试，气体灭火系统装置调试等共 5 节 19 个子目。

第六章 "安全防范设备安装"包括入侵探测设备、出入口控制设备、安全检查设备、电视监控设备、终端显示设备安装及安全防范系统调试等共 6 节 138 个子目。

三、定额的适用范围

本定额适用于工业与民用建筑中的新建、扩建和整体更新改造工程。

四、定额消耗量的确定

1. 人工工日消耗量：本定额的人工工日不分列工种和技术等级，一律以综合工日表示。内容包括基本用工、超运距用工和人工幅度差 10%。

基本用工的取定是根据现场的施工工序、施工方法等，依据基础定额，不足部分参照劳动定额相应子目确定的。

综合工日的计算公式：

综合工日＝∑（基本用工＋超运距用工）×（1＋人工幅度差）

2. 材料消耗量：本定额中的材料消耗量包括直接消耗在安装工作内容中的主要材料、辅助材料和零星材料等，并计入了相应损耗，其内容和范围包括：从工地仓库、现场集中堆放地点或现场加工地点到操作或安装地点的运输损耗、施工操作损耗和施工现场堆放损耗等。

用量很少，对基价影响很小的零星材料合并为其他材料费，计入材料费中。

3. 施工机械台班消耗量：本定额的机械台班消耗量是按照合理的机械配置和大多数施工企业的机械化装备程度综合取定的。

4. 施工仪器仪表台班消耗量：本定额的施工仪器仪表消耗量是按照大多数施工企业的现场校验仪器仪表配备情况综合取定的。

五、工程量计算规则

详见《全国统一安装工程预算工程量计算规则》。

六、定额水平情况

因本册定额为新编，故未进行定额水平测算。

七、其他需要说明的问题

1. 本定额的操作高度是按 5m 编制的，若操作高度超过 5m 时，按其超过部分的定额人工费乘以下列系数见表 2-14。

超高人工费系数   表 2-14

标高（米以内）	8	12	16	20
超高系数	1.10	1.15	1.20	1.25

2. 执行中应注意的问题：

（1）火灾自动报警系统安装：

1）CRT 彩色显示装置安装执行本册第六章相应定额子目。

2）设备支架、底座、基础的制作与安装、构件加工、制作均执行第二册"电气设备安装工程"相应定额。

（2）水灭火系统安装：

1）管道安装定额只适用于自动喷水灭火系统，管道的设计压力为 1.17MPa。若管道公称直径大于 100mm 采用焊接时，其管道和管件安装等应执行第六册"工业管道工程"相应定额。

2）管道支吊架制作、安装定额只适用于自动喷水灭火系统和气体灭火系统。

3）报警装置是按上海消防器材总厂生产的成套产品编制的。若采用其他厂家不成套的产品，其安装仍执行本定额。定额中包括的安装内容不允许调整，但其产品的价格可按定额内容来计算。

4）水喷雾灭火系统常用于保护可燃液体、气体贮罐及油浸电力变压器等，其管道安装等可执行第六册"工业管道工程"相应定额。

（3）气体灭火系统安装：

1）定额中的二氧化碳灭火系统属高压二氧化碳系统。本定额不适用低压二氧化碳灭火系统，其管道安装等应执行第六册"工业管道工程"相应定额。

2）由于灭火剂的不断开发，已出现了很多新品种，但因没有统一的国家标准和规范，所以本定额无法编入。发生时，可根据系统的设置和工作压力参照执行本定额。

（4）泡沫灭火系统安装：

1）本定额不适用于油罐上安装的泡沫发生器及化学泡沫等。发生时应执行第五册"静置设备与工艺金属结构制作安装工程"相应定额。

2）定额中的子目一律要按型号套用。

（5）消防系统调试：

消防系统调试定额是按施工单位、建设单位、检测单位与消防局共 4 次调试、检验及验收合格为标准编制的。

（6）安全防范设备安装：

电缆敷设、桥架安装、电气专业的配管配线、接线盒、动力、应急照明控制设备、应急照明器具、电动机检查接线、防雷接地装置等安装，均执行第二册"电气设备安装工程"相应定额。

3. 专业名词术语：

火灾自动报警系统：是人们为了及早发现和通报火灾，并及时采取有效措施控制和扑灭火灾而设置在建筑物中或其他场所的一种自动消防设施。由触发器件、火灾报警装置，以及具有其他辅助功能的装置组织。

多线制：系统间信号按各自回路进行传输的布线制式。

总线制：系统间信号采用无极性二根线进行传输的布线制式。

单输出：可输出单个信号。

多输出：具有二次以上不同输出信号。

××××点：指报警控制器所带报警器件或模块的数量，亦指联动控制器所带联动设备的控制状态或控制模块的数量。

×路：信号回路数。

点型感烟探测器：对警戒范围中某一点周围的烟密度升高响应的火灾探测器。根据其工作原理不同，可分为离子感烟探测器和光电感烟探测器。

点型感温探测器：对警戒范围中某一点周围的温度升高响应的探测器。根据其工作原理不同，可分为定温探测器和差温探测器。

红外光束探测器：将火灾的烟雾特征物理量对光束的影响转换成输出电信号的变化并立即发出报警信号的器件。由光束发生器和接收器两个独立部分组成。

火焰探测器：将火灾的辐射光特征物理量转换成电信号，并立即发出报警信号的器件。常用的有红外探测器和紫外探测器。

可燃气体探测器：对监视范围内泄漏的可燃气体达到一定浓度时发出报警信号器件。常用的有催化型可燃气体探测器和半导体可燃气体探测器。

线型探测器：温度达到预定值时，利用两根载流导线间的热敏绝缘物溶化使两根导线接触而动作的火灾探测器。

按钮：用手动方式发出火灾报警信号且可确认火灾的发生以及启动灭火装置的器件。

控制模块（接口）：在总线制消防联动系统中用于现场消防设备与联动控制器间传递动作信号和动作命令的器件。

报警接口：在总线制消防联动系统中配接于探测器与报警控制器间，向报警控制器传递火警信号的器件。

报警控制器：能为火灾探测器供电、接收、显示和传递火灾报警信号的报警装置。

联动控制器：能接收由报警控制器传递来的报警信号，并对自动消防等装置发出控制信号的装置。

报警联动一体机：即能为火灾探测器供电、接收、显示和传递火灾报警信号，又能对自动消防等装置发出控制信号的装置。

重复显示器：在多区域多楼层报警控制系统中，用于某区域某楼层接收探测器发出的火灾报警信号，显示报警探测器位置，发出声光警报信号的控制器。

声光报警装置：亦称为火警声光报警器或火警声光讯响器，是一种以音响方式和闪光方式发出火灾报警信号的装置。

警铃：以音响方式发出火灾警报信号的装置。

远程控制器：可接收传送控制器发出的信号，对消防执行设备实行远距离控制的装置。

功放：用于消防广播系统中的广播放大器。

消防广播控制柜：在火灾报警系统中集播放音源、功率放大器、输入混合分配器等于一体，可实现对现场扬声器控制，发出火灾报警语音信号的装置。

广播分配器：消防广播系统中对现场扬声器实现分区域控制的装置。

电话交换机：可利用送、受话器、通信分机进行对讲、呼叫的装置。

通信分机：安置于现场的消防专用电话分机。

通信插孔：安置于现场的消防专用电话分机插孔。

消防报警备用电源：能提供给消防报警设备用直流电源的供电装置。

消防系统调试：指一个单位工程的消防工程全系统安装完毕且连通，为检验其达到消防验收规范标准所进行的全系统的检测、调试和试验。其主要内容是：检查系统的各线路设备安装是否符合要求，对系统各单元的设备进行单独通电检验。进行线路接口试验，并对设备进行功能确认。断开消防系统，进行加烟、加温、加光及标准校验气体进行模拟试验。按照设计要求进行报警与联动试验，整体试验及自动灭火试验。做好调试记录。

自动报警控制装置：火灾报警系统中用以接收、显示和传递火灾报警信号，由火灾探测器、手动报警按钮、报警控制器、自动报警线路等组成的报警控制系统的器件、设备

灭火系统控制装置：能对自动消防设备发出控制信号，由联动控制器、报警阀、喷头、消防灭火水和气体管网等组成的灭火系统的联动器件、设备。

消防电梯装置：消防专用电梯。

电动防火门：在一定时间内，连同框架能满足耐火稳定性和耐火完整性要求的门。

防火卷帘门：在一定时间内，连同框架能满足耐火稳定性、完整性和隔热性要求的卷帘。

安全防范：以维护社会公共安全和预防灾害事故为目的，防入侵、防被盗、防破坏、防火、防爆和安全检查等措施。为了达到防入侵、防盗、防破坏等目的采用了以电子技术、传感器技术和计算机技术为基础的安全防范技术。

入侵报警：用来探测入侵者的移动或其他行动的报警。用物理方法和电子技术，自动探测发生在布防监测区域内的侵入行为产生报警信号，并辅助提示值班人员发生报警的区域部位，显示可能采取的对策。

入侵探测器：用来探测入侵行为的器材。用来探测入侵者移动或其他动作的电子或机械部件组织的装置。

入侵报警控制器：能直接或间接接收来自入侵探测器发生的报警信号，发出声光报警，并能提示入侵发生的部位。

多线制：报警信号——对应直接输入到控制器中。

总线制：利用编码模块串行联接。

报警信号传输：把探测器中的探测信号送到控制器的手段。

出入口控制：也叫门禁控制，其功能是有效地管理门的开启和关闭，保证授权出入门人员的自由出入，限制未授权人员的进入，对暴力强行进入门的行为予以报警。

读卡器：用来接受输入信息的设备。

电控锁：需要有电源才能动作的锁。

安全检查：为了保证人员和财产安全，在机场、车站、港口和其他一些重要部门对出入人员进行检查，以发现随身携带或行李包裹中的危险物品（诸如金属武器或爆炸物品等）。

电视监控：通过摄像机及其辅助设备（镜头、云台等）将现场图像信号传输到监视器

上，直接观看被监视场所的一切情况，这样的系统称电视监控系统。

门磁开关：安装于门上的由开关盒和磁铁盒构成的装置。当磁铁盒相对于开关盒移开至一定距离时，能引起开关状态的变化，控制有关电路而发出报警信号。

紧急脚踏开关：通过脚踏方式控制通、断状态的变化，从而控制有关电路以发出紧急报警信号的装置。

紧急手动开关：通过手动方式控制通、断状态的变化，从而控制有关电路以发出紧急报警信号的装置。

主动红外探测器：发射机和接收机之间的红外辐射光束，完全或大于给定的百分比部分被遮断时能产生报警状态的探测装置。一般应由单独的发射机和接收机组成，收、发机分置安装。

微波探测器：应用多普勒原理，辐射频率大于 1GHz 的电磁波，覆盖一定范围，并能探测到在该范围内移动的人体而产生报警信号的装置。

被动红外探测器：当人体在探测范围内移动，引起接收到的红外辐射电平变化而能产生报警状态的探测装置。

超声波探测器：应用多普勒原理，对移动的人体反射的超声波产生响应引起报警的装置。

玻璃破碎探测器：专指一种探测器，其传感器被安装在玻璃表面上，它能对玻璃破碎时通过玻璃传送的冲击波做出响应（注：对于使用压电传感器的被动式玻璃破碎探测器，其传感器通过一种黏合剂黏接在玻璃表面上）。

振动探测器：在探测范围内能对入侵者引起的机械振动（冲击）产生报警信号的装置。

多技术复合探测器：将两种或两种以上单元组合于一体，且当各单元都感应到人体的移动，同时都处于报警状态时才发出报警信号的装置。

无线报警探测器：通过无线方式传送报警信号的探测器。

自动闭门器：根据出入口控制系统主机的指令，对入口门进行自动启闭的执行装置。

可视对讲主机：可视对讲系统中安装在入口处具有选通、摄像及对讲功能的装置。

可视对讲分机：可视对讲系统中具有图像监视、通话对讲等功能的装置。

X 射线安全检查设备：通过检测穿过被检物品的 X 射线的强度分布或能谱分布，对被检物作出安全判定的设备。

金属武器探测器：结构上做成人可通过的门状、在门中建立电磁场，当人体携带金属物品通过该门时，能产生报警的装置。

第二节 各章节说明

一、火灾自动报警系统

1. 本章包括探测器、按钮、模块（接口）、报警控制器、联动控制器、报警联动一体机、重复显示器、警报装置、远程控制器、火灾事故广播、消防通信、报警备用电源安装等共 9 节 66 个子目。

2. 本章包括以下工作内容：

（1）施工技术准备、施工机械的准备、标准仪器的准备、施工安全防护措施、安装位置的清理。

（2）设备和箱、机及元件的搬运、开箱、检查、清点杂物回收、安装就位、接地、密封，箱、机内的校、接线、挂锡、编码、测试、清洗、记录整理等。

3. 本章定额中均包括了校、接线和本体调试。

4. 本章定额中箱、机是以成套装置编制的；柜式及琴台式安装均执行落地式安装相应子目。

5. 本章不包括以下工作内容：

（1）设备支架、底座、基础制作安装。

（2）构件加工、制作。

（3）电机检查、接线及调试。

（4）事故照明及疏散指示控制装置安装。

（5）CRT 彩色显示装置安装。

6. 工程量计算规则：

（1）探测器：

1）点型探测器。点型探测器按线制的不同分为多线制与总线制两种，计算时不分规格、型号、不分安装方式与位置，以"只"为计量单位。

探测器安装包括了探头和底座的安装及本体调试。

2）红外线探测器。红外线探测器以"只"为计量单位。红外线探测器是成对使用的，在计算时一对为两只。定额中包括了探头支架安装和探测器的调试、对中。

3）火焰探测器、可燃气体探测器。火焰探测器、可燃气体探测器按线制的不同分为多线制与总线制两种，计算时不分规格、型号、不分安装方式与位置，以"只"为计量单位。

探测器安装包括了探头和底座的安装及本体调试。

4）线形探测器。线形探测器其安装方式为环绕、正弦及直线综合考虑，不分线制及其保护形式，均以"米"为计量单位。

定额中未包括探测器连接的一只模块和终端，其安装另执行相应子目。

（2）按钮：

按钮系指消火栓按钮、手动报警按钮、气体灭火启/停按钮。其安装方式按照在轻质墙体和硬质墙体上两种方式综合考虑，使用时不得因安装方式不同而调整。均以"只"为计量单位。

（3）模块（接口）：

1）控制模块（接口）。指仅能起控制作用的模块（接口），亦称为中继器。依据其给出控制信号的数量，分为单输出和多输出两种形式。使用时不分安装方式，按照输出数量以"只"为计量单位。

2）报警模块（接口）。只能起监视、报警作用而不起控制作用的模块（接口）称为报警模块（接口）。使用时不分安装方式，均以"只"为计量单位。

（4）报警控制器：

报警控制器按线制的不同分为多线制与总线制两种，其中不同线制之中按其安装方式不同分为壁挂式和落地式。在不同线制、不同安装方式中按照"点"数的不同，分为不同的子目，以"台"为计量单位。

多线制"点"的意义：指报警控制器所带报警器件（探测器、报警按钮等）的数量。

总线制"点"的意义：指报警控制器所带具有地址编码的报警器件（探测器、报警按钮、模块等）的数量。但是，如果一个模块带数个探测器，则只能计为一点。

（5）联动控制器：

联动控制器按线制的不同分为多线制与总线制两种，其中不同线制之中按其安装方式不同分为壁挂式和落地式。在不同线制、不同安装方式中按照"点"数的不同，分为不同的子目，以"台"为计量单位。

多线制"点"的意义：指联动控制器所带联动设备的状态控制和状态显示的数量。

总线制"点"的意义：指联动控制器所带具有控制模块（接口）的数量。

（6）报警联动一体机：

按线制的不同分为多线制与总线制两种，其中不同线制之中按其安装方式不同分为壁挂式和落地式。在不同线制、不同安装方式中按照"点"数的不同，分为不同的子目，以"台"为计量单位。

多线制"点"的意义：指报警联动一体机所带报警器件与联动设备的状态控制和状态显示的数量。

总线制"点"的意义：指报警联动一体机所带具有地址编码的报警器件与控制模块（接口）的数量。

（7）重复显示器、警报装置、远程控制器：

1）重复显示器（楼层显示器）不论规格、型号，也不分安装方式，按总线制与多线制划分，以"台"为计量单位。

2）警报装置分为声光报警和警铃两种形式，不论何种方式均以"台"为计量单位。

3）远程控制器按其控制回路数以"台"为计量单位。

（8）火灾事故广播：

1）功放机、录音机的安装为柜内及台上两种方式综合考虑，分别以"台"为计量单位。

2）消防广播控制柜指安装成套消防广播设备的成品机柜。不分规格、型号以"台"为计量单位。

3）扬声器不分规格、型号，按照吸顶式与壁挂式以"只"为计量单位。

4）广播分配器是指单独安装的消防广播用分配器（操作盘）以"台"为计量单位。

（9）消防通信、报警备用电源：

1）电话交换机按"门"数不同以"台"为计量单位。

2）通信分机、插孔指消防专用电话分机与电话插孔。不论安装方式如何，分别以"部"、"个"为计量单位。

3）报警备用电源已综合考虑了其规格、型号的区别，使用时以"台"为计量单位。

二、水灭火系统安装

（一）本章说明

1. 本章定额适用于工业和民用建（构）筑物设置的自动喷水灭火系统的管道、各种组件、消火栓、气压水罐的安装及管道支吊架的制作安装。

2. 界线划分：

（1）室内外界线：以建筑物外墙皮1.5m为界，入口处设阀门者以阀门为界。

（2）设在高层建筑内的消防泵间管道与本章界线，以泵间外墙皮为界。

3. 管道安装定额：

（1）包括工序内一次性水压试验。

（2）镀锌钢管法兰连接定额，管件是按成品、弯头两端是按接短管焊法兰考虑的，定额中包括了直管、管件、法兰等全部安装工序内容，但管件、法兰及螺栓的主材数量应按设计规定另行计算。

（3）定额也适用于镀锌无缝钢管的安装。

4. 喷头、报警装置及水流指示器安装定额均按管网系统试压、冲洗合格后安装考虑的，定额中已包括丝堵、临时短管的安装、拆除及其摊销。

5. 其他报警装置适用于雨淋、干湿两用及预作用报警装置。

6. 温感式水幕装置安装定额中已包括给水三通至喷头、阀门间的管道、管件、阀门、喷头等全部安装内容。但管道的主材数量按设计管道中心长度另加损耗计算；喷头数量按设计数量另加损耗计算。

7. 集热板的安装位置：当高架仓库分层板上方有孔洞、缝隙时，应在喷头上方设置集热板。

8. 隔膜式气压水罐安装定额中地脚螺栓按设备带有考虑的，定额中包括指导二次灌浆用工，但二次灌浆费用另计。

9. 管道支吊架制作安装定额中包括了支架、吊架及防晃支架。

10. 管网冲洗定额是按水冲洗考虑的，若采用水压气动冲洗法时，可按施工方案另行计算。定额只适用于自动喷水灭火系统。

11. 本章不包括以下工作内容：

（1）阀门、法兰安装、各种套管的制作安装、泵房间管道安装及管道系统强度试验、严密性试验。

（2）消火栓管道、室外给水管道安装及水箱制作安装。

（3）各种消防泵、稳压泵安装及设备二次灌浆等。

（4）各种仪表的安装及带电信号的阀门、水流指示器、压力开关的接线、校线及单体调试。

（5）各种设备支架的制作安装。

（6）管道、设备、支架、法兰焊口除锈刷油。

（7）系统调试。

12. 子目系统：

（1）设置于管道间、管廊内的管道，其定额人工乘以1.3。

（2）主体结构为现场浇注，采用钢模施工的工程：内外浇注的定额人工乘以1.05，内浇外砌的定额人工乘以1.03。

13. 工程量计算规则：

（1）管道安装按设计管道中心长度，以"m"为计量单位，不扣除阀门、管件及各种组件所占长度。主材数量应按定额用量计算，管件含量见表 2-15。

镀锌钢管（螺纹连接）管件含量表　　　　（单位：10m）　表 2-15

项　目	名　称	公称直径（mm 以内）						
		25	32	40	50	70	80	100
管件含量	四通	0.02	1.20	0.53	0.69	0.73	0.95	0.47
	三通	2.29	3.24	4.02	4.13	3.04	2.95	2.12
	弯头	4.92	0.98	1.69	1.78	1.87	1.47	1.16
	管箍		2.65	5.99	2.73	3.27	2.89	1.44
	小计	7.23	8.07	12.23	9.33	8.91	8.26	5.19

（2）镀锌钢管安装定额也适用于镀锌无缝钢管，其对应关系见表 2-16。

对　应　关　系　表　　　　　　　　　表 2-16

公称直径（mm）	15	20	25	32	40	50	70	80	100	150	200	
无缝钢管外径（mm）	20	25	32	38	45	57	76	89	108	159	219	

（3）镀锌钢管法兰连接定额，管件是按成品，弯头两端是按接短管焊法兰考虑的，定额中包括直管、管件、法兰等全部安装工序内容，但管件、法兰及螺栓的主材数量应按设计规定另行计算。

（4）喷头安装按有吊顶、无吊顶分别以"个"为计量单位。

（5）报警装置安装按成套产品以"组"为计量单位。其他报警装置适用于雨淋、干湿两用及预作用报警装置，其安装执行湿式报警装置安装定额，其人工乘以系数 1.20，其余不变。成套产品包括的内容详见表 2-17。

成套产品包括的内容　　　　　　　　　表 2-17

序号	项目名称	型　号	包　括　内　容
1	湿式报警装置	ZSS	湿式阀、蝶阀、装置截止阀、装配阀、供水压力表、装置压力表、试验阀、泄放试验阀、泄放试验管、试验管流量计、过滤器、延时器、水力警铃、报警截止阀、漏斗、压力开关等
2	干湿两用报警装置	ZSL	两用阀、蝶阀、装置截止阀、装配管、加速器、加速器压力表、供水压力表、试验阀、泄放试验阀（湿式）、泄放试验阀（干式）、挠性接头、泄放试验管、试验管流量计、排气阀、截止阀、漏斗、过滤器、延时器、水力警铃、压力开关等
3	电控雨淋报警装置	ZSYI	雨淋阀、蝶阀（2 个）、装配管、压力表、泄放试验阀、流量表、截止阀、注水阀、止回阀、电磁阀、排水阀、手动应急球阀、报警试验阀、漏斗、压力开关、过滤器、水力警铃等

续表

序号	项目名称	型 号	包 括 内 容
4	预作用报警装置	ZSU	干式报警阀、控制蝶阀（2个）、压力表（2块）、流量表、截止阀、排放阀、注水阀、止回阀、泄放阀、报警试验阀、液压切断阀、装配管、供水检验管、气压开关（2个）、试压电磁阀、应急手动试压器、漏斗、过滤器、水力警铃等
5	室内消火栓	SN	消火栓箱、消火栓、水枪、水龙带、水龙带按扣、挂架、消防按钮
6	室外消火栓	地上式 SS	地上式消火栓、法兰接管、弯管底座
		地下式 SX	地下式消火栓、法兰接管、弯管底座或消火栓三通
7	消防水泵接合器	地上式 SQ	消防接口本体、止回阀、安全阀、闸阀、弯管底座、放水阀
		地下式 SQX	消防接口本体、止回阀、安全阀、闸阀、弯管底座、放水阀
		墙壁式 SQB	消防接口本体、止回阀、安全阀、闸阀、弯管底座、放水阀、标牌
8	室内消火栓组合卷盘	SN	消火栓箱、消火栓、水枪、水龙带、水龙带接扣、挂架、消防按钮、消防软管卷盘

（6）温感式水幕装置安装均按不同型号和规格以"组"为计量单位。但给水三通至喷头、阀门间管道的主材数量按设计管道中心长度另加损耗计算，喷头数量按设计数量另加损耗计算。

（7）水流指示器，减压孔板安装按不同规格均以"个"为计量单位。

（8）末端试水装置按不同规格均以"组"为计量单位。

（9）集热板制作安装均以"个"为计量单位。

（10）室内消火栓安装，区分单栓和双栓均按成套产品以"套"为计量单位，所带的消防按钮的安装另行计算。

（11）室内消火栓组合卷盘安装执行室内消火栓安装相应定额乘以系数1.20。

（12）室外消火栓安装区分不同规格、工作压力和覆土深度以"套"为计量单位。

（13）消防水泵接合器安装区分不同安装方式和规格均按成套产品以"套"为计量单位。如设计要求用短管时，其本身价值可另行计算，其余不变。

（14）隔膜式气压水罐安装区分不同规格以"台"为计量单位。出入口法兰和螺栓按设计规定另行计算。地脚螺栓按设备带有考虑的，定额中包括指导二次灌浆用工，但二次灌浆费用另计。

（15）管道支吊架已综合支架、吊架及防晃支架的制作安装，均以"kg"为计量单位。

（16）自动喷水灭火系统管网水冲洗区分不同规格以"m"为计量单位。

（17）本章定额不包括的工作内容：

1）阀门、法兰安装，各种套管的制作安装、泵房间管道安装及管道系统强度试验，严密性试验应执行第六册"工业管道工程"预算定额相应项目。

2）消火栓管道、室外给水管道安装及水箱制作安装执行第八册"给排水、采暖、燃气工程"预算定额相应项目。

3）各种消防泵、稳压泵等的安装及二次灌浆执行第一册"机械设备安装工程"预算定额相应项目。

4）各种仪表的安装，带电信信号的阀门，水流指示器、压力开关的接线、校线执行第十册"自动化控制仪表安装工程"预算定额相应项目。

5）各种设备支架的制作安装等执行第五册"静置设备与工艺金属结构制作安装工程"预算定额相应项目。

6）管道、设备、支架、法兰焊口除锈刷油执行第十一册"刷油、防腐蚀、绝热工程"预算定额相应项目。

7）系统调试执行本册定额第五章的相应项目。

（二）水灭火系统计算

在选用上述依据进行编制的过程中，我们根据每个项目的施工工序和施工方法，首先选用基础定额，凡是基础定额有的子目均按其人工、材料和机械进行计算，如消火栓及消防水泵的安装。基础定额不全的项目则参照现行的 16 册全统定额及地方补充定额为基础进行计算，个别有出入时进行调整。如系统组件和其他组件的安装、套管制作安装及稳压罐安装。

对上述两种定额都没有的项目，我们以 1988 年劳动定额为基础，并考虑施工工序和施工方法，计算出相适应的人工工日，然后再按基础定额或现行定额计算出材料和机械用量，如镀锌钢管安装及管道支吊架制作安装。

1. 施工工序的施工方法选定

本章各项施工工序的施工方法，是根据当前大部分地区现有的施工技术、能力、方法及国家现行的施工验收规范的操作规程综合考虑确定的。

（1）镀锌钢管螺纹连接：适用于公称直径小于或等于 100mm 的管道。其施工方法见表 2-18。

镀锌钢管螺纹连接 　　　　　　　　　　　　　　　　表 2-18

序号	施工工序	施工方法	序号	施工工序	施工方法
1	场内水平运输	人工、手推车	6	套丝	管子套丝机
2	场内垂直运输	人工	7	管口连接	手动工具
3	管材清理检查	人工、外观检查	8	管道安装	人工
4	调直	冷调、丝杆调直器	9	工序水压试验	手动试压泵
5	切管	砂轮切割机			

（2）镀锌钢管法兰连接：适用于公称直径大于 100mm 的管道。其施工方法见表 2-19。

镀锌钢管法兰连接 　　　　　　　　　　　　　　　　表 2-19

序号	施工工序	施工方法
1	场内水平运输	DN150 用手推车，DN200 用 4t 汽车和 5t 汽车吊
2	场内垂直运输	DN150 用人工，DN200 用 5t 卷扬机
3	调直	冷调、丝杆调直机
4	切管	砂轮切割机

序号	施工工序	施工方法
5	坡口	普通车床
6	焊口	手工电弧焊
7	法兰、管道连接	人工
8	管道安装	现场预制、安装
9	工序水压试验	DN150用手动试压泵、DN200用电动试压泵

2. 各种管道规格及管件含量取定

（1）本定额中镀锌钢管的长度、管件含量及工序含量，是计算管道安装所需工、料、机械消耗量的基础之一。

（2）管件含量是根据北京、上海、广州和大连等地提供的有代表性的各类施工图和标准图集进行测算、统计、分析，然后按加权平均计算取定的。

（3）各种管道的管件含量及工序含量取定如下：

1）镀锌钢管取定长度为6m；

2）镀锌钢管规格及壁厚取定见表2-20。

钢管规格与壁厚　　　　　　　　　　　　　　表2-20

序号	规格 公称直径（mm）	外径×壁厚（mm）	序号	规格 公称直径（mm）	外径×壁厚（mm）
1	25	33.5×3.25	6	80	88.5×4
2	32	42.25×3.25	7	100	114×4
3	40	48×3.5	8	150	165×4.5
4	50	60×3.5	9	200	219×6
5	70	75.5×3.75			

3）管件含量及工序含量取定见表2-21。

镀锌钢管（螺纹连接）管件含量取定表　　　　　　表2-21

项目	名称	单位	公称直径（mm）						
			25	32	40	50	70	80	100
管件含量	四通	个	0.02	1.20	0.53	0.69	0.73	0.95	0.47
	三通	个	2.29	3.24	4.02	4.13	3.04	2.95	2.12
	弯头	个	4.92	0.98	1.69	1.78	1.87	1.47	1.16
	管箍	个	—	2.65	5.99	2.73	3.27	2.89	1.44
	小计	个	7.23	8.07	12.23	9.33	8.91	8.26	5.19
工序含量	切口	个	7.23	8.07	12.23	9.33	8.91	8.26	5.19
	套丝	个	16.42	19.04	26.35	21.86	19.95	18.88	12.11
	管口连接	个	16.42	19.04	26.35	21.86	19.95	18.88	12.11

3. 人工工日水平的确定

（1）本定额劳动工日的取定是根据现场的施工工序、施工方法和管件含量按《全国统一安装工程预算定额》工艺管道安装工程预算定额编制说明（1986年）中的劳动力水平计算的，不足部分执行《全国建筑安装工程统一劳动定额》（1988年）相应子目，缺项工序进行了补充。

（2）人工幅度差按10％计算。

（3）综合工日的计算公式：

综合工日＝Σ（基本用工＋超运距用工）×（1＋人工幅度差）

（4）综合工日取定见表2-22。

镀锌钢管安装综合工日取定表 表 2-22

项　　目	螺纹连接						
	公称直径（mm 以内）						
	25	32	40	50	70	80	100
基本用工	1.60	1.67	1.90	1.99	2.13	2.52	2.86
运输用工	0.05	0.05	0.05	0.05	0.13	0.13	0.13
其他用工	0.17	0.17	0.20	0.20	0.23	0.27	0.30
综合工日	1.82	1.89	2.15	2.24	2.49	2.92	3.29

4. 材料消耗量的取定

（1）材料损耗的内容和范围：从工地仓库、现场集中堆放地点或现场加工地点到操作或安装地点的运输损耗、施工操作损耗和施工现场堆放损耗。

（2）主材及辅材损耗率取定见表2-23。

材料损耗率取定表 表 2-23

材料名称	损耗率（％）	备　　注
镀锌钢管（螺纹连接）	2	
镀锌钢管（法兰连接）	5.5	计算方法同《工业管道工程》
镀锌钢管管件（螺纹连接）	1	
喷头	1	
带帽螺栓	3	

注：其余辅助材料的损耗率均按《工业管道工程》相应标准执行。

（3）管网水冲洗定额用水量是按3m/s流速，按冲洗3次（每次10min）计算水的消耗量。

（4）各种辅材用量取定见表2-24。

镀锌钢管安装（螺纹连接）辅材用量取定表 表 2-24

工序	定额单位	材料名称	单位	公称直径（mm 以内）						
				25	32	40	50	70	80	100
切口	10 口	砂轮片400	片	0.16	0.18	0.21	0.26	0.40	0.48	0.54
套丝	10 头	机油	kg	0.03	0.04	0.05	0.06			

工序	定额单位	材料名称	单位	公称直径（mm 以内）						
				25	32	40	50	70	80	100
管口连接	10 口	密封带	m	2.14	2.64	3.02	3.76	4.78	5.60	7.16
清扫检查	10m	破布	kg	0.20		0.22		0.28	0.30	0.35
		镀锌铁丝		0.077						
管道安装	10m	棉纱头		0.041		0.062		0.082	0.102	0.124	0.144
水压试验	10m	水	t	0.08	0.09	0.13	0.16	0.18	0.20	0.31

5. 施工机械台班消耗量的取定

（1）按比例确定机械台班用量的是：

砂轮切割机：切口人工＝0.5∶1

套丝机：套丝人工＝0.5∶1

电焊条烘干箱：电焊机＝0.1∶1

坡口用车床：车工＝1∶1

交流电焊机：电焊工＝1∶1

（2）施工机械台班用量的取定见表 2-25。

镀锌钢管安装机械台班用量取定表　　　　　　　表 2-25

机械名称	定额单位	螺纹连接						
		公称直径（mm 以内）						
		25	32	40	50	70	80	100
砂轮切割机	10 口	0.06		0.07		0.09	0.10	0.129
套丝机		0.072	0.114		0.133		0.167	0.24

三、气体灭火系统安装

（一）本章说明

1. 本章定额适用于工业和民用建筑中设置的二氧化碳灭火系统、卤代烷 1211 灭火系统和卤代烷 1301 灭火系统中的管道、管件、系统组件等的安装。

2. 本章定额中的无缝钢管、钢制管件、选择阀安装及系统组件试验等均适用于卤代烷 1211 和 1301 灭火系统，二氧化碳灭火系统按卤代烷灭火系统相应安装定额乘以系数 1.20。

3. 管道及管件安装定额：

（1）无缝钢管和钢制管件内外镀锌及场外运输费用另行计算。

（2）螺纹连接的不锈钢管、铜管及管件安装时，按无缝钢管和钢制管件安装相应定额乘以系数 1.20。

（3）无缝钢管螺纹连接定额中不包括钢制管件连接内容，应按设计用量执行钢制管件连接定额。

（4）无缝钢管法兰连接定额，管件是按成品、弯头两端是按接短管焊接法兰考虑的，定额中包括了直管、管件、法兰等全部安装工序内容，但管件、法兰及螺栓的主材数量应按设计规定另行计算。

（5）气体驱动装置管道安装定额中卡套连接件的数量按设计用量另行计算。

4. 喷头安装定额中包括管件安装及配合水压试验安拆丝堵的工作内容。

5. 贮存装置安装，定额中包括灭火剂贮存容器和驱动气瓶的安装固定、支框架、系统组件（集流管、容器阀、气、液单向阀、高压软管）、安全阀等贮存装置和阀驱动装置的安装及氮气增压。

二氧化碳贮存装置安装时，不需增压，执行定额时，扣除高纯氮气，其余不变。

6. 二氧化碳称重检漏装置包括泄漏报警开关、配重及支架。

7. 系统组件包括选择阀、气、液单向阀和高压软管。

8. 执行本册定额的项目有：

（1）管道支、吊架的制作、安装。

（2）系统调试。

（3）子目系数。

9. 本章定额不包括以下工作内容：

（1）不锈钢管、铜管及管件的焊接或法兰连接、各种套管的制作安装、管道系统强度试验、严密性试验和吹扫。

（2）管道支、吊架的防腐刷油。

（3）驱动装置与泄漏报警开关的接线、校线及单体调试。

10. 工程量计算规则：

（1）管道安装定额：

1）管道安装定额包括无缝钢管的螺纹连接、法兰连接、气体驱动装置管道安装及钢制管件的螺纹连接。

2）各种管道安装按设计管道中心长度，以"m"为计量单位，不扣除阀门、管件及各种组件所占长度，主材数量应按定额用量计算。

3）钢制管件螺纹连接均按不同规格以"个"为计量单位。

4）无缝钢管螺纹连接定额中不包括钢制管件连接内容，应按设计用量执行钢制管件连接定额。

5）无缝钢管法兰连接定额，管件是按成品、弯头两端是按接短管焊法兰考虑的，定额包括了直管、管件、法兰等预装和安装的全部工序内容。但管件、法兰及螺栓的主材数量应按设计规定另行计算。

6）螺纹连接的不锈钢管、铜管及管件安装时，按无缝钢管和钢制管件安装相应定额乘以系数 1.20。

7）无缝钢管和钢制管件内外镀锌及场外运输费用另行计算。

8）气体驱动装置管道安装定额包括卡套连接件的安装，其本身价值按设计用量另行计算。

（2）系统组件安装定额：

1）喷头安装均按不同规格以"个"为计量单位。

2）选择阀安装按不同规格和连接方式分别以"个"为计量单位。

3）贮存装置安装，定额中包括灭火剂贮存容器和驱动气瓶的安装固定，支框架、系统组件（集流管、容器阀、单向阀、高压软管）、安全阀等贮存装置和阀驱动装置的安装及氮气增压。

贮存装置安装按贮存容器和驱动气瓶的规格（升）以"套"为计量单位。

二氧化碳贮存装置安装时，不需增压，执行定额时，扣除高纯氮气，其余不变。

（3）二氧化碳称重检漏装置包括泄漏报警开关、配重、支架等。其安装以"套"为计量单位。

（4）系统组件试验。系统组件包括选择阀、单向阀（含气、液）及高压软管。试验按水压强度试验和气压严密性试验，分别以"个"为计量单位。

（5）本章定额中的无缝钢管、钢制管件、选择阀安装及系统组件试验均适用于卤代烷 1211 和 1301 灭火系统。二氧化碳灭火系统，按卤代烷灭火系统相应安装定额乘以系数 1.20 计算。

（6）本章定额不包括的工作内容：

1）管道支吊架的制作安装应执行本册定额第二章的相应项目。

2）不锈钢管、铜管及管件的焊接或法兰连接，各种套管的制作安装、管道系统强度试验、严密性试验和吹扫等均执行第六册"工业管道工程"定额相应子目。

3）管道及支吊架的防腐刷油等执行第十一册"刷油、防腐蚀、绝热工程"定额相应子目。

4）系统调试执行本册定额第五章的相应项目。

5）电磁驱动器与泄漏报警开关的电气接线等执行第十册"自动化控制仪表安装工程"。

（二）气体灭火系统

（1）施工工序的施工方法选定：

本章各项施工工序的施工方法是根据当前大部分地区现有的施工技术、能力、施工方法及国家现行的施工验收规范和操作规程综合考虑确定的。

1）无缝钢管螺纹连接：适用于公称直径小于或等于 80mm 的管道。其施工方法见表 2-26。

无缝钢管安装（螺纹连接）　　　　　　　表 2-26

序　号	施工工序	施工方法
1	场内水平运输	人工、手推车
2	场内垂直运输	人工
3	管材清理检查	人工、外观检查
4	调直	冷调、丝扣调直器
5	切管口	砂轮切割机
6	丝扣加工	普通车床
7	管子及丝扣清洗	人工
8	管道内外镀锌	外委加工（热镀锌）
9	镀锌后管道调查	人工、冷调
10	管口连接	手动工具
11	管道安装	人工
12	管口擦拭	人工

2）无缝钢管法兰连接，适用于公称直径大于80mm的管道，其施工方法见表2-27。

无缝钢管安装（法兰连接）　　　　　　　表2-27

序　　　号	施工工序	施工方法
1	场内水平运输	人工、手推车
2	场内垂直运输	人工
3	管材清理检查	人工、外观检查
4	调直	冷调、丝扣调直器
5	切管口	手工氧乙炔
6	坡口	手工氧乙炔、砂轮机磨平
7	焊口	手工电弧焊、砂轮机磨平
8	电焊条烘干	电焊条烘干箱
9	法兰、管件连接	人工
10	管道预装	人工
11	管道内、外镀锌	外委加工（热镀锌）
12	镀锌后管道调查	人工、冷调
13	管道安装	人工

（2）各种管道规格的取定：

1）无缝钢管取定长度为6m。

2）无缝钢管规格及壁厚的取定见表2-28。

无缝钢管壁厚取定表（mm）　　　　　　　表2-28

公称直径	外径×壁厚	公称直径	外径×壁厚	公称直径	外径×壁厚
15	22×3.5	40	48×4.0	100	114×7
20	27×3.5	50	60×5	150	159×8
25	24×4.0	70	76×6		
32	42×4.0	80	89×6		

（3）材料消耗量的取定：

1）材料损耗的内容和范围：从工地仓库、现场集中堆放地点或现场加工地点到操作或安装地点的运输损耗、施工操作损耗和施工现场堆放损耗。

2）主材损耗率取定见表2-29。

主材损耗率取定表　　　　　　　表2-29

材料名称	损耗率（％）	备　　注
无缝钢管（螺纹连接）	2	
无缝钢管（法兰连接）	5.5	计算方法同《工业管道工程》
钢制管件（螺纹连接）	1	
紫铜管	3	
喷头	1	
螺栓	3	

注：其余辅助材料的损耗率均按第六册"工业管道工程"相应规定执行。

四、泡沫灭火系统安装

1. 本章定额适用于高、中、低倍数固定式或半固定式泡沫灭火系统的发生器及泡沫比例混合器安装。

2. 泡沫发生器及泡沫比例混合器安装中包括整体安装、焊法兰、单体调试及配合管道试压时隔离本体所消耗的人工和材料。但不包括支架的制作安装和二次灌浆的工作内容。地脚螺栓按本体带有考虑。

3. 油罐上安装的泡沫发生器及化学泡沫室已编入第五册"静置设备与工艺金属结构制作与安装工程"定额中，本章不再另编。

4. 本章不包括的内容：

（1）泡沫灭火系统的管道、管件、法兰、阀门、管道支架等的安装及管道系统水冲洗、强度试验、严密性试验等执行第六册"工业管道工程"相应定额。

（2）泡沫喷淋系统的管道、组件、气压水罐、管道支吊架等安装可执行本册第二章相应定额及有关规定。

（3）消防泵等机械设备安装及二次灌浆执行第一册"机械设备安装工程"相应定额。

（4）泡沫液贮罐、设备支架制作安装执行第五册"静置设备与工艺金属结构制作安装工程"相应定额。

（5）除锈、刷油、保温等均执行第十一册"刷油、防腐蚀、绝热工程"相应定额。

（6）泡沫液充装定额是按生产厂在施工现场充装考虑的，若由施工单位充装时，可另行计算。

（7）泡沫灭火系统调试应按批准的施工方案另行计算。

5. 工程量计算规则：

（1）本章定额适用于高、中、低倍固定式或半固定式泡沫灭火系统的泡沫发生器及泡沫比例混合器安装。

1）泡沫发生器及泡沫比例混合器安装中包括整体安装、焊法兰、单体调试及配合管道试压时隔离本体所消耗的人工和材料。但不包括支架的制作安装和二次灌浆的工作内容。地脚螺栓按设备带有考虑。

2）泡沫发生器安装均按不同型号以"台"为计量单位，法兰和螺栓按设计规定另行计算。

3）泡沫比例混合器安装均按不同型号以"台"为计量单位，法兰和螺栓按设计规定另行计算。

（2）本定额不包括以下工作内容：

1）泡沫灭火系统的管道、管件、法兰、阀门、管道支架等的安装及管道系统冲洗、强度试验、严密性试验等执行第六册"工业管道工程"相应定额。

2）消防泵等机械设备安装及二次灌浆执行第一册"机械设备安装工程"相应定额。

3）除锈、刷油、保温等均执行第十一册"刷油、防腐蚀、绝热工程"。

4）泡沫液贮罐、设备支架制作安装执行第五册相应定额。

5）泡沫喷淋系统的管道组件、气压水罐、管道支吊架等安装应执行本册第二章相应定额及有关规定。

6）泡沫液充装定额是按生产厂地施工现场充装考虑的，若由施工单位充装时，可另行计算。

7) 油罐上安装的泡沫发生器及化学泡沫室执行第五册"静置设备与工艺金属结构制作安装工程"相应定额。

8) 泡沫灭火系统调试应按批准的施工方案另行计算。

五、消防系统调试

1. 本章包括自动报警系统装置调试、水灭火系统控制装置调试、火灾事故广播、消防通信、消防电梯系统装置调试、电动防火门、防火卷帘门、正压送风阀、排烟阀、防火阀控制系统装置调试、气体灭火系统装置调试等共 5 节 19 个子目。

2. 系统调试是指消防报警和灭火系统安装完毕且联通，并达到国家有关消防施工、验收规范标准所进行的全系统的检测、调整和试验。

3. 自动报警系统装置包括各种探测器、手动报警按钮和报警控制器；灭火系统控制装置包括自动喷水、卤代烷、二氧化碳等固定灭火系统的控制装置。

4. 气体灭火系统调试试验时采取的安全措施，应按施工组织设计另行计算。

5. 工程量计算规则：消防系统调试包括如下范围：自动报警系统、水灭火系统、火灾事故广播、消防通信系统、消防电梯系统、电动防火门、防火卷帘门、正压送风阀、排烟阀、防火阀控制装置、气体灭火系统装置。

系统调试是指一个单位工程的消防安全系统安装完毕且联通，为检验其达到有关验收规范标准所进行的全系统的检测、调整和试验。

由于一个单位工程的消防要求不同，其配置的消防系统也不同，系统调试的内容也就有所不同。例如：仅设火灾自动报警系统时，其系统调试可执行自动报警系统装置调试定额；若既有火灾自动报警系统，又有自动喷水灭火系统时，其系统调试应包括两个系统的调试内容，并执行自动报警系统装置调试和水灭火系统控制装置调试的相应定额。依次类推。

(1) 自动报警系统。系统包括各种探测器、报警按钮、报警控制器组成的报警系统。分别按不同点数以"系统"为计量单位。其点数按多线制与总线制报警器的点数计算。

(2) 水灭火系统控制装置。按照不同点数以"系统"为计量单位，其点数按多线制与总线制联动控制器的点数计算。

(3) 火灾事故广播、消防通信系统、消防电梯系统装置：

1) 广播、通信子目系指消防广播喇叭、音箱和消防通信的电话分机、电话插孔。可按其数量以"个"为计量单位。

2) 电梯为消防用电梯与控制中心间的控制调试。按电梯以"部"为计量单位。

(4) 电动防火门、防火卷帘门、正压送风阀、排烟阀、防火阀控制装置：

1) 电动防火门、防火卷帘门指可由消防控制中心显示与控制的电动防火门、防火卷帘门。以"处"为计量单位，每樘为一处。

2) 正压送风阀、排烟阀、防火阀以"处"为计量单位。一个阀为一处。

(5) 气体灭火系统装置。气体灭火系统装置调试包括模拟喷气试验，备用灭火器贮存容器切换操作试验。按试验容器的规格（升），分别以"个"为计量单位。

试验容器的数量包括系统调试、检测和验收所消耗的试验容器的总数。

试验介质不同时可以换算。

六、安全防范设备安装

1. 本章包括入侵探测设备、出入口控制设备、安全检查设备、电视监控设备、终端显示设备安装及安全防范系统调试等共 6 节 183 个子目。

2. 本章包括以下工作内容：

（1）设备开箱、清点、搬运、设备组装、检查基础、划线、定位、安装设备。

（2）施工及验收规范内规定的调整和试运行、性能实验、功能实验。

（3）各种机具及附件的领用、搬运、搭设、拆除、退库等。

3. 安防检测部门的检测费由建设单位负担。

4. 在执行电视监控设备安装定额时，其综合工日应根据系统中摄像机台数和距离（摄像机与控制器之间电缆实际长度）远近分别乘以以下折算系数，分别见表 2-30、表 2-31。

黑白摄像机折算系数　　　　　　　　　表 2-30

距离（m）　　　台　数	1～8	9～16	17～32	33～64	65～128
71～200	1.3	1.6	1.8	2.0	2.2
200～400	1.6	1.9	2.1	2.3	2.5

彩色摄像机折算系数　　　　　　　　　表 2-31

距离（m）　　　台　数	1～8	9～16	17～32	33～64	65～128
71～200	1.6	1.9	2.1	2.3	2.5
200～400	1.9	2.1	2.3	2.5	2.7

5. 系统调试是指入侵报警系统和电视监控系统安装完毕并且联通，按国家有关规范所进行的全系统的检测、调整和试验。

6. 系统调试中的系统装置包括前端各类入侵报警探测器、信号传输和终端控制设备、监视器及录像、灯光、警铃等所必须的联动设备。

7. 工程量计算规则：

（1）设备、部件按设计成品以"台"或"套"为计量单位。

（2）模拟盘以"m²"为计量单位。

（3）入侵报警系统调试以"系统"为计量单位，其点数按实际调试点计算。

（4）电视监控系统调试以"系统"为计量单位，其头尾数包括摄像机、监视器数量之和。

（5）其他联动设备的调试已考虑在单机调试中，不再另行计算。

第三篇

定额预算与工程量清单
计价编制及对照
应用实例

【例一】　某消防设备安装工程预算编制实例

工程内容：

某大厦的综合娱乐建筑室内消防系统安装工程。该建筑共两层，底层安设 3 套消火栓装置，2 层安设喷淋装置。

如图 3-1 所示为底层消火栓安装平面图；图 3-2 所示为二层喷淋装置安装平面图；图 3-3 所示为建筑物消火栓安装管道系统图；图 3-4 为喷淋装置系统图。

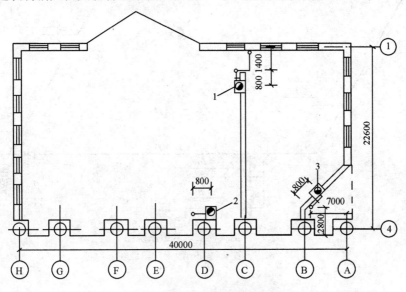

图 3-1　底层消火栓安装平面图

1、2、3—室内消火栓（单出口 65）

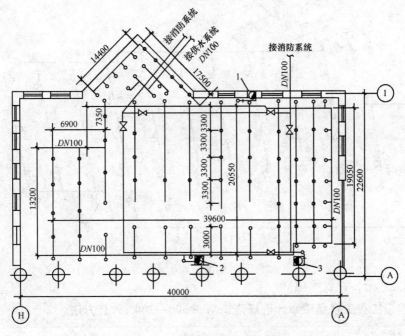

图 3-2　二层喷淋装置安装平面图

1、2、3—室内消火栓（单出口 65）

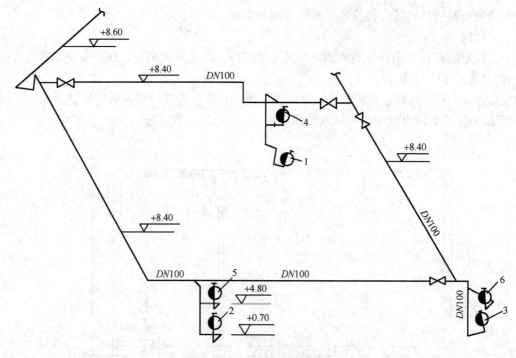

图 3-3　消火栓安装管道系统图

1、2、3、4、5、6—室内消火栓（单出口 65）

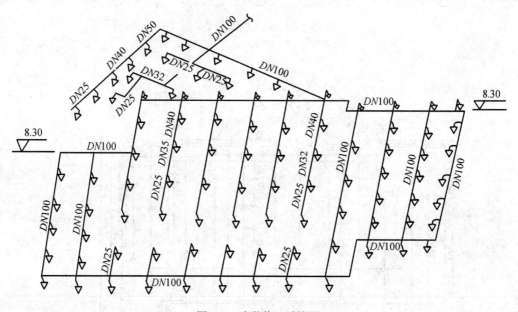

图 3-4　喷淋装置系统图

编制要求：计算工程量。

一、《建设工程工程量清单计价规范》GB50500—2003 计算方法

编制步骤

第一步：计算喷淋装置的管道工程量。结合施工平面图、系统图、已标出的尺寸、图

纸比例等进行计算。从供水管入口开始，按管道规格依次进行。

第二步：计算消火栓管路工程量。与喷淋装置计算方法相同。

上述计算方法及计算式见工程量计算表 3-1。安装工程预算表见表 3-2。

传统的预（结）算表与工程量清单（直接费项目）之间的关系分析对照表见表 3-3。

分部分项工程量清单计价表见表 3-4，分部分项工程量清单综合单价分析表见表 3-5。

消防装置工程量计算表　　　　　　　　　　　　　　　　表 3-1

项目名称	工程量计算式	单　位	数　量
镀锌钢管 DN100	1.5m＋1m＋17.5m＋（39.6m×2）＋19.05m ＋13.2m＋7.35m＋0.5m＋0.8m＋（20.05m×2） ＋20.85m＋13.7m＝214.75m	m	214.75
镀锌钢管 DN50	6m	m	6
镀锌钢管 DN40	6m＋30m＝36m	m	36
镀锌钢管 DN32	3m＋15m＝18m	m	18
镀锌钢管 DN25	3m＋6m＋4m＋15m＋（6×3.2）＝47.2m	m	47.2
镀锌钢管 DN15	连接喷头 95×0.25m（综合长度）＝23.75m	m	23.75
玻璃头喷头	95 个	个	95
管吊架	150kg	kg	150
消防系统			
钢管 DN100	28m＋21m＋27m＋21m＋15m＋24m＝136m	m	136
消火栓	单出口 65　　6 套	套	6
阀门 DN100	4 个	个	4
第七册项目脚手架搭拆费	人工费乘 5%		
第八册项目脚手架搭拆费	人工费乘 5%		

消防装置安装工程预算表　　　　　　　　　　　　　　　　表 3-2

序号	定额编号	工程或费用名称	工程量		价值（元）		其　　中					
			定额单位	数量	定额单价	总价	人工费（元）		材料费（元）		机械费（元）	
							单价	金额	单价	金额	单价	金额
1	7-73	镀锌钢管 DN100	10m	21.47	100.95		76.39		15.30		9.26	
2	7-70	镀锌钢管 DN50	10m	0.6	74.04		52.01		12.86		9.17	
3	7-69	镀锌钢管 DN40	10m	3.6	73.14		49.92		12.96		10.26	
4	7-68	镀锌钢管 DN32	10m	1.8	59.24		43.89		8.53		6.82	
5	7-67	镀锌钢管 DN25、DN15	10m	7.095	53.50		42.26		6.77		4.47	
6	7-77	喷头安装（有吊顶 ＜15）	10 个	9.5	86.00		45.05		33.39		7.56	
7	7-131	管道支吊架制作安装 消防系统	100kg	1.5	388.84		206.66		104.28		77.90	
8	7-73	镀锌钢管 DN100	10m	13.6	100.95		76.39		15.30		9.26	
9	7-105	消火栓安装	套	6	31.47		21.83		8.97		0.67	
10	8-249	阀门 DN100	个	4	63.06		22.52		40.54			

序号	定额编号	工程或费用名称	工程量		价值（元）		其　　中					
			定额单位	数量	定额单价	总价	人工费（元）		材料费（元）		机械费（元）	
							单价	金额	单价	金额	单价	金额
11		脚手架搭拆费（第七册项目）	元		5%							
12		第八册脚手架搭拆费	元		5%							
		合　　计										

预（结）算表（直接费部分）与清单项目之间关系分析对照表　　　　表 3-3

工程名称：某消防设备安装工程　　　　　　　　　　　　　　　　　　　第　页　共　页

序号	项目编码	项　目　名　称	清单主项在预（结）算表中的序号	清单综合的工程内容在预结算表中的序号
1	030901001001	水喷淋钢管，*DN*100，室内安装，螺纹连接	1	无
2	030901001002	水喷淋钢管，*DN*50，室内安装，螺纹连接	2	无
3	030901001003	水喷淋钢管，*DN*40，室内安装，螺纹连接	3	无
4	030901001004	水喷淋钢管，*DN*32，室内安装，螺纹连接	4	无
5	030901001005	水喷淋钢管，*DN*25，室内安装，螺纹连接	5	无
6	030901001006	水喷淋钢管，*DN*15，室内安装，螺纹连接	5	无
7	030901003001	水喷淋（雾）喷头，有吊顶，ϕ15，玻璃头	6	无
8	031002001001	管道支架，吊架制作安装	7	无
9	030901002001	消火栓钢管，*DN*100，室内安装，螺纹连接	8	无
10	030901010001	室内消火栓，室内安装，单栓 65	9	无
11	031003001001	螺纹阀门，*DN*100	10	无

分部分项工程量清单计价表　　　　表 3-4

工程名称：某消防设备安装工程　　　　　　　　　　　　　　　　　　　第　页　共　页

序号	项目编码	项　目　名　称	计量单位	工程数量	金额（元）	
					综合单价	合　　价
1	030901001001	水喷淋钢管，*DN*100，室内安装，螺纹连接	m	214.75	90.74	19485.47
2	030901001002	水喷淋钢管，*DN*50，室内安装，螺纹连接	m	6	59.48	356.86
3	030901001003	水喷淋钢管，*DN*40，室内安装，螺纹连接	m	36	59.97	2158.90
4	030901001004	水喷淋钢管，*DN*32，室内安装，螺纹连接	m	18	47.12	848.19
5	030901001005	水喷淋钢管，*DN*25，室内安装，螺纹连接	m	53.2	38.86	1834.05
6	030901001006	水喷淋钢管，*DN*15，室内安装，螺纹连接	m	23.75	32.64	775.18
7	030901003001	水喷淋（雾）喷头，有吊顶，ϕ15，玻璃头	个	95	16.09	1528.32
8	031002001001	管道支架，吊架制作安装	kg	150	11.10	1664.58
9	030901002001	消火栓钢管，*DN*100，室内安装，螺纹连接	m	136	90.83	12351.85
10	030901010001	室内消火栓，室内安装，单栓 65	套	6	726.29	4357.74
11	031003001001	螺纹阀门，*DN*100	个	4	419.41	1677.62

分部分项工程量清单综合单价分析表

工程名称：某消防设备安装工程

表 3-5

第　页　共　页

序号	项目编码	项目名称	定额编号	工程内容	单位	数量	人工费	材料费	机械费	管理费	利润	综合单价（元）	合价（元）
									其中：（元）				
1	030901001001	水喷淋钢管			m	214.75						90.74	19485.47
			7-73	镀锌钢管 DN100	10m	21.475	76.39	15.30	9.26	34.63	8.15		143.73×21.475
				镀锌钢管 DN100	m	219.05	—	40	—	13.6	3.2		56.8×219.05
				镀锌钢管接头零件	个	111.46	—	25	—	8.5	2		35.5×111.46
2	030901001002	水喷淋钢管			m	6						59.48	356.86
			7-70	镀锌钢管 DN50	10m	0.6	52.01	12.86	9.17	25.17	5.92		105.13×0.6
				镀锌钢管 DN50	m	6.12	—	21	—	7.14	1.68		29.82×6.12
				镀锌钢管接头零件	个	5.598	—	14	—	4.76	1.12		19.88×5.598
3	030901001003	水喷淋钢管			m	36						59.97	2158.90
			7-69	镀锌钢管 DN40	10m	3.6	49.92	12.96	10.26	24.87	5.85		103.86×3.6
				镀锌钢管 DN40	m	36.72	—	19	—	6.46	1.52		26.98×36.72
				镀锌钢管接头零件	个	44.03	—	12.7	—	4.32	1.02		18.04×44.03
4	030901001004	水喷淋钢管			m	47.2						47.12	848.19
			7-68	镀锌钢管 DN32	10m	1.8	43.89	8.53	6.82	20.14	4.74		84.12×1.8
				镀锌钢管 DN32	m	18.36	—	18.1	—	6.15	1.45		25.7×18.36
				镀锌钢管接头零件	个	14.53	—	10.9	—	3.71	0.87		15.48×14.53
5	030901001005	水喷淋钢管			m	4.72						38.86	1834.05
			7-67	镀锌钢管 DN25	10m	4.72	42.26	6.77	4.47	18.19	4.28		75.97×4.72
				镀锌钢管 DN25	m	48.14	—	14.7	—	5.0	1.18		20.88×48.14
				镀锌钢管接头零件	个	34.13	—	9.7	—	3.30	0.78		13.78×34.13
6	030901001006	水喷淋钢管			m	23.75						32.64	775.18
			7-67	镀锌钢管 DN15	10m	2.375	42.26	6.77	4.47	18.19	4.28		75.97×2.375

续表

序号	项目编码	项目名称	定额编号	工程内容	单位	数量	其中：(元)					综合单价（元）	合价（元）
							人工费	材料费	机械费	管理费	利润		
7	0309010003001	水喷淋（雾）喷头		镀锌钢管 DN15	m	24.23	—	11.9	—	4.05	0.95		16.9×24.23
				镀锌钢管接头零件	个	17.17	—	7.6	—	2.58	0.61		10.79×17.17
					个	95						16.09	1528.32
			7-77	喷头（有吊顶 15）	10 个	9.5	45.05	33.39	7.56	29.24	6.88		122.12×9.5
				喷头	个	95.95	—	3	—	1.02	0.24		4.26×95.95
8	0310002001001	管道支架		管道支吊架	kg	150						11.10	1664.58
			7-131		100kg	1.5	206.66	104.28	77.90	132.21	31.11		552.16×1.5
				型钢	kg	159	—	3.7	—	1.26	0.30		5.26×159
9	0309010002001	消火栓钢管			m	136						90.83	12351.85
			7-73	镀锌钢管 DN100	10m	13.6	76.39	16.20	9.26	34.63	8.15		144.63×13.6
				镀锌钢管 DN100	m	138.72	—	40	—	13.6	3.2		56.8×138.72
				镀锌钢管接头零件	个	70.58	—	25	—	8.5	2		35.5×70.58
10	0309010010001	室内消火栓			套	6						726.29	4357.74
			7-105	室内消火栓（单栓 65）	套	6	21.83	8.97	0.67	10.70	2.52		44.69×6
				室内消火栓（成套）	套	6	—	480	—	163.2	38.4		681.6×6
11	0310003001001	螺纹阀门			个	4						419.41	1677.62
			8-249	螺纹阀门 DN100	个	4	22.52	40.54	—	21.44	5.04		89.54×4
				螺纹阀门 DN100	个	4.04	—	230	—	78.2	18.4		326.6×4.04

注：
1. 主材数量里边包含了损耗，其计算方法举例如下：
镀锌钢管 DN100：10.2m/10m（定额含量）×214.75m（根据施工图计算）=219.05m
镀锌钢管接头零件：5.19 个/10m（定额含量）×214.75m（根据施工图计算）=111.46 个。
2. 管理费和利润以直接费为取费基数，管理费费率为 34%，利润率为 8%，仅供参考。
3. 定额选用全国统一安装工程预算定额，主材的价格参照某市的材料价，仅供参考。

二、《建设工程工程量清单计价规范》GB 50500—2008 计算方法(表 3-6～表 3-19)

定额套用《全国统一安装工程预算定额》GYD—2000(第二版)

分部分项工程量清单与计价表 表 3-6

工程名称：某消防设备安装工程　　　　　　标段：　　　　　　　　　第　页　共　页

序号	项目编码	项目名称	项目特征描述	计量单位	工程量	综合单价	合价	其中：暂估价
1	030901001001	水喷淋钢管	室内安装，螺纹连接，DN100	m	214.75			
2	030901001002	水喷淋钢管	室内安装，螺纹连接，DN50	m	6			
3	030901001003	水喷淋钢管	室内安装，螺纹连接，DN40	m	36			
4	030901001004	水喷淋钢管	室内安装，螺纹连接，DN32	m	18			
5	030901001005	水喷淋钢管	室内安装，螺纹连接，DN25	m	53.2			
6	030901001006	水喷淋钢管	室内安装，螺纹连接，DN15	m	23.75			
7	030901003001	水喷淋(雾)喷头	有吊顶，$\phi 15$，玻璃头	个	95			
8	031002001001	管道支架	吊架制作安装	kg	150			
9	030901002001	消火栓钢管	室内安装，螺纹连接，DN100	m	136			
10	030901010001	室内消火栓	室内安装，单栓 65	套	6			
11	031003001001	螺纹阀门	DN100	个	4			
			本页小计					
			合　计					

分部分项工程量清单与计价表 表 3-7

工程名称：某消防设备安装工程　　　　　　标段：　　　　　　　　　第　页　共　页

序号	项目编码	项目名称	项目特征描述	计量单位	工程量	综合单价	合价	其中：暂估价
1	030901001001	水喷淋钢管	室内安装，螺纹连接，DN100	m	214.75	80.33	17250.87	
2	030901001002	水喷淋钢管	室内安装，螺纹连接，DN50	m	6	53.09	318.54	
3	030901001003	水喷淋钢管	室内安装，螺纹连接，DN40	m	36	52.98	1907.28	
4	030901001004	水喷淋钢管	室内安装，螺纹连接，DN32	m	18	42.63	767.34	
5	030901001005	水喷淋钢管	室内安装，螺纹连接，DN25	m	53.2	36.46	1939.67	
6	030901001006	水喷淋钢管	室内安装，螺纹连接，DN15	m	23.75	32.09	762.14	
7	030901003001	水喷淋(雾)喷头	有吊顶，$\phi 15$，玻璃头	个	95	21.34	2027.3	
8	031002001001	管道支架	吊架制作安装	kg	150	12.26	1839	
9	030901002001	消火栓钢管	室内安装，螺纹连接，DN100	m	136	80.33	10924.88	
10	030901010001	室内消火栓	室内安装，单栓 60	套	6	558.49	3350.94	
11	031003001001	螺纹阀门	DN100	个	4	343.86	1375.44	
			本页小计				42463.4	
			合　计				42463.4	

措施项目清单与计价表   表 3-8

工程名称：某消防设备安装工程   标段：   第 页 共 页

序 号	项目名称	计算基础	费率(%)	金额(元)
1	第七册项目脚手架搭拆费	人工费	5	202.78
2	第八册项目脚手架搭拆费	人工费	5	4.50
	合　计			207.28

工程量清单综合单价分析表   表 3-9

工程名称：某消防设备安装工程   标段：   第 页 共 页

项目编码	030901001001	项目名称	水喷淋钢管	计量单位	m

清单综合单价组成明细

定额编号	定额名称	定额单位	数量	单价				合价			
				人工费	材料费	机械费	管理费和利润	人工费	材料费	机械费	管理费和利润
7-73	镀锌钢管 DN100	10m	0.1	76.39	15.30	9.26	164.54	7.64	1.53	0.93	16.45
人工单价			小　计					7.64	1.53	0.93	16.45
23.22 元/工日			未计价材料费					53.78			
清单项目综合单价								80.33			

材料费明细	主要材料名称、规格、型号	单位	数量	单价(元)	合价(元)	暂估单价(元)	暂估合价(元)
	镀锌钢管 DN100	m	1.020	40	40.8		
	镀锌钢管，接头零件	个	0.519	25	12.98		
	其他材料费			—		—	
	材料费小计			—	53.78	—	

注：1. "数量"栏为投标方(定额)工程量÷招标方(清单)工程量÷定额单位数量如"0.1"为"214.75÷214.75÷10＝0.1"

2. 管理费费率为 155.4%，利润率为 60%，均以人工费为基数。

3. 下同。

工程量清单综合单价分析表   表 3-10

工程名称：某消防设备安装工程   标段：   第 页 共 页

项目编码	030901001002	项目名称	水喷淋钢管	计量单位	m

清单综合单价组成明细

定额编号	定额名称	定额单位	数量	单价				合价			
				人工费	材料费	机械费	管理费和利润	人工费	材料费	机械费	管理费和利润
7-70	镀锌钢管 DN50	10m	0.1	52.01	12.86	9.17	112.03	5.20	1.29	0.92	11.20
人工单价			小　计					5.20	1.29	0.92	11.20
23.22 元/工日			未计价材料费					34.48			
清单项目综合单价								53.09			

材料费明细	主要材料名称、规格、型号	单位	数量	单价(元)	合价(元)	暂估单价(元)	暂估合价(元)
	镀锌钢管 DN50	m	1.02	21	21.42		
	镀锌钢管，接头零件	个	0.933	14	13.06		
	其他材料费			—			
	材料费小计			—	34.48		

工程量清单综合单价分析表　　　　　　　表 3-11

工程名称：某消防设备安装工程　　　　　标段：　　　　　第　页　共　页

项目编码	030901001003	项目名称	水喷淋钢管	计量单位	m

清单综合单价组成明细

定额编号	定额名称	定额单位	数量	单价				合价			
				人工费	材料费	机械费	管理费和利润	人工费	材料费	机械费	管理费和利润
7-69	镀锌钢管 DN40	10m	0.1	49.92	12.96	10.26	107.53	4.99	1.30	1.03	10.75
人工单价		小　计						4.99	1.30	1.03	10.75
23.22 元/工日		未计价材料费						34.91			
清单项目综合单价								52.98			

材料费明细	主要材料名称、规格、型号	单位	数量	单价（元）	合价（元）	暂估单价（元）	暂估合价（元）
	镀锌钢管 DN40	m	1.02	19	19.38		
	镀锌钢管，接头零件	个	1.223	12.7	15.53		
	其他材料费			—		—	
	材料费小计			—	34.91	—	

工程量清单综合单价分析表　　　　　　　表 3-12

工程名称：某消防设备安装工程　　　　　标段：　　　　　第　页　共　页

项目编码	030901001004	项目名称	水喷淋钢管	计量单位	m

清单综合单价组成明细

定额编号	定额名称	定额单位	数量	单价				合价			
				人工费	材料费	机械费	管理费和利润	人工费	材料费	机械费	管理费和利润
7-68	镀锌钢管 DN32	10m	0.1	43.89	8.53	6.82	94.54	4.39	0.85	0.68	9.45
人工单价		小　计						4.39	0.85	0.68	9.45
23.22 元/工日		未计价材料费						27.26			
清单项目综合单价								42.63			

材料费明细	主要材料名称、规格、型号	单位	数量	单价（元）	合价（元）	暂估单价（元）	暂估合价（元）
	镀锌钢管 DN32	m	1.02	18.1	18.46		
	镀锌钢管，接头零件	个	0.807	10.9	8.80		
	其他材料费			—		—	
	材料费小计			—	27.26	—	

工程量清单综合单价分析表　　　　　　　表 3-13

工程名称：某消防设备安装工程　　　　　　标段：　　　　　　　　第　页　共　页

项目编码	030901001005	项目名称	水喷淋钢管	计量单位	m

清单综合单价组成明细

定额编号	定额名称	定额单位	数量	单价				合价			
				人工费	材料费	机械费	管理费和利润	人工费	材料费	机械费	管理费和利润
7-67	镀锌钢管 DN25	10m	0.1	42.26	6.77	4.47	91.03	4.23	0.68	0.45	9.10
人工单价		小　计						4.23	0.68	0.45	9.10
23.22 元/工日		未计价材料费						22.00			
清单项目综合单价								36.46			

材料费明细	主要材料名称、规格、型号	单位	数量	单价（元）	合价（元）	暂估单价（元）	暂估合价（元）
	镀锌钢管 DN25	m	1.02	14.7	14.99		
	镀锌钢管，接头零件	个	0.723	9.7	7.01		
	其他材料费			—		—	
	材料费小计			—	22.00	—	

工程量清单综合单价分析表　　　　　　　表 3-14

工程名称：某消防设备安装工程　　　　　　标段：　　　　　　　　第　页　共　页

项目编码	030901001006	项目名称	水喷淋钢管	计量单位	m

清单综合单价组成明细

定额编号	定额名称	定额单位	数量	单价				合价			
				人工费	材料费	机械费	管理费和利润	人工费	材料费	机械费	管理费和利润
7-67	镀锌钢管 DN15	10m	0.1	42.26	6.77	4.47	91.03	4.23	0.68	0.45	9.10
人工单价		小　计						4.23	0.68	0.45	9.10
23.22 元/工日		未计价材料费						17.63			
清单项目综合单价								32.09			

材料费明细	主要材料名称、规格、型号	单位	数量	单价（元）	合价（元）	暂估单价（元）	暂估合价（元）
	镀锌钢管 DN15	m	1.02	11.9	12.14		
	镀锌钢管，接头零件	个	0.723	7.6	5.49		
	其他材料费			—		—	
	材料费小计			—	17.63	—	

工程量清单综合单价分析表

表 3-15

工程名称：某消防设备安装工程　　　　标段：　　　　　　　　第　页　共　页

项目编码	030901003001	项目名称	水喷淋(雾)喷头	计量单位	个

清单综合单价组成明细

定额编号	定额名称	定额单位	数量	单价				合价			
				人工费	材料费	机械费	管理费和利润	人工费	材料费	机械费	管理费和利润
7-77	水喷头安装	10个	0.1	45.05	33.39	7.56	97.04	4.51	3.34	0.76	9.70
人工单价			小　计					4.51	3.34	0.76	9.70
23.22元/工日			未计价材料费					3.03			
清单项目综合单价								21.34			

材料费明细	主要材料名称、规格、型号	单位	数量	单价(元)	合价(元)	暂估单价(元)	暂估合价(元)
	喷头	个	1.01	3	3.03		
	其他材料费			—			
	材料费小计			—	3.03		

工程量清单综合单价分析表

表 3-16

工程名称：某消防设备安装工程　　　　标段：　　　　　　　　第　页　共　页

项目编码	031002001001	项目名称	管道支架	计量单位	kg

清单综合单价组成明细

定额编号	定额名称	定额单位	数量	单价				合价			
				人工费	材料费	机械费	管理费和利润	人工费	材料费	机械费	管理费和利润
7-131	管道支吊架	100kg	0.01	206.66	104.28	77.90	445.15	2.07	1.04	0.78	4.45
人工单价			小　计					2.07	1.04	0.78	4.45
23.22元/工日			未计价材料费					3.92			
清单项目综合单价								12.26			

材料费明细	主要材料名称、规格、型号	单位	数量	单价(元)	合价(元)	暂估单价(元)	暂估合价(元)
	型钢	kg	1.06	3.7	3.92		
	其他材料费				—		
	材料费小计			—	3.92		

工程量清单综合单价分析表

表3-17

工程名称：某消防设备安装工程　　　　　　　标段：　　　　　　　第　页　共　页

项目编码	030901002001	项目名称	消火栓钢管	计量单位	m

清单综合单价组成明细

定额编号	定额名称	定额单位	数量	单价				合价			
				人工费	材料费	机械费	管理费和利润	人工费	材料费	机械费	管理费和利润
7-73	镀锌钢管DN100	10m	0.1	76.39	15.30	9.26	164.54	7.64	1.53	0.93	16.45
人工单价			小　计					7.64	1.53	0.93	16.45
23.22元/工日			未计价材料费					53.78			
清单项目综合单价								80.33			

材料费明细	主要材料名称、规格、型号	单位	数量	单价(元)	合价(元)	暂估单价(元)	暂估合价(元)
	镀锌钢管DN100	m	1.020	40	40.8		
	镀锌钢管，接头零件	个	0.519	25	12.98		
	其他材料费			—		—	
	材料费小计			—	53.78	—	

工程量清单综合单价分析表

表3-18

工程名称：某消防设备安装工程　　　　　　　标段：　　　　　　　第　页　共　页

项目编码	030901010001	项目名称	室内消火栓	计量单位	套

清单综合单价组成明细

定额编号	定额名称	定额单位	数量	单价				合价			
				人工费	材料费	机械费	管理费和利润	人工费	材料费	机械费	管理费和利润
7-105	室内消火栓安装	套	1	21.83	8.97	0.67	47.02	21.83	8.97	0.67	47.02
人工单价			小　计					21.83	8.97	0.67	47.02
23.22元/工日			未计价材料费					480			
清单项目综合单价								558.49			

材料费明细	主要材料名称、规格、型号	单位	数量	单价(元)	合价(元)	暂估单价(元)	暂估合价(元)
	室内消火栓	套	1.000	480	480		
	其他材料费			—	—		
	材料费小计			—	480	—	

工程量清单综合单价分析表　　　　　　　　　　表 3-19

工程名称：某消防设备安装工程　　　　　　标段：　　　　　　　第 页 共 页

项目编码	031003001001	项目名称		螺纹阀门		计量单位		个

清单综合单价组成明细

定额编号	定额名称	定额单位	数量	单价				合价			
				人工费	材料费	机械费	管理费和利润	人工费	材料费	机械费	管理费和利润
7-249	螺纹阀门 DN100	个	1	22.52	40.54	—	48.50	22.52	40.54	—	48.50
	人工单价			小　计				22.52	40.54	—	48.50
23.22 元/工日				未计价材料费				232.3			
		清单项目综合单价						343.86			
		清单项目综合单价						237.97			

材料费明细	主要材料名称、规格、型号	单位	数量	单价(元)	合价(元)	暂估单价(元)	暂估合价(元)
	螺纹阀门 DN100	个	1.010	230	232.3		
	其他材料费			—		—	
	材料费小计			—	232.3	—	

三、《建设工程工程量清单计价规范》GB 50500—2013 和《通用安装工程工程量计算规范》GB 50856—2013 计算方法(表 3-20～表 3-33)

定额套用《全国统一安装工程预算定额》GYD—2000(第二版)

分部分项工程和单价措施项目清单与计价表　　　　　　　表 3-20

工程名称：某消防设备安装工程　　　　　　标段：　　　　　　　第 页 共 页

序号	项目编码	项目名称	项目特征描述	计量单位	工程量	金额(元)		
						综合单价	合价	其中：暂估价
1	030901001001	水喷淋钢管	室内安装，螺纹连接，DN100	m	214.75			
2	030901001002	水喷淋钢管	室内安装，螺纹连接，DN50	m	6			
3	030901001003	水喷淋钢管	室内安装，螺纹连接，DN40	m	36			
4	030901001004	水喷淋钢管	室内安装，螺纹连接，DN32	m	18			
5	030901001005	水喷淋钢管	室内安装，螺纹连接，DN25	m	53.2			
6	030901001006	水喷淋钢管	室内安装，螺纹连接，DN15	m	23.75			
7	030901003001	水喷淋(雾)喷头	有吊顶，φ15，玻璃头	个	95			
8	031002001001	管道支架	吊架制作安装	kg	150			
9	030901002001	消火栓钢管	室内安装，螺纹连接，DN100	m	136			
10	030901010001	室内消火栓	室内安装，单栓65	套	6			
11	031003001001	螺纹阀门	DN100	个	4			
			本页小计					
			合　计					

173

分部分项工程和单价措施项目清单与计价表　　　　　表 3-21

工程名称：某消防设备安装工程　　　　　　　标段：　　　　　　　第　页 共　页

序号	项目编码	项目名称	项目特征描述	计量单位	工程量	金额（元）		
						综合单价	合价	其中：暂估价
1	030901001001	水喷淋钢管	室内安装，螺纹连接，$DN100$	m	214.75	80.33	17250.87	
2	030901001002	水喷淋钢管	室内安装，螺纹连接，$DN50$	m	6	53.09	318.54	
3	030901001003	水喷淋钢管	室内安装，螺纹连接，$DN40$	m	36	52.98	1907.28	
4	030901001004	水喷淋钢管	室内安装，螺纹连接，$DN32$	m	18	42.63	767.34	
5	030901001005	水喷淋钢管	室内安装，螺纹连接，$DN25$	m	53.2	36.46	1939.67	
6	030901001006	水喷淋钢管	室内安装，螺纹连接，$DN15$	m	23.75	32.09	762.14	
7	030901003001	水喷淋（雾）喷头	有吊顶，$\phi15$，玻璃头	个	95	21.34	2027.3	
8	031002001001	管道支架	吊架制作安装	kg	150	12.26	1839	
9	030901002001	消火栓钢管	室内安装，螺纹连接，$DN100$	m	136	80.33	10924.88	
10	030901010001	室内消火栓	室内安装，单栓60	套	6	558.49	3350.94	
11	031003001001	螺纹阀门	$DN100$	个	4	343.86	1375.44	
		本页小计					42463.4	
		合　计					42463.4	

总价措施项目清单与计价表　　　　　　　　　表 3-22

工程名称：某消防设备安装工程　　　　　　　标段：　　　　　　　第　页 共　页

序号	项目编目	项目名称	计算基础	费率（%）	金额（元）	调整费率（%）	调整后金额（元）	备注
1	031301017001	第七册项目脚手架搭拆	人工费	5	202.78			
2	031301017002	第八册项目脚手架搭拆	人工费	5	4.50			
		合　计			207.28			

综合单价分析表　　　　　　　　　　　表 3-23

工程名称：某消防设备安装工程　　　　　标段：　　　　　　第　页　共　页

项目编码	030901001001	项目名称	水喷淋钢管	计量单位	m	工程量	214.75

清单综合单价组成明细

定额编号	定额名称	定额单位	数量	单价				合价			
				人工费	材料费	机械费	管理费和利润	人工费	材料费	机械费	管理费和利润
7-73	镀锌钢管 DN100	10m	0.1	76.39	15.30	9.26	164.54	7.64	1.53	0.93	16.45
人工单价			小　计					7.64	1.53	0.93	16.45
23.22 元/工日		未计价材料费						53.78			
清单项目综合单价								80.33			

材料费明细	主要材料名称、规格、型号	单位	数量	单价（元）	合价（元）	暂估单价（元）	暂估合价（元）
	镀锌钢管 DN100	m	1.020	40	40.8		
	镀锌钢管，接头零件	个	0.519	25	12.98		
	其他材料费			—		—	
	材料费小计			—	53.78	—	

注：1. "数量"栏为投标方（定额）工程量÷招标方（清单）工程量÷定额单位数量如"0.1"为"214.75÷214.75÷10＝0.1"

　　2. 管理费费率为 155.4%，利润率为 60%，均以人工费为基数。

　　3. 下同。

综合单价分析表　　　　　　　　　　　表 3-24

工程名称：某消防设备安装工程　　　　　标段：　　　　　　第　页　共　页

项目编码	030901001002	项目名称	水喷淋钢管	计量单位	m	工程量	6

清单综合单价组成明细

定额编号	定额名称	定额单位	数量	单价				合价			
				人工费	材料费	机械费	管理费和利润	人工费	材料费	机械费	管理费和利润
7-70	镀锌钢管 DN50	10m	0.1	52.01	12.86	9.17	112.03	5.20	1.29	0.92	11.20
人工单价			小　计					5.20	1.29	0.92	11.20
23.22 元/工日		未计价材料费						34.48			
清单项目综合单价								53.09			

材料费明细	主要材料名称、规格、型号	单位	数量	单价（元）	合价（元）	暂估单价（元）	暂估合价（元）
	镀锌钢管 DN50	m	1.02	21	21.42		
	镀锌钢管，接头零件	个	0.933	14	13.06		
	其他材料费			—		—	
	材料费小计			—	34.48	—	

综合单价分析表 表 3-25

工程名称：某消防设备安装工程　　　　标段：　　　　　　　　第　页　共　页

| 项目编码 | 030901001003 | 项目名称 | | 水喷淋钢管 | | 计量单位 | m | 工程量 | 36 |

清单综合单价组成明细

定额编号	定额名称	定额单位	数量	单价				合价			
				人工费	材料费	机械费	管理费和利润	人工费	材料费	机械费	管理费和利润
7-69	镀锌钢管 DN40	10m	0.1	49.92	12.96	10.26	107.53	4.99	1.30	1.03	10.75
人工单价			小　计					4.99	1.30	1.03	10.75
23.22 元/工日			未计价材料费					34.91			
清单项目综合单价								52.98			

材料费明细	主要材料名称、规格、型号	单位	数量	单价（元）	合价（元）	暂估单价(元)	暂估合价(元)
	镀锌钢管 DN40	m	1.02	19	19.38		
	镀锌钢管，接头零件	个	1.223	12.7	15.53		
	其他材料费			—		—	
	材料费小计			—	34.91	—	

综合单价分析表 表 3-26

工程名称：某消防设备安装工程　　　　标段：　　　　　　　　第　页　共　页

| 项目编码 | 030901001004 | 项目名称 | | 水喷淋钢管 | | 计量单位 | m | 工程量 | 18 |

清单综合单价组成明细

定额编号	定额名称	定额单位	数量	单价				合价			
				人工费	材料费	机械费	管理费和利润	人工费	材料费	机械费	管理费和利润
7-68	镀锌钢管 DN32	10m	0.1	43.89	8.53	6.82	94.54	4.39	0.85	0.68	9.45
人工单价			小　计					4.39	0.85	0.68	9.45
23.22 元/工日			未计价材料费					27.26			
清单项目综合单价								42.63			

材料费明细	主要材料名称、规格、型号	单位	数量	单价（元）	合价（元）	暂估单价(元)	暂估合价(元)
	镀锌钢管 DN32	m	1.02	18.1	18.46		
	镀锌钢管，接头零件	个	0.807	10.9	8.80		
	其他材料费			—		—	
	材料费小计			—	27.26	—	

综合单价分析表　　　　　　　　　　表 3-27

工程名称：某消防设备安装工程　　　　　标段：　　　　　　　　　第　页　共　页

| 项目编码 | 030901001005 | 项目名称 | | 水喷淋钢管 | | 计量单位 | m | 工程量 | 53.2 |

清单综合单价组成明细

定额编号	定额名称	定额单位	数量	单价				合价			
				人工费	材料费	机械费	管理费和利润	人工费	材料费	机械费	管理费和利润
7-67	镀锌钢管 DN25	10m	0.1	42.26	6.77	4.47	91.03	4.23	0.68	0.45	9.10
人工单价			小　计					4.23	0.68	0.45	9.10
23.22元/工日			未计价材料费					22.00			
清单项目综合单价								36.46			

材料费明细	主要材料名称、规格、型号	单位	数量	单价（元）	合价（元）	暂估单价（元）	暂估合价（元）
	镀锌钢管 DN25	m	1.02	14.7	14.99		
	镀锌钢管，接头零件	个	0.723	9.7	7.01		
	其他材料费			—		—	
	材料费小计			—	22.00	—	

综合单价分析表　　　　　　　　　　表 3-28

工程名称：某消防设备安装工程　　　　　标段：　　　　　　　　　第　页　共　页

| 项目编码 | 030901001006 | 项目名称 | | 水喷淋钢管 | | 计量单位 | m | 工程量 | 23.75 |

清单综合单价组成明细

定额编号	定额名称	定额单位	数量	单价				合价			
				人工费	材料费	机械费	管理费和利润	人工费	材料费	机械费	管理费和利润
7-67	镀锌钢管 DN15	10m	0.1	42.26	6.77	4.47	91.03	4.23	0.68	0.45	9.10
人工单价			小　计					4.23	0.68	0.45	9.10
23.22元/工日			未计价材料费					17.63			
清单项目综合单价								32.09			

材料费明细	主要材料名称、规格、型号	单位	数量	单价（元）	合价（元）	暂估单价（元）	暂估合价（元）
	镀锌钢管 DN15	m	1.02	11.9	12.14		
	镀锌钢管，接头零件	个	0.723	7.6	5.49		
	其他材料费			—		—	
	材料费小计			—	17.63	—	

综合单价分析表 | 表 3-29

工程名称：某消防设备安装工程　　　　标段：　　　　　　第 页 共 页

项目编码	030901003001	项目名称		水喷淋(雾)喷头		计量单位	个	工程量	95

清单综合单价组成明细

定额编号	定额名称	定额单位	数量	单价				合价			
				人工费	材料费	机械费	管理费和利润	人工费	材料费	机械费	管理费和利润
7-77	水喷头安装	10个	0.1	45.05	33.39	7.56	97.04	4.51	3.34	0.76	9.70
	人工单价			小　计				4.51	3.34	0.76	9.70
	23.22 元/工日			未计价材料费				3.03			
			清单项目综合单价					21.34			

材料费明细	主要材料名称、规格、型号	单位	数量	单价(元)	合价(元)	暂估单价(元)	暂估合价(元)
	喷头	个	1.01	3	3.03		
	其他材料费			—		—	
	材料费小计			—	3.03	—	

综合单价分析表 | 表 3-30

工程名称：某消防设备安装工程　　　　标段：　　　　　　第 页 共 页

项目编码	031002001001	项目名称		管道支架		计量单位	kg	工程量	150

清单综合单价组成明细

定额编号	定额名称	定额单位	数量	单价				合价			
				人工费	材料费	机械费	管理费和利润	人工费	材料费	机械费	管理费和利润
7-131	管道支吊架	100kg	0.01	206.66	104.28	77.90	445.15	2.07	1.04	0.78	4.45
	人工单价			小　计				2.07	1.04	0.78	4.45
	23.22 元/工日			未计价材料费				3.92			
			清单项目综合单价					12.26			

材料费明细	主要材料名称、规格、型号	单位	数量	单价(元)	合价(元)	暂估单价(元)	暂估合价(元)
	型钢	kg	1.06	3.7	3.92		
	其他材料费			—		—	
	材料费小计			—	3.92	—	

综合单价分析表

表 3-31

工程名称：某消防设备安装工程　　　　标段：　　　　　　　　第 页 共 页

| 项目编码 | 030901002001 | 项目名称 | | 消火栓钢管 | | 计量单位 | m | 工程量 | 136 |

清单综合单价组成明细

定额编号	定额名称	定额单位	数量	单价				合价			
				人工费	材料费	机械费	管理费和利润	人工费	材料费	机械费	管理费和利润
7-73	镀锌钢管 DN100	10m	0.1	76.39	15.30	9.26	164.54	7.64	1.53	0.93	16.45
人工单价			小 计					7.64	1.53	0.93	16.45
23.22 元/工日			未计价材料费					53.78			
清单项目综合单价								80.33			

材料费明细	主要材料名称、规格、型号			单位	数量	单价(元)	合价(元)	暂估单价(元)	暂估合价(元)
	镀锌钢管 DN100			m	1.020	40	40.8		
	镀锌钢管，接头零件			个	0.519	25	12.98		
	其他材料费					—			
	材料费小计					—	53.78	—	

综合单价分析表

表 3-32

工程名称：某消防设备安装工程　　　　标段：　　　　　　　　第 页 共 页

| 项目编码 | 030901010001 | 项目名称 | | 室内消火栓 | | 计量单位 | 套 | 工程量 | 6 |

清单综合单价组成明细

定额编号	定额名称	定额单位	数量	单价				合价			
				人工费	材料费	机械费	管理费和利润	人工费	材料费	机械费	管理费和利润
7-105	室内消火栓安装	套	1	21.83	8.97	0.67	47.02	21.83	8.97	0.67	47.02
人工单价			小 计					21.83	8.97	0.67	47.02
23.22 元/工日			未计价材料费					480			
清单项目综合单价								558.49			

材料费明细	主要材料名称、规格、型号			单位	数量	单价(元)	合价(元)	暂估单价(元)	暂估合价(元)
	室内消火栓			套	1.000	480	480		
	其他材料费					—			
	材料费小计					—	480	—	

综合单价分析表　　　　　　　　　　　　　　　表 3-33

工程名称：某消防设备安装工程　　　　　标段：　　　　　　　第　页　共　页

项目编码	031003001001	项目名称		螺纹阀门	计量单位	个	工程量	4

清单综合单价组成明细

定额编号	定额名称	定额单位	数量	单价				合价			
				人工费	材料费	机械费	管理费和利润	人工费	材料费	机械费	管理费和利润
7-249	螺纹阀门 DN100	个	1	22.52	40.54	—	48.50	22.52	40.54	—	48.50
人工单价			小　计					22.52	40.54	—	48.50
23.22 元/工日			未计价材料费						232.3		
清单项目综合单价								343.86			
清单项目综合单价								237.97			

材料费明细	主要材料名称、规格、型号	单位	数量	单价（元）	合价（元）	暂估单价（元）	暂估合价（元）
	螺纹阀门 DN100	个	1.010	230	232.3		
	其他材料费				—		
	材料费小计				—	232.3	

四、13 规范，08 规范与 03 规范计算中的区别与联系

1. 03 规范计算中的"消防设施工程量计算表"在 08 规范计算中变为"分部分项工程量清单与计价表"；03 中的"消防设施工程预算表"在 08 规范中分成两表，即"分部分项工程量清单与计价表"和"措施项目清单与计价表"，虽在表现形式上有所不同，但其所表达的意义大同小异。

2. 03 规范计算中的"分部分项工程量清单计价表"在 08 规范中的表现形式即为"分部分项工程量清单与计价表"，08 规范中省去或合并了 03 规范中意义上重复的表格，使结果更清晰明了。

3. 03 规范计算中的"分部分项工程量清单综合单价分析表"在 08 规范计算中更改为"工程量清单综合单价分析表"，其所表现内容相同。且 08 中的表格较 03 中的表格多出了"材料费明细"一栏。

4. "材料费明细"一栏的填写。08 规范计算中多出的"材料费明细"一栏，使该工程中所用材料、材料用量、价格等信息一目了然，其填写方法应注意以下两点：

(1)若该页工程所涉及的定额中任一个含有"未计价材料"(即主材)一项，则该栏应填写"未计价材料"信息，并将汇总结果填入表中"未计价材料费"栏中；

(2)若该页工程所涉及的定额中没有"未计价材料"(即主材)一项，则该栏应填写该页所用定额中所有的材料信息，同类项可合并再计算，材料价格可按所选定额中材料价格确定，汇总后的结果应与表中"小计"栏中"材料费"相等。

5. "未计价材料"费用的确定根据题目要求，确定各项"未计价材料"的单价，查定额量计算数量后汇总。

　　6.13 规范将 08 规范中的"分部分项工程量清单与计价表"和"措施项目清单与计价表"合并重新设置，改名为"分部分项工程和单价措施项目清单与计价表"，采用这一表现形式，大大地减少了投标人因两表分设而可能带来的出错概率。

　　7.13 规范和 08 规范相比，13 规范中的"工程量清单综合单价分析表"新增加了"工程量"一栏，使表格中的内容更加清晰、全面，增加了表格的适用性。

【例二】工程内容：

　　某大厦消防及喷淋系统安装工程。大厦为地上十二层，地下两层。如图 3-5 所示为大厦地下室一层(−8.0m)消防平面图；图 3-6 所示为大厦地下室(−4.0m)消防平面图；图 3-7 所示为大厦一层消防及喷淋系统平面图；图 3-8 所示为大厦二层消防及喷淋系统平面；图 3-9 所示为大厦设备层消防平面图；图 3-10 所示为大厦三～九层消防及喷淋系统平面图；图 3-11 所示为大厦十层消防及喷淋系统平面图；图 3-12 所示为大厦十一层消防及喷淋系统平面图；图 3-13 所示为十二层消防及喷淋系统平面图；图 3-14 所示为屋顶层消防平面图；图 3-15 所示为大厦消防系统图；图 3-16 所示为大厦喷淋管道系统图。

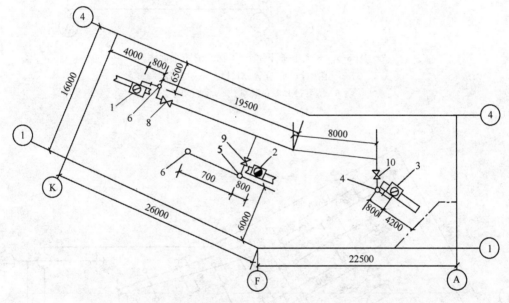

图 3-5　某大厦地下室一层(−8.0m)消防平面图

1、2、3—消火栓；4—立管(XL-1)；5—立管(XL-2)；6—立管(XL-3)；

8、9、10—法兰闸阀(DN100)

安装要求：

　　消火栓离各层地面 1.1m，地下室至五层消火栓处需加调压孔板。调压孔板规格按尺寸提供厂家配制订货。

　　消火栓灭火系统使用水枪数量为 3 支，每支水枪最小流量 5L/s，室内消防最大用水量 30L/s，室内消防进水压力为 0.85MPa。消火栓采用 XSZ-240/65-5(L)型。

　　自动喷淋灭火系统，报警阀后管道采用无缝钢管螺纹连接；安装喷头前必须对管道系统进行认真冲洗，确保无杂物。喷头安装按国家标准《室内自动喷水灭火设施安装》要求进行。

　　管道支架、吊架装置和固定参照国家标准图《管道支架及吊架》S161 要求进行。

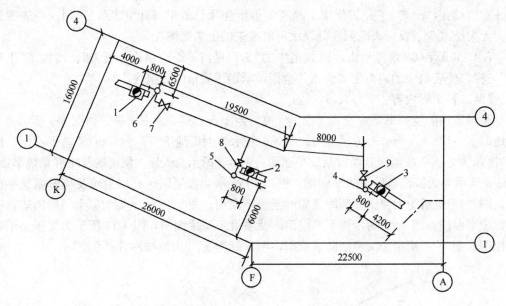

图 3-6　某大厦地下室(−4.0m)消防平面图

1、2、3—消火栓；4—立管(XL-1)；5—立管(XL-2)；

6—立管(XL-3)；7、8、9—法兰闸阀

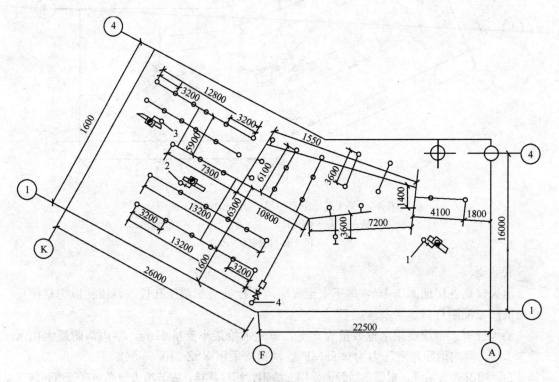

图 3-7　某大厦一层消防及喷淋系统平面图

1—立管(XL-1)；2—立管(XL-2)；3—立管(XL-3)；4—供水管

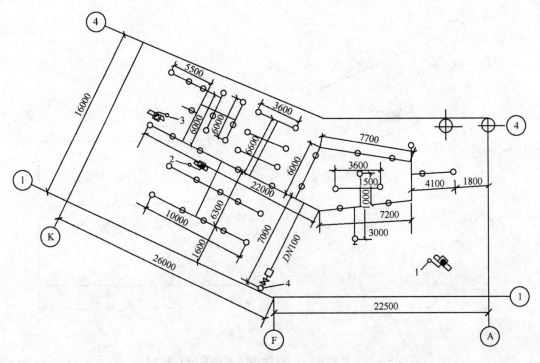

图 3-8　某大厦二层消防及喷淋系统平面图

1—立管(XL-1)；2—立管(XL-2)；3—立管(XL-3)；4—喷淋供水管

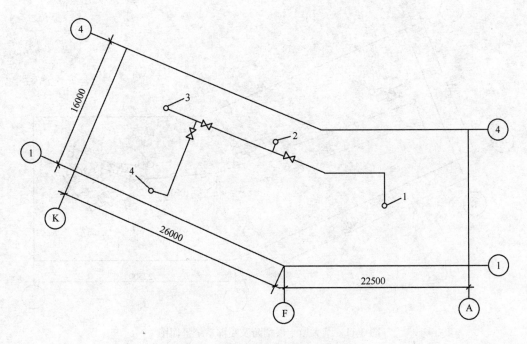

图 3-9　某大厦设备层消防平面图

1—立管(XL-1)；2—立管(XL-2)；3—立管(XL-3)；4—供水管

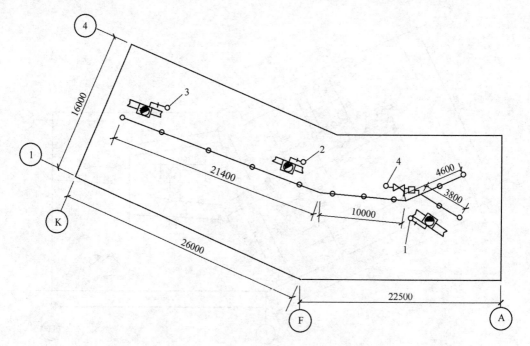

图 3-10　某大厦三～九层消防及喷淋系统平面图
1—立管(XL-1)；2—立管(XL-2)；3—立管(XL-3)；4—喷淋

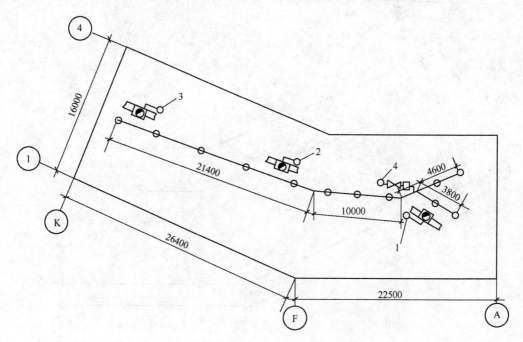

图 3-11　某大厦十层消防及喷淋系统平面图
1—立管(XL-1)；2—立管(XL-2)；3—立管(XL-3)；4—喷淋供水立管

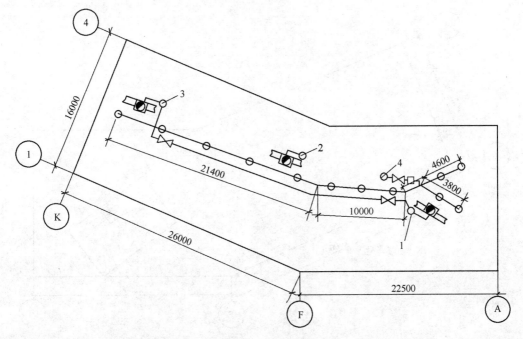

图 3-12　某大厦十一层消防及喷淋平面图

1—立管(XL-1)；2—立管(XL-2)；3—立管(XL-3)；4—喷淋供水管

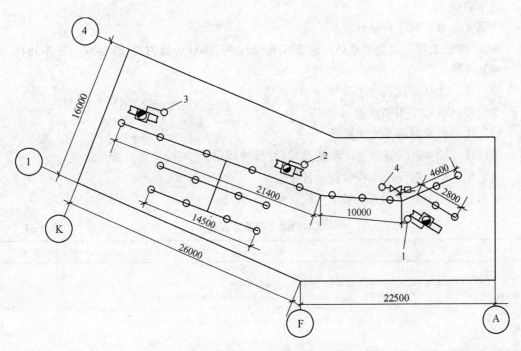

图 3-13　某大厦十二层消防喷淋系统图

1—立管(XL-1)；2—立管(XL-2)；3—立管(XL-3)；4—喷淋供水管

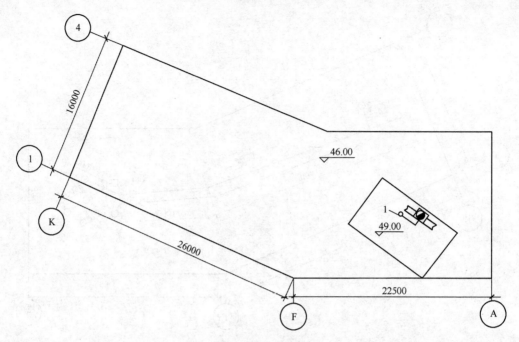

图 3-14　某大厦屋顶层消防平面图
1—立管(XL-1)

编制要求：

计算工程量，列工程量计算表

一、《建设工程工程量清单计价规范》GB 50500—2003 计算方法（表 3-34～表 3-38）

编制步骤

第一步：计算消防系统工程量。

第二步：填施工图预算表。

第三步：计算喷淋系统工程量。

第四步：填预(结)算表与工程量清单(直接费项目)之间的关系分析对照表。

第五步：填分部分项工程量清单计价表。

第六步：填分部分项工程量清单综合单价分析表。

消防喷淋工程量计算表　　　　　　　　　　　　　　　　　　　　　　表 3-34

项目名称	工程量计算式	单位	数量
消防系统			
镀锌钢管 DN150	(2m×2)＋(2m×1)＋2m＋3m＋12m＋19.5m＋8m＋2m＝52.5m	m	52.50
镀锌钢管 DN100	(19.5m×2)＋(8m×2)＋20m＋32.3m＋52.3m＋57.3m＋5m＝221.9m	m	221.90
镀锌钢管 DN70	43m×2(综合)＝86m	m	86.00
消火栓	单出口 65　　43 个	个	43
闸阀 DN150	6 个	个	6

项目名称	工程量计算式	单位	数量
闸阀 $DN100$	14 个	个	14
调压孔板	$DN65$　　21 个	个	21
一层			
镀锌钢管 $DN100$	8m＋7.3m＋10.8m＋7.2m＋1.4m＋15.5m＋6.1m＋5.9m ＋6.3m＝68.5m	m	68.50
镀锌钢管 $DN32$	(12.8m－6.4m)×2＋(13.2m－6.4m)×2＝26.4m	m	26.4
镀锌钢管 $DN25$	(3.6m×2)＋4.1m＋(3.2m×4)＋(3.2m×4)＝36.9m	m	36.90
镀锌钢管 $DN15$	44m×0.25(综合)＝11m	m	11
二层			
镀锌钢管 $DN100$	7m＋22m＋7.2m＋6m＋7.7m＋6m＝55.9m	m	55.90
镀锌钢管 $DN50$	2.2m＋2m＝4.2m	m	4.20
镀锌钢管 $DN40$	1m＋1.5m＋2.2m＝4.7m	m	4.70
镀锌钢管 $DN32$	(5.5m×2)＋2.75m＋(6m×2)＋2.2m＋20m＝47.95m	m	47.95
镀锌钢管 $DN25$	4.1m＋3.6m＋(3.6m×3)＝18.5m	m	18.50
镀锌钢管 $DN15$	42m×0.25(综合)＝10.5m	m	10.50
三至十一层			
镀锌钢管 $DN100$	12m×9(层)＝108m	m	108
镀锌钢管 $DN50$	10.7m×9(层)＝96.3m	m	96.30
镀锌钢管 $DN32$	(10.7m＋4.6m)×9(层)＝137.7m	m	137.70
镀锌钢管 $DN25$	2.8m×9(层)＝25.2m	m	25.20
镀锌钢管 $DN15$	(12m×0.25)×9(层)＝27m	m	27
十二层			
镀锌钢管 $DN100$	13m＋51m＝64m	m	64
镀锌钢管 $DN50$	10.7m＋6m＝16.7m	m	16.70
镀锌钢管 $DN32$	10.7m＋(14.5m×2)＋6.4m＝46.1m	m	46.10
镀锌钢管 $DN25$	2.8m	m	2.80
镀锌钢管 $DN15$	18×0.25m(综合)＝4.5m	m	4.50
阀门 $DN100$	4 个	个	4
玻璃球喷头	$DN15$　　190 个	个	190
高层建筑费	人工费乘 2%		
脚手架费	人工费乘 5%		
主材费	均未计算主材数量		

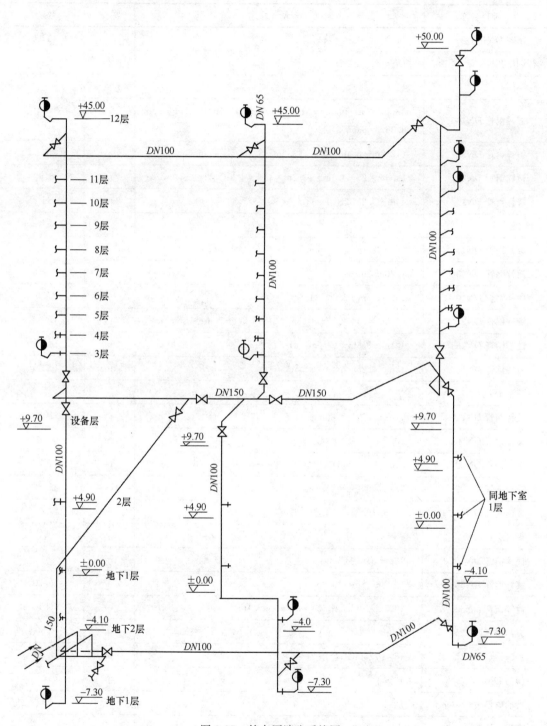

图 3-15　某大厦消防系统图

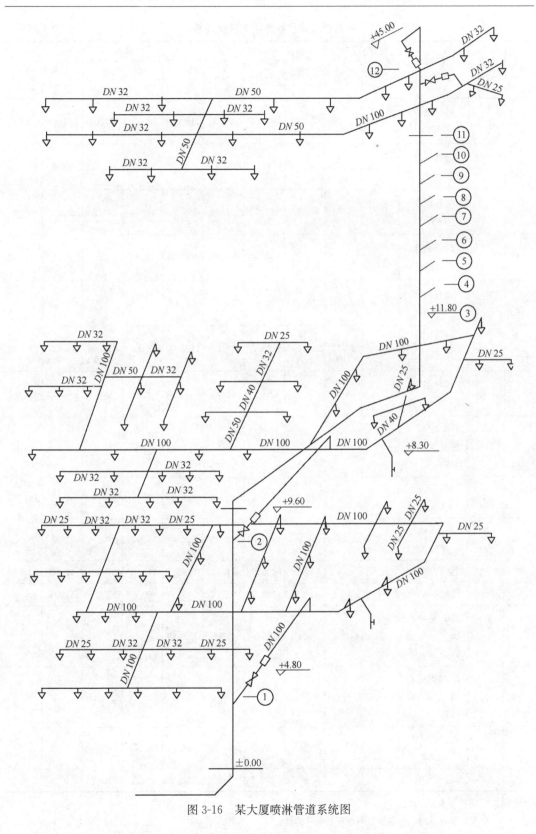

图 3-16　某大厦喷淋管道系统图

高层消防喷淋系统工程预算表　　　　　　　　　　表 3-35

序号	定额编号	工程或费用名称	工程量		价值（元）		其中					
			定额单位	数量	定额单价	总价	人工费（元）		材料费（元）		机械费（元）	
							单价	金额	单价	金额	单价	金额
1	7-74	镀锌钢管 DN150	10m	5.25	634.37	3330.44	224.77	1180.04	204.94	1075.94	204.66	1074.46
2	7-73	镀锌钢管 DN100	10m	51.83	100.95	5314.53	76.39	3959.29	15.30	793.00	9.26	483.18
3	7-71	镀锌钢管 DN70	10m	8.60	83.85	721.11	57.82	497.25	16.79	144.39	9.24	79.46
4	7-70	镀锌钢管 DN50	10m	11.72	74.04	867.75	52.01	609.56	12.86	150.72	9.17	107.47
5	7-69	镀锌钢管 DN40	10m	0.47	73.14	34.37	49.92	23.46	12.96	6.09	10.26	4.82
6	7-68	镀锌钢管 DN32	10m	25.82	59.24	1529.58	43.89	1133.24	8.53	220.04	6.82	176.09
7	7-67	镀锌钢管 DN25、DN15	10m	13.64	53.50	729.74	42.26	576.43	6.77	92.34	4.47	60.97
8	7-76	玻璃球喷头（无吊顶 15mm 以内）	10 个	19.0	61.01	1159.19	36.69	697.11	20.19	383.61	4.13	78.47
9	7-98	调压孔板 DN65	个	21	41.20	865.20	10.68	224.28	23.80	499.80	6.72	141.12
10	7-105	消火栓 单栓 65	套	43	31.47	1353.21	21.83	938.69	8.97	385.71	0.67	28.81
11	8-261	阀门 DN100	个	18	189.26	3406.68	21.59	388.62	154.79	2786.22	12.88	231.84
12	8-263	阀门 DN150	个	6	316.70	1900.20	32.74	196.44	269.65	1617.90	14.31	85.86
13		第七册项目脚手架搭拆费	元	9479.25	5%	473.96		118.49		355.47		
14		第八册项目脚手架搭拆费	元	585.06	5%	29.25		7.31		21.94		
15		高层建筑费人工费乘 2%	元	9479.25	2%	189.58		189.58				
		合　计				21409.66		10379.69		8519.83		2510.14

注：1. 项目均未计主材费。

　　2. 实际编预算时，单价应按当地现行单价调整。

预(结)算表(直接费部分)与清单项目之间关系分析对照表　　表 3-36

工程名称：高层消防喷淋系统　　　　　　　　　　　　　　　　　第　页　共　页

序号	项目编码	项　目　名　称	清单主项在预(结)算表中的序号	清单综合的工程内容在预(结)算表中的序号
1	030901002001	消火栓钢管，DN150，室内安装，法兰连接	1	15
2	030901002002	消火栓钢管，DN100，室内安装，螺纹连接	2	15
3	030901002003	消火栓钢管，DN70，室内安装，螺纹连接	3	15
4	030901001001	水喷淋钢管，DN100，室内安装，螺纹连接	2	15
5	030901001002	水喷淋钢管，DN50，室内安装，螺纹连接	4	15
6	030901001003	水喷淋钢管，DN40，室内安装，螺纹连接	5	15
7	030901001004	水喷淋钢管，DN32，室内安装，螺纹连接	6	15
8	030901001005	水喷淋钢管，DN25，室内安装，螺纹连接	7	15
9	030901001006	水喷淋钢管，DN15，室内安装，螺纹连接	7	15
10	030901003001	水喷淋(雾)喷头，玻璃球喷头，无吊顶，φ15	8	15
11	030901007001	减压孔板，调压孔板，DN65	9	15
12	030901010001	室内消火栓，室内安装，单栓 65	10	15
13	031003003001	焊接法兰阀门，DN100	11	15
14	031003003002	焊接法兰阀门，DN150	12	15

分部分项工程量清单计价表　　表 3-37

工程名称：高层消防喷淋系统　　　　　　　　　　　　　　　　　第　页　共　页

序号	项目编码	项　目　名　称	计量单位	工程数量	金额(元)	
					综合单价	合　价
1	030901002001	消火栓钢管，DN150，室内安装，法兰连接	m	52.50	145.24	7625.15
2	030901002002	消火栓钢管，DN100，室内安装，螺纹连接	m	221.90	91.04	20202.13
3	030901002003	消火栓钢管，DN70，室内安装，螺纹连接	m	86	86.19	7412.44
4	030901001001	水喷淋钢管，DN100，室内安装，螺纹连接	m	296.4	91.04	26984.26
5	030901001002	水喷淋钢管，DN50，室内安装，螺纹连接	m	119.2	59.62	6987.46
6	030901001003	水喷淋钢管，DN40，室内安装，螺纹连接	m	4.7	60.11	282.52
7	030901001004	水喷淋钢管，DN32，室内安装，螺纹连接	m	258.15	47.24	12195.01
8	030901001005	水喷淋钢管，DN25，室内安装，螺纹连接	m	83.4	38.98	3250.80
9	030901001006	水喷淋钢管，DN15，室内安装，螺纹连接	m	53	32.76	1736.09
10	030901003001	水喷淋(雾)喷头，玻璃球喷头，无吊顶，φ15	个	190	13.07	2483.26
11	030901007001	减压孔板，调压孔板 DN65	个	21	138.20	2902.28
12	030901010001	室内消火栓，室内安装，单栓 65	套	43	726.91	31257.12
13	031003003001	焊接法兰阀门，DN100	个	18	611.29	11003.27
14	031003003002	焊接法兰阀门，DN150	个	6	861.88	5171.28

分部分项工程量清单综合单价分析表

表3-38

第 页 共 页

工程名称：高层消防喷淋系统

序号	项目编码	项目名称	定额编号	工程内容	单位	数量	其中(元)					综合单价	合价
							人工费	材料费	机械费	管理费	利润		
1	030901002001	消火栓钢管				52.5						145.30	7628.40
			7-74	镀锌钢管DN150	10m	5.25	224.77	204.94	204.66	215.48	50.7		900.55×5.25
				镀锌钢管DN150	m	51.5		39.2	—	13.33	3.14		55.67×51.5
				高层建筑增加费	元	1	23.6	—	—	8.02	1.89		33.51
2	030901002002	消火栓钢管				221.90						90.73	20134.02
			7-73	镀锌钢管DN100	10m	22.19	76.39	15.30	9.26	34.63	8.15		143.73×22.19
				镀锌钢管DN100	m	226.34	—	40	—	13.6	3.2		56.8×226.34
				镀锌钢管接头零件	个	115.17	—	25	—	8.5	2		35.5×115.17
				高层建筑增加费	元	1	33.9	—	—	11.53	2.71		48.14×1
3	030901002003	消火栓钢管				86						86.19	7412.44
			7-71	镀锌钢管DN70	10m	8.6	57.82	16.79	9.24	28.51	6.71		119.07×8.6
				镀锌钢管DN70	m	87.72	—	35.1	—	11.93	2.81		49.84×87.72
				镀锌钢管接头零件	个	76.63	—	18.4	—	6.26	1.47		26.13×76.63
				高层建筑增加费	元	1	9.95	—	—	3.38	0.80		14.13×1
4	030901001001	水喷淋钢管				296.4						90.95	26958.54
			7-73	镀锌钢管DN100	10m	29.64	76.39	15.3	9.26	34.63	8.15		143.73×29.64
				镀锌钢管DN100	m	302.33	—	40	—	13.6	3.2		56.8×302.33
				镀锌钢管接头零件	个	153.83	—	25	—	8.5	2		35.5×153.83
				高层建筑增加费	元	1	45.82	—	—	15.58	3.67		65.07×1
5	030901001002	水喷淋钢管				117.2						59.63	6988.29
			7-70	镀锌钢管DN50	10m	11.72	52.01	12.86	9.17	25.17	5.92		105.13×11.72

续表

序号	项目编码	项目名称	定额编号	工程内容	单位	数量	其中（元）					综合单价	合价
							人工费	材料费	机械费	管理费	利润		
				镀锌钢管DN50	m	119.54	—	21	—	7.14	1.68		29.82×119.54
				镀锌钢管接头零件	个	109.35	—	14	—	4.76	1.12		19.88×109.35
				高层建筑增加费	元	1	12.40	—	—	4.22	0.99		17.61×1
6	030901001003	水喷淋钢管				4.7						60.11	2825.16
			7-69	镀锌钢管DN40	10m	0.47	49.92	12.96	10.26	24.87	5.85		103.86×0.47
				镀锌钢管DN40	m	4.79	—	19	—	6.46	1.52		26.98×4.79
				镀锌钢管接头零件	个	5.75	—	12.7	—	4.32	1.02		18.04×5.75
				高层建筑增加费	元	1	4.69	—	—	1.59	0.38		6.66×1
7	030901001004	水喷淋钢管				254						47.29	12012.91
			7-68	镀锌钢管DN32	10m	25.4	43.89	8.53	6.82	20.14	4.74		84.12×25.4
				镀锌钢管DN32	m	259.91	—	18.1	—	6.15	1.45		25.7×259.91
				镀锌钢管接头零件	个	204.50	—	10.9	—	3.71	0.87		15.48×204.50
				高层建筑增加费	元	1	21.77	—	—	7.4	1.74		30.91×1
8	030901001005	水喷淋钢管				83.4						38.98	3250.80
			7-67	镀锌钢管DN25	10m	8.34	42.26	6.77	4.47	18.19	4.28		75.97×8.34
				镀锌钢管DN25	m	85.07	—	14.7	—	5.0	1.18		20.88×85.07
				镀锌钢管接头零件	个	60.30	—	9.7	—	3.30	0.78		13.78×60.3
				高层建筑增加费	元	1	7.05	—	—	2.40	0.56		10.01×1
9	030901001006	水喷淋钢管				53						32.76	1736.09
			7-67	镀锌钢管DN15	10m	5.3	42.26	6.77	4.47	18.19	4.28		75.97×5.3
				镀锌钢管DN15	m	54.06	—	11.9	—	4.05	0.95		16.9×54.06

续表

序号	项目编码	项目名称	定额编号	工程内容	单位	数量	其中（元）					综合单价	合价
							人工费	材料费	机械费	管理费	利润		
10	030901003001	水喷淋（雾）喷头		镀锌钢管接头零件	个	38.32	—	7.6	—	2.58	0.61		10.79×38.32
				高层建筑增加费	元	1	4.48	—	—	1.52	0.36		6.36×4.48
			7-76	喷头（无吊顶15）	10个	190						13.07	2483.26
				喷头	个	19	36.69	20.19	4.13	20.74	4.88		86.63×19
				高层建筑增加费	个	191.9	—	3	—	1.02	0.24		4.26×191.9
					元	1	13.94	—	—	4.74	1.12		19.8×1
11	030901007001	减压孔板	7-98	减压孔板DN65	个	21						138.20	2902.28
				减压孔板DN65	个	21	10.68	23.80	6.72	14.01	3.30		58.51×21
					个	21	—	4.5	—	1.53	0.36		6.39×21
				平焊法兰	片	42	—	25.7	—	8.74	2.06		36.5×42
				高层建筑增加费	元	1	4.49	—	—	1.53	0.36		6.38×1
12	030901010001	室内消火栓	7-105	室内消火栓（单栓65）	套	43						726.91	31257.12
					套	43	21.83	8.97	0.67	10.70	2.52		44.69×43
				室内消火栓（成套）	套	43	—	480	—	163.2	38.4		681.6×43
				高层建筑增加费	元	1	18.77	—	—	6.38	1.50		26.65×1
13	031003003001	焊接法兰阀门	8-261	焊接法兰阀门DN100	个	18						611.29	11003.27
				法兰阀门DN100	个	18	21.59	154.79	12.88	64.35	15.14		268.75×18
					个	18	—	240.8	—	81.87	19.26		341.93×18
				高层建筑增加费	元	1	7.77	—	—	2.64	0.62		11.03×1
14	031003003002	焊接法兰阀门	8-263	焊接法兰阀门DN150	个	6						861.88	5171.28
				法兰阀门DN150	个	6	32.74	269.65	14.31	107.68	25.34		449.72
					个	6	—	289.6	—	98.46	23.17		411.23×6
				高层建筑增加费	元	1	3.93	—	—	1.34	0.31		5.58×1

二、《建设工程工程量清单计价规范》GB 50500—2008 计算方法（表 3-39～表 3-55）

定额套用《全国统一安装工程预算定额》GYD—2000（第二版）

分部分项工程量清单与计价表　　　　　　　表 3-39

工程名称：高层消防喷淋系统　　　　标段：　　　　　　　第　页　共　页

序号	项目编码	项目名称	项目特征描述	计量单位	工程量	金额（元）		
						综合单价	合价	其中：暂估价
1	030901002001	消火栓钢管	室内安装，法兰连接，DN150	m	52.50			
2	030901002002	消火栓钢管	室内安装，螺纹连接，DN100	m	221.90			
3	030901002003	消火栓钢管	室内安装，螺纹连接，DN70	m	86			
4	030901001001	水喷淋钢管	室内安装，螺纹连接，DN100	m	296.4			
5	030901001002	水喷淋钢管	室内安装，螺纹连接，DN50	m	117.2			
6	030901001003	水喷淋钢管	室内安装，螺纹连接，DN40	m	4.7			
7	030901001004	水喷淋钢管	室内安装，螺纹连接，DN32	m	258.15			
8	030901001005	水喷淋钢管	室内安装，螺纹连接，DN25	m	83.4			
9	030901001006	水喷淋钢管	室内安装，螺纹连接，DN15	m	53			
10	030901003001	水喷淋(雾)喷头	玻璃球喷头，无吊顶，φ15	个	190			
11	030901007001	减压孔板	调压孔板，DN65	个	21			
12	030901010001	室内消火栓	室内安装，单栓65	套	43			
13	031003003001	焊接法兰阀门	焊接，DN100	个	18			
14	031003003002	焊接法兰阀门	焊接，DN150	个	6			
		本页小计						
		合　计						

分部分项工程量清单与计价表

表 3-40

工程名称：高层消防喷淋系统　　　　　　标段：　　　　　　　　　第 页 共 页

序号	项目编码	项目名称	项目特征描述	计量单位	工程量	金额（元）		
						综合单价	合价	其中：暂估价
1	030901002001	消火栓钢管	室内安装，法兰连接，DN150	m	52.50	153.85	8077.13	
2	030901002002	消火栓钢管	室内安装，螺纹连接，DN100	m	221.90	81.53	18091.51	
3	030901002003	消火栓钢管	室内安装，螺纹连接，DN70	m	86	73.93	6357.98	
4	030901001001	水喷淋钢管	室内安装，螺纹连接，DN100	m	296.4	81.53	24165.49	
5	030901001002	水喷淋钢管	室内安装，螺纹连接，DN50	m	117.2	53.91	6318.25	
6	030901001003	水喷淋钢管	室内安装，螺纹连接，DN40	m	4.7	60.87	286.09	
7	030901001004	水喷淋钢管	室内安装，螺纹连接，DN32	m	258.15	43.32	11138.06	
8	030901001005	水喷淋钢管	室内安装，螺纹连接，DN25	m	83.4	37.12	3095.81	
9	030901001006	水喷淋钢管	室内安装，螺纹连接，DN15	m	53	32.75	1735.75	
10	030901003001	水喷淋(雾)喷头	玻璃球喷头，无吊顶，φ15	个	190	17.60	3344	
11	030901007001	减压孔板	调压孔板，DN65	个	21	121.77	2557.17	
12	030901010001	室内消火栓	室内安装，单栓65	套	43	561.93	24162.99	
13	031003003001	焊接法兰阀门	焊接，DN100	个	18	479.97	8639.46	
14	031003003002	焊接法兰阀门	焊接，DN150	个	6	681.99	4091.94	
		本页小计					124634.91	
		合　　计					124634.91	

分部分项工程量清单与计价表

表 3-41

工程名称：某消防设备安装工程　　　　　　标段：　　　　　　　　　第 页 共 页

序　号	项目名称	计算基础	费率（%）	金额（元）
1	脚手架搭拆费	人工费	5	563.22
2	高层建筑费	人工费	2	225.29
	合　　计			788.51

工程量清单综合单价分析表   表 3-42

工程名称：高层消防喷淋系统   标段：   第 页 共 页

项目编码	030901002001	项目名称		消火栓钢管		计量单位		m

清单综合单价组成明细

定额编号	定额名称	定额单位	数量	单价				合价			
				人工费	材料费	机械费	管理费和利润	人工费	材料费	机械费	管理费和利润
7-74	镀锌钢管 DN150	10m	0.1	224.77	204.94	204.66	484.15	22.48	20.49	20.47	48.42
	高层建筑增加费	元	人工费的5%	11.24	—	—	24.21	1.12	—		241
人工单价			小 计					23.60	20.49	20.47	50.83
23.22 元/工日			未计价材料费					38.46			
清单项目综合单价								153.85			

材料费明细	主要材料名称、规格、型号			单位	数量	单价（元）	合价（元）	暂估单价（元）	暂估合价（元）
	镀锌钢管 DN150			m	0.981	39.2	38.46		
	其他材料费					—		—	
	材料费小计					—	38.46	—	

注：1. "数量"栏为"投标方（定额）工程量÷招标方（清单）工程量÷定额单位数量"。

2. 管理费费率为155.4%，利润率为60%，均以人工费为基数。

3. 下同。

工程量清单综合单价分析表   表 3-43

工程名称：高层消防喷淋系统   标段：   第 页 共 页

项目编码	030901002002	项目名称		消火栓钢管		计量单位		m

清单综合单价组成明细

定额编号	定额名称	定额单位	数量	单价				合价			
				人工费	材料费	机械费	管理费和利润	人工费	材料费	机械费	管理费和利润
7-73	镀锌钢管 DN100	10m	0.1	76.39	15.30	9.26	164.54	7.64	1.53	0.93	16.45
	高层建筑增加费	元	人工费的5%	3.82	—	—	8.23	0.38	—		0.82
人工单价			小 计					8.02	1.53	0.93	17.27
23.22 元/工日			未计价材料费					53.78			
清单项目综合单价								81.53			

材料费明细	主要材料名称、规格、型号			单位	数量	单价（元）	合价（元）	暂估单价（元）	暂估合价（元）
	镀锌钢管 DN100			m	1.02	40	40.8		
	镀锌钢管，接头零件			个	0.519	25	12.98		
	其他材料费					—		—	
	材料费小计					—	53.78	—	

工程量清单综合单价分析表

表 3-44

工程名称：高层消防喷淋系统　　　　　标段：　　　　　　　　第 页 共 页

| 项目编码 | 030901002003 | 项目名称 | | 消火栓钢管 | | 计量单位 | | | m |

清单综合单价组成明细

定额编号	定额名称	定额单位	数量	单　　价				合　　价			
				人工费	材料费	机械费	管理费和利润	人工费	材料费	机械费	管理费和利润
7-71	镀锌钢管 DN70	10m	0.1	57.82	16.79	9.24	124.54	5.78	1.68	0.92	12.45
	高层建筑增加费	元	人工费的 5%	2.89	—	—	6.23	0.29	—	—	0.62
人工单价			小　　计					6.07	1.68	0.92	13.07
23.22 元/工日			未计价材料费					52.19			
清单项目综合单价								73.93			

材料费明细	主要材料名称、规格、型号			单位	数量	单价（元）	合价（元）	暂估单价(元)	暂估合价(元)
	镀锌钢管 DN70			m	1.02	35.1	35.80		
	镀锌钢管，接头零件			个	0.891	18.4	16.39		
	其他材料费					—		—	
	材料费小计					—	52.19	—	

工程量清单综合单价分析表

表 3-45

工程名称：高层消防喷淋系统　　　　　标段：　　　　　　　　第 页 共 页

| 项目编码 | 030901001001 | 项目名称 | | 水喷淋钢管 | | 计量单位 | | | m |

清单综合单价组成明细

定额编号	定额名称	定额单位	数量	单　　价				合　　价			
				人工费	材料费	机械费	管理费和利润	人工费	材料费	机械费	管理费和利润
7-73	镀锌钢管 DN100	10m	0.1	76.39	15.30	9.26	164.54	7.64	1.53	0.93	16.45
	高层建筑增加费	元	人工费的 5%	3.82	—	—	8.23	0.38	—	—	0.82
人工单价			小　　计					8.02	1.53	0.93	17.27
23.22 元/工日			未计价材料费					53.78			
清单项目综合单价								81.53			

材料费明细	主要材料名称、规格、型号			单位	数量	单价（元）	合价（元）	暂估单价(元)	暂估合价(元)
	镀锌钢管 DN100			m	1.02	40	40.8		
	镀锌钢管，接头零件			个	0.519	25	12.98		
	其他材料费					—		—	
	材料费小计					—	53.78	—	

工程量清单综合单价分析表　　　　　　　　　　　表 3-46

工程名称：高层消防喷淋系统　　　　　　　标段：　　　　　　　　第　页　共　页

项目编码	030901001002	项目名称	水喷淋钢管	计量单位	m

清单综合单价组成明细

定额编号	定额名称	定额单位	数量	单价				合价			
				人工费	材料费	机械费	管理费和利润	人工费	材料费	机械费	管理费和利润
7-70	镀锌钢管 DN50	10m	0.1	52.01	12.86	9.17	112.03	5.20	1.29	0.92	11.20
	高层建筑增加费	元	人工费的 5%	2.60	—	—	5.60	0.26	—	—	0.56
人工单价			小　计					5.46	1.29	0.92	11.76
23.22 元/工日			未计价材料费					34.48			
清单项目综合单价								53.91			

	主要材料名称、规格、型号			单位	数量	单价（元）	合价（元）	暂估单价（元）	暂估合价（元）
材料费明细	镀锌钢管 DN50			m	1.02	21	21.42		
	镀锌钢管，接头零件			个	0.933	14	13.06		
	其他材料费					—		—	
	材料费小计					—	34.48		

工程量清单综合单价分析表　　　　　　　　　　　表 3-47

工程名称：高层消防喷淋系统　　　　　　　标段：　　　　　　　　第　页　共　页

项目编码	030901001003	项目名称	水喷淋钢管	计量单位	m

清单综合单价组成明细

定额编号	定额名称	定额单位	数量	单价				合价			
				人工费	材料费	机械费	管理费和利润	人工费	材料费	机械费	管理费和利润
7-69	镀锌钢管 DN40	10m	0.1	49.92	12.96	10.26	107.53	4.99	1.30	1.03	10.75
	高层建筑增加费	元	人工费的 5%	2.50	—	—	5.39	2.50	—	—	5.39
人工单价			小　计					7.49	1.30	1.03	16.14
23.22 元/工日			未计价材料费					34.91			
清单项目综合单价								60.87			

	主要材料名称、规格、型号			单位	数量	单价（元）	合价（元）	暂估单价（元）	暂估合价（元）
材料费明细	镀锌钢管 DN40			m	1.02	19	19.38		
	镀锌钢管，接头零件			个	1.223	12.7	15.53		
	其他材料费					—			
	材料费小计					—	34.91		

工程量清单综合单价分析表

表 3-48

工程名称：高层消防喷淋系统　　　　　　标段：　　　　　　　　　第　页　共　页

项目编码	030901001004	项目名称		水喷淋钢管		计量单位		m

清单综合单价组成明细

定额编号	定额名称	定额单位	数量	单　价				合　价			
				人工费	材料费	机械费	管理费和利润	人工费	材料费	机械费	管理费和利润
7-68	镀锌钢管 DN32	10m	0.1	43.89	8.53	6.82	94.54	4.39	0.85	0.68	9.45
	高层建筑增加费	元	人工费的5%	2.19	—	—	4.72	0.22	—	—	0.47
人工单价		小　计						4.61	0.85	0.68	9.92
23.22元/工日		未计价材料费						27.26			
清单项目综合单价								43.32			

材料费明细	主要材料名称、规格、型号	单位	数量	单价（元）	合价（元）	暂估单价（元）	暂估合价（元）
	镀锌钢管 DN32	m	1.02	18.1	18.46		
	镀锌钢管，接头零件	个	0.807	10.9	8.80		
	其他材料费				—		—
	材料费小计			—	27.26		—

工程量清单综合单价分析表

表 3-49

工程名称：高层消防喷淋系统　　　　　　标段：　　　　　　　　　第　页　共　页

项目编码	030901001005	项目名称		水喷淋钢管		计量单位		m

清单综合单价组成明细

定额编号	定额名称	定额单位	数量	单　价				合　价			
				人工费	材料费	机械费	管理费和利润	人工费	材料费	机械费	管理费和利润
7-67	镀锌钢管 DN25	10m	0.1	42.26	6.77	4.47	91.03	4.23	0.68	0.45	9.10
	高层建筑增加费	元	人工费的5%	2.11	—	—	4.54	0.21	—	—	0.45
人工单价		小　计						4.44	0.68	0.45	9.55
23.22元/工日		未计价材料费						22.00			
清单项目综合单价								37.12			

材料费明细	主要材料名称、规格、型号	单位	数量	单价（元）	合价（元）	暂估单价（元）	暂估合价（元）
	镀锌钢管 DN25	m	1.02	14.7	14.99		
	镀锌钢管，接头零件	个	0.723	9.7	7.01		
	其他材料费				—		—
	材料费小计			—	22.00		—

工程量清单综合单价分析表　　表 3-50

工程名称：高层消防喷淋系统　　　　　　　　标段：　　　　　　　　第 页 共 页

| 项目编码 | 030901001006 | | 项目名称 | | 水喷淋钢管 | | | 计量单位 | | | m |

清单综合单价组成明细

定额编号	定额名称	定额单位	数量	单价				合价			
				人工费	材料费	机械费	管理费和利润	人工费	材料费	机械费	管理费和利润
7-67	镀锌钢管 DN15	10m	0.1	42.26	6.77	4.47	91.03	4.23	0.68	0.45	9.10
	高层建筑增加费	元	人工费的 5%	2.11	—	—	4.54	0.21	—	—	0.45
人工单价			小　计					4.44	0.68	0.45	9.55
23.22 元/工日			未计价材料费					7.63			
清单项目综合单价								32.75			

材料费明细	主要材料名称、规格、型号			单位	数量	单价（元）	合价（元）	暂估单价（元）	暂估合价（元）
	镀锌钢管 DN15			m	1.02	11.9	12.14		
	镀锌钢管，接头零件			个	0.723	7.6	5.49		
	其他材料费					—		—	
	材料费小计					—	17.63	—	

工程量清单综合单价分析表　　表 3-51

工程名称：高层消防喷淋系统　　　　　　　　标段：　　　　　　　　第 页 共 页

| 项目编码 | 030901003001 | | 项目名称 | | 水喷淋（雾）喷头 | | | 计量单位 | | | 个 |

清单综合单价组成明细

定额编号	定额名称	定额单位	数量	单价				合价			
				人工费	材料费	机械费	管理费和利润	人工费	材料费	机械费	管理费和利润
7-76	喷头安装（无吊顶 15）	10 个	0.1	36.69	20.19	4.13	79.03	3.67	2.02	0.41	7.90
	高层建筑增加费	元	人工费的 5%	1.83	—	—	3.94	0.18	—	—	0.39
人工单价			小　计					3.85	2.02	0.41	8.29
23.22 元/工日			未计价材料费					3.03			
清单项目综合单价								17.60			

材料费明细	主要材料名称、规格、型号			单位	数量	单价（元）	合价（元）	暂估单价（元）	暂估合价（元）
	喷头			个	1.01	3	3.03		
	其他材料费					—		—	
	材料费小计					—	3.03	—	

工程量清单综合单价分析表　　　　　　　　　　　　　　　表 3-52

工程名称：高层消防喷淋系统　　　　　　标段：　　　　　　　　第　页　共　页

项目编码	030901007001	项目名称	减压孔板	计量单位	个

清单综合单价组成明细

定额编号	定额名称	定额单位	数量	单价				合价			
				人工费	材料费	机械费	管理费和利润	人工费	材料费	机械费	管理费和利润
7-98	减压孔板安装 DN65	个	1	10.68	23.80	6.72	23.00	10.68	23.80	6.72	23.00
	高层建筑增加费	元	人工费的5%	0.53	—		1.14	0.53	—		1.14
人工单价		小　计						11.21	23.80	6.72	24.14
23.22 元/工日		未计价材料费						55.9			
清单项目综合单价								121.77			

材料费明细	主要材料名称、规格、型号			单位	数量	单价（元）	合价（元）	暂估单价（元）	暂估合价（元）
	减压孔板 DN65			个	1.000	4.5	4.5		
	平焊法兰			片	2.000	25.7	51.4		
	其他材料费					—		—	
	材料费小计					—	55.9	—	

工程量清单综合单价分析表　　　　　　　　　　　　　　　表 3-53

工程名称：高层消防喷淋系统　　　　　　标段：　　　　　　　　第　页　共　页

项目编码	030901010001	项目名称	室内消火栓	计量单位	套

清单综合单价组成明细

定额编号	定额名称	定额单位	数量	单价				合价			
				人工费	材料费	机械费	管理费和利润	人工费	材料费	机械费	管理费和利润
7-105	室内消火栓安装单栓65	套	1	21.83	8.97	0.67	47.02	21.83	8.97	0.67	47.02
	高层建筑增加费	元	人工费的5%	1.09	—		2.35	1.09	—		2.35
人工单价		小　计						22.92	8.97	0.67	49.37
23.22 元/工日		未计价材料费						480			
清单项目综合单价								561.93			

材料费明细	主要材料名称、规格、型号			单位	数量	单价（元）	合价（元）	暂估单价（元）	暂估合价（元）
	室内消火栓			套	1.000	480	480		
	其他材料费					—		—	
	材料费小计					—	480	—	

工程量清单综合单价分析表

表 3-54

工程名称：高层消防喷淋系统　　　　　标段：　　　　　　第　页　共　页

项目编码	031003003001	项目名称		焊接法兰阀门		计量单位		个

清单综合单价组成明细

定额编号	定额名称	定额单位	数量	单价				合价			
				人工费	材料费	机械费	管理费和利润	人工费	材料费	机械费	管理费和利润
7-261	焊接法兰阀门 DN100	个	1	21.59	154.79	12.88	46.50	21.59	154.79	12.88	46.50
	高层建筑增加费	元	人工费的 5%	1.08	—	—	2.33	1.08	—	—	2.33
人工单价			小　计					22.67	154.79	12.88	48.83
23.22 元/工日			未计价材料费					240.8			
清单项目综合单价								479.97			

材料费明细	主要材料名称、规格、型号		单位	数量	单价（元）	合价（元）	暂估单价（元）	暂估合价（元）
	法兰阀门 DN100		个	1.000	240.8	240.8		
	其他材料费				—		—	
	材料费小计				—	240.8	—	

工程量清单综合单价分析表

表 3-55

工程名称：高层消防喷淋系统　　　　　标段：　　　　　　第　页　共　页

项目编码	031003003002	项目名称		焊接法兰阀门		计量单位		个

清单综合单价组成明细

定额编号	定额名称	定额单位	数量	单价				合价			
				人工费	材料费	机械费	管理费和利润	人工费	材料费	机械费	管理费和利润
7-263	焊接法兰阀门 DN150	个	1	32.74	269.65	14.31	70.52	32.74	269.65	14.31	70.52
	高层建筑增加费	元	人工费的 5%	1.64	—	—	3.53	1.64	—	—	3.53
人工单价			小　计					34.38	269.65	14.31	74.05
23.22 元/工日			未计价材料费					289.6			
清单项目综合单价								681.99			

材料费明细	主要材料名称、规格、型号		单位	数量	单价（元）	合价（元）	暂估单价（元）	暂估合价（元）
	法兰阀门 DN150		个	1.000	289.6	289.6		
	其他材料费							
	材料费小计				—	289.6	—	

三、《建设工程工程量清单计价规范》GB 50500—2013 和《通用安装工程工程量计算规范》GB 50856—2013 计算方法（表 3-56～表 3-72）

定额套用《全国统一安装工程预算定额》GYD—2000（第二版）

分部分项工程和单价措施项目清单与计价表　　　　表 3-56

工程名称：高层消防喷淋系统　　　　　标段：　　　　　　　　　第 页 共 页

序号	项目编码	项目名称	项目特征描述	计量单位	工程量	综合单价	合价	其中：暂估价
						金额（元）		
1	030901002001	消火栓钢管	室内安装，法兰连接，DN150	m	52.50			
2	030901002002	消火栓钢管	室内安装，螺纹连接，DN100	m	221.90			
3	030901002003	消火栓钢管	室内安装，螺纹连接，DN70	m	86			
4	030901001001	水喷淋钢管	室内安装，螺纹连接，DN100	m	296.4			
5	030901001002	水喷淋钢管	室内安装，螺纹连接，DN50	m	117.2			
6	030901001003	水喷淋钢管	室内安装，螺纹连接，DN40	m	4.7			
7	030901001004	水喷淋钢管	室内安装，螺纹连接，DN32	m	258.15			
8	030901001005	水喷淋钢管	室内安装，螺纹连接，DN25	m	83.4			
9	030901001006	水喷淋钢管	室内安装，螺纹连接，DN15	m	53			
10	030901003001	水喷淋（雾）喷头	玻璃球喷头，无吊顶，ϕ15	个	190			
11	030901007001	减压孔板	调压孔板，DN65	个	21			
12	030901010001	室内消火栓	室内安装，单栓65	套	43			
13	031003003001	焊接法兰阀门	焊接，DN100	个	18			
14	031003003002	焊接法兰阀门	焊接，DN150	个	6			
			本页小计					
			合　计					

分部分项工程和单价措施项目清单与计价表 表 3-57

工程名称：高层消防喷淋系统　　　　　　　　标段：　　　　　　　第　页　共　页

序号	项目编码	项目名称	项目特征描述	计量单位	工程量	金额（元）		
						综合单价	合价	其中：暂估价
1	030901002001	消火栓钢管	室内安装，法兰连接，DN150	m	52.50	153.85	8077.13	
2	030901002002	消火栓钢管	室内安装，螺纹连接，DN100	m	221.90	81.53	18091.51	
3	030901002003	消火栓钢管	室内安装，螺纹连接，DN70	m	86	73.93	6357.98	
4	030901001001	水喷淋钢管	室内安装，螺纹连接，DN100	m	296.4	81.53	24165.49	
5	030901001002	水喷淋钢管	室内安装，螺纹连接，DN50	m	117.2	53.91	6318.25	
6	030901001003	水喷淋钢管	室内安装，螺纹连接，DN40	m	4.7	60.87	286.09	
7	030901001004	水喷淋钢管	室内安装，螺纹连接，DN32	m	258.15	43.32	11183.06	
8	030901001005	水喷淋钢管	室内安装，螺纹连接，DN25	m	83.4	37.12	3095.81	
9	030901001006	水喷淋钢管	室内安装，螺纹连接，DN15	m	53	32.75	1735.75	
10	030901003001	水喷淋（雾）喷头	玻璃球喷头，无吊顶，φ15	个	190	17.60	3344	
11	030901007001	减压孔板	调压孔板，DN65	个	21	121.77	2557.17	
12	030901010001	室内消火栓	室内安装，单栓65	套	43	561.93	24162.99	
13	031003003001	焊接法兰阀门	焊接，DN100	个	18	479.97	8639.46	
14	031003003002	焊接法兰阀门	焊接，DN150	个	6	681.99	4091.94	
		本页小计					124634.91	
		合　计					124634.91	

总价措施项目清单与计价表 表 3-58

工程名称：某消防设备安装工程　　　　　　　　标段：　　　　　　　第　页　共　页

序号	项目编目	项目名称	计算基础	费率（%）	金额（元）	调整费率（%）	调整后金额（元）	备注
1	031301017001	脚手架搭拆	人工费	5	563.22			
2	031302007001	高层施工增加	人工费	5	225.29			
		合　计			788.51			

综合单价分析表
表 3-59

工程名称：高层消防喷淋系统　　　　　　　标段：　　　　　　　第 页 共 页

项目编码	030901002001	项目名称		消火栓钢管		计量单位	m	工程量	52.50

清单综合单价组成明细

定额编号	定额名称	定额单位	数量	单价				合价			
				人工费	材料费	机械费	管理费和利润	人工费	材料费	机械费	管理费和利润
7-74	镀锌钢管 DN150	10m	0.1	224.77	204.94	204.66	484.15	22.48	20.49	20.47	48.42
	高层建筑增加费	元	人工费的5%	11.24	—	—	24.21	1.12	—	—	241
人工单价		小　计						23.60	20.49	20.47	50.83
23.22元/工日		未计价材料费						38.46			
清单项目综合单价								153.85			

材料费明细	主要材料名称、规格、型号	单位	数量	单价（元）	合价（元）	暂估单价（元）	暂估合价（元）
	镀锌钢管 DN150	m	0.981	39.2	38.46		
	其他材料费			—	—		
	材料费小计			—	38.46	—	

注：1. "数量"栏为"投标方（定额）工程量÷招标方（清单）工程量÷定额单位数量"。

2. 管理费费率为155.4%，利润率为60%，均以人工费为基数。

3. 下同。

综合单价分析表
表 3-60

工程名称：高层消防喷淋系统　　　　　　　标段：　　　　　　　第 页 共 页

项目编码	030901002002	项目名称		消火栓钢管		计量单位	m	工程量	221.90

清单综合单价组成明细

定额编号	定额名称	定额单位	数量	单价				合价			
				人工费	材料费	机械费	管理费和利润	人工费	材料费	机械费	管理费和利润
7-73	镀锌钢管 DN100	10m	0.1	76.39	15.30	9.26	164.54	7.64	1.53	0.93	16.45
	高层建筑增加费	元	人工费的5%	3.82	—	—	8.23	0.38	—	—	0.82
人工单价		小　计						8.02	1.53	0.93	17.27
23.22元/工日		未计价材料费						53.78			
清单项目综合单价								81.53			

材料费明细	主要材料名称、规格、型号	单位	数量	单价（元）	合价（元）	暂估单价（元）	暂估合价（元）
	镀锌钢管 DN100	m	1.02	40	40.8		
	镀锌钢管，接头零件	个	0.519	25	12.98		
	其他材料费			—	—		
	材料费小计			—	53.78	—	

综合单价分析表　　　　　　　　　　　　　　　　表 3-61

工程名称：高层消防喷淋系统　　　　　　　标段：　　　　　　　第 页 共 页

| 项目编码 | 030901002003 | 项目名称 | | 消火栓钢管 | | 计量单位 | | m | 工程量 | 86 |

清单综合单价组成明细

定额编号	定额名称	定额单位	数量	单价				合价			
				人工费	材料费	机械费	管理费和利润	人工费	材料费	机械费	管理费和利润
7-71	镀锌钢管 DN70	10m	0.1	57.82	16.79	9.24	124.54	5.78	1.68	0.92	12.45
	高层建筑增加费	元	人工费的 5%	2.89	—	—	6.23	0.29	—		0.62

人工单价	小 计		6.07	1.68	0.92	13.07
23.22 元/工日	未计价材料费			52.19		
	清单项目综合单价			73.93		

材料费明细	主要材料名称、规格、型号	单位	数量	单价（元）	合价（元）	暂估单价（元）	暂估合价（元）
	镀锌钢管 DN70	m	1.02	35.1	35.80		
	镀锌钢管，接头零件	个	0.891	18.4	16.39		
	其他材料费			—		—	
	材料费小计			—	52.19	—	

综合单价分析表　　　　　　　　　　　　　　　　表 3-62

工程名称：高层消防喷淋系统　　　　　　　标段：　　　　　　　第 页 共 页

| 项目编码 | 030901001001 | 项目名称 | | 水喷淋钢管 | | 计量单位 | | m | 工程量 | 296.4 |

清单综合单价组成明细

定额编号	定额名称	定额单位	数量	单价				合价			
				人工费	材料费	机械费	管理费和利润	人工费	材料费	机械费	管理费和利润
7-73	镀锌钢管 DN100	10m	0.1	76.39	15.30	9.26	164.54	7.64	1.53	0.93	16.45
	高层建筑增加费	元	人工费的 5%	3.82	—	—	8.23	0.38	—		0.82

人工单价	小 计		8.02	1.53	0.93	17.27
23.22 元/工日	未计价材料费			53.78		
	清单项目综合单价			81.53		

材料费明细	主要材料名称、规格、型号	单位	数量	单价（元）	合价（元）	暂估单价（元）	暂估合价（元）
	镀锌钢管 DN100	m	1.02	40	40.8		
	镀锌钢管，接头零件	个	0.519	25	12.98		
	其他材料费			—		—	
	材料费小计			—	53.78	—	

综合单价分析表

表 3-63

工程名称：高层消防喷淋系统　　　　　标段：　　　　　　　　第　页　共　页

项目编码	030901001002	项目名称		水喷淋钢管		计量单位	m	工程量	117.2

清单综合单价组成明细

定额编号	定额名称	定额单位	数量	单　价				合　价			
				人工费	材料费	机械费	管理费和利润	人工费	材料费	机械费	管理费和利润
7-70	镀锌钢管 DN50	10m	0.1	52.01	12.86	9.17	112.03	5.20	1.29	0.92	11.20
	高层建筑增加费	元	人工费的5%	2.60	—	—	5.60	0.26	—		0.56
人工单价			小　计					5.46	1.29	0.92	11.76
23.22元/工日			未计价材料费					34.48			
清单项目综合单价								53.91			

材料费明细	主要材料名称、规格、型号	单位	数量	单价（元）	合价（元）	暂估单价（元）	暂估合价（元）
	镀锌钢管 DN50	m	1.02	21	21.42		
	镀锌钢管，接头零件	个	0.933	14	13.06		
	其他材料费			—		—	
	材料费小计				34.48	—	

综合单价分析表

表 3-64

工程名称：高层消防喷淋系统　　　　　标段：　　　　　　　　第　页　共　页

项目编码	030901001003	项目名称		水喷淋钢管		计量单位	m	工程量	4.7

清单综合单价组成明细

定额编号	定额名称	定额单位	数量	单　价				合　价			
				人工费	材料费	机械费	管理费和利润	人工费	材料费	机械费	管理费和利润
7-69	镀锌钢管 DN40	10m	0.1	49.92	12.96	10.26	107.53	4.99	1.30	1.03	10.75
	高层建筑增加费	元	人工费的5%	2.50	—	—	5.39	2.50	—	—	5.39
人工单价			小　计					7.49	1.30	1.03	16.14
23.22元/工日			未计价材料费					34.91			
清单项目综合单价								60.87			

材料费明细	主要材料名称、规格、型号	单位	数量	单价（元）	合价（元）	暂估单价（元）	暂估合价（元）
	镀锌钢管 DN40	m	1.02	19	19.38		
	镀锌钢管，接头零件	个	1.223	12.7	15.53		
	其他材料费			—		—	
	材料费小计			—	34.91	—	

综合单价分析表

表 3-65

工程名称：高层消防喷淋系统　　　　　标段：　　　　　　　　第　页　共　页

项目编码	030901001004	项目名称		水喷淋钢管		计量单位	m	工程量	258.15

清单综合单价组成明细

定额编号	定额名称	定额单位	数量	单价				合价			
				人工费	材料费	机械费	管理费和利润	人工费	材料费	机械费	管理费和利润
7-68	镀锌钢管 DN32	10m	0.1	43.89	8.53	6.82	94.54	4.39	0.85	0.68	9.45
	高层建筑增加费	元	人工费的5%	2.19	—	—	4.72	0.22	—	—	0.47
人工单价			小　计					4.61	0.85	0.68	9.92
23.22元/工日			未计价材料费					27.26			
清单项目综合单价								43.32			

	主要材料名称、规格、型号			单位	数量	单价（元）	合价（元）	暂估单价（元）	暂估合价（元）
材料费明细	镀锌钢管 DN32			m	1.02	18.1	18.46		
	镀锌钢管，接头零件			个	0.807	10.9	8.80		
	其他材料费					—		—	
	材料费小计					—	27.26	—	

综合单价分析表

表 3-66

工程名称：高层消防喷淋系统　　　　　标段：　　　　　　　　第　页　共　页

项目编码	030901001005	项目名称		水喷淋钢管		计量单位	m	工程量	83.4

清单综合单价组成明细

定额编号	定额名称	定额单位	数量	单价				合价			
				人工费	材料费	机械费	管理费和利润	人工费	材料费	机械费	管理费和利润
7-67	镀锌钢管 DN25	10m	0.1	42.26	6.77	4.47	91.03	4.23	0.68	0.45	9.10
	高层建筑增加费	元	人工费的5%	2.11	—	—	4.54	0.21	—	—	0.45
人工单价			小　计					4.44	0.68	0.45	9.55
23.22元/工日			未计价材料费					22.00			
清单项目综合单价								37.12			

	主要材料名称、规格、型号			单位	数量	单价（元）	合价（元）	暂估单价（元）	暂估合价（元）
材料费明细	镀锌钢管 DN25			m	1.02	14.7	14.99		
	镀锌钢管，接头零件			个	0.723	9.7	7.01		
	其他材料费					—		—	
	材料费小计					—	22.00	—	

综合单价分析表　　　　　　　　　　　　　　　　　　　表 3-67

工程名称：高层消防喷淋系统　　　　　　　标段：　　　　　　　　第 页 共 页

项目编码	030901001006	项目名称		水喷淋钢管		计量单位	m	工程量	53

清单综合单价组成明细

定额编号	定额名称	定额单位	数量	单　价				合　价			
				人工费	材料费	机械费	管理费和利润	人工费	材料费	机械费	管理费和利润
7-67	镀锌钢管 DN15	10m	0.1	42.26	6.77	4.47	91.03	4.23	0.68	0.45	9.10
	高层建筑增加费	元	人工费的 5%	2.11	—	—	4.54	0.21	—		0.45
人工单价			小　计					4.44	0.68	0.45	9.55
23.22 元/工日			未计价材料费					7.63			
清单项目综合单价								32.75			

材料费明细	主要材料名称、规格、型号			单位	数量	单价（元）	合价（元）	暂估单价(元)	暂估合价(元)
	镀锌钢管 DN15			m	1.02	11.9	12.14		
	镀锌钢管，接头零件			个	0.723	7.6	5.49		
	其他材料费					—		—	
	材料费小计					—	17.63	—	

综合单价分析表　　　　　　　　　　　　　　　　　　　表 3-68

工程名称：高层消防喷淋系统　　　　　　　标段：　　　　　　　　第 页 共 页

项目编码	030901003001	项目名称		水喷淋(雾)头		计量单位	个	工程量	190

清单综合单价组成明细

定额编号	定额名称	定额单位	数量	单　价				合　价			
				人工费	材料费	机械费	管理费和利润	人工费	材料费	机械费	管理费和利润
7-76	喷头安装（无吊顶 15）	10个	0.1	36.69	20.19	4.13	79.03	3.67	2.02	0.41	7.90
	高层建筑增加费	元	人工费的 5%	1.83	—	—	3.94	0.18	—		0.39
人工单价			小　计					3.85	2.02	0.41	8.29
23.22 元/工日			未计价材料费					3.03			
清单项目综合单价								17.60			

材料费明细	主要材料名称、规格、型号			单位	数量	单价（元）	合价（元）	暂估单价(元)	暂估合价(元)
	喷头			个	1.01	3	3.03		
	其他材料费					—		—	
	材料费小计					—	3.03	—	

综合单价分析表

表 3-69

工程名称：高层消防喷淋系统　　　　　　标段：　　　　　　　　　　第 页 共 页

| 项目编码 | 030901007001 | 项目名称 | 减压孔板 | 计量单位 | 个 | 工程量 | 21 |

清单综合单价组成明细

定额编号	定额名称	定额单位	数量	单价				合价			
				人工费	材料费	机械费	管理费和利润	人工费	材料费	机械费	管理费和利润
7-98	减压孔板安装 DN65	个	1	10.68	23.80	6.72	23.00	10.68	23.80	6.72	23.00
	高层建筑增加费	元	人工费的5%	0.53	—	—	1.14	0.53	—	—	1.14
人工单价			小 计					11.21	23.80	6.72	24.14
23.22元/工日			未计价材料费					55.9			
清单项目综合单价								121.77			

	主要材料名称、规格、型号			单位	数量	单价（元）	合价（元）	暂估单价（元）	暂估合价（元）
材料费明细	减压孔板 DN65			个	1.000	4.5	4.5		
	平焊法兰			片	2.000	25.7	51.4		
	其他材料费					—		—	
	材料费小计					—	55.9	—	

综合单价分析表

表 3-70

工程名称：高层消防喷淋系统　　　　　　标段：　　　　　　　　　　第 页 共 页

| 项目编码 | 030901010001 | 项目名称 | 室内消火栓 | 计量单位 | 套 | 工程量 | 43 |

清单综合单价组成明细

定额编号	定额名称	定额单位	数量	单价				合价			
				人工费	材料费	机械费	管理费和利润	人工费	材料费	机械费	管理费和利润
7-105	室内消火栓安装单栓65	套	1	21.83	8.97	0.67	47.02	21.83	8.97	0.67	47.02
	高层建筑增加费	元	人工费的5%	1.09	—	—	2.35	1.09	—	—	2.35
人工单价			小 计					22.92	8.97	0.67	49.37
23.22元/工日			未计价材料费					480			
清单项目综合单价								561.93			

	主要材料名称、规格、型号			单位	数量	单价（元）	合价（元）	暂估单价（元）	暂估合价（元）
材料费明细	室内消火栓			套	1.000	480	480		
	其他材料费					—		—	
	材料费小计					—	480	—	

综合单价分析表

表 3-71

工程名称：高层消防喷淋系统　　　　　　标段：　　　　　　　　　　第 页 共 页

| 项目编码 | 031003003001 | 项目名称 | 焊接法兰阀门 | 计量单位 | 个 | 工程量 | 18 |

清单综合单价组成明细

定额编号	定额名称	定额单位	数量	单价				合价			
				人工费	材料费	机械费	管理费和利润	人工费	材料费	机械费	管理费和利润
7-261	焊接法兰阀门 DN100	个	1	21.59	154.79	12.88	46.50	21.59	154.79	12.88	46.50
	高层建筑增加费	元	人工费的5%	1.08	—	—	2.33	1.08	—	—	2.33
人工单价			小　计					22.67	154.79	12.88	48.83
23.22元/工日			未计价材料费					240.8			
清单项目综合单价								479.97			

材料费明细	主要材料名称、规格、型号	单位	数量	单价（元）	合价（元）	暂估单价(元)	暂估合价(元)
	法兰阀门 DN100	个	1.000	240.8	240.8		
	其他材料费			—			
	材料费小计			—	240.8		

综合单价分析表

表 3-72

工程名称：高层消防喷淋系统　　　　　　标段：　　　　　　　　　　第 页 共 页

| 项目编码 | 031003003002 | 项目名称 | 焊接法兰阀门 | 计量单位 | 个 | 工程量 | 6 |

清单综合单价组成明细

定额编号	定额名称	定额单位	数量	单价				合价			
				人工费	材料费	机械费	管理费和利润	人工费	材料费	机械费	管理费和利润
7-263	焊接法兰阀门 DN150	个	1	32.74	269.65	14.31	70.52	32.74	269.65	14.31	70.52
	高层建筑增加费	元	人工费的5%	1.64	—	—	3.53	1.64	—	—	3.53
人工单价			小　计					34.38	269.65	14.31	74.05
23.22元/工日			未计价材料费					289.6			
清单项目综合单价								681.99			

材料费明细	主要材料名称、规格、型号	单位	数量	单价（元）	合价（元）	暂估单价(元)	暂估合价(元)
	法兰阀门 DN150	个	1.000	289.6	289.6		
	其他材料费			—			
	材料费小计			—	289.6		

【例三】　某油罐区装置需较大消防用水，建一座消防水站。其中建造 2 座 5000m³ 的钢水罐，作消防贮水之用。供水由厂供水管来水，进入 5000m³ 钢水罐，再经消防水泵加压后送入消防管网，并保持罐区喷淋喷头处压力为 0.45MPa。如图 3-17 所示为消防泵房设备平面图；如图 3-18 所示为两座钢水罐消防管路；如图 3-19 所示为消防罐区喷淋示意图。

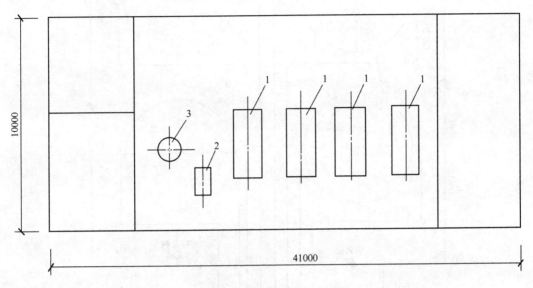

图 3-17　消防泵房设备平面图

1—消防水泵　2—补水泵　3—稳压罐(φ1400×2300)

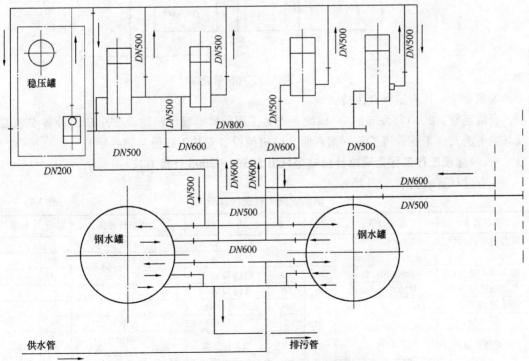

图 3-18　两座钢水罐消防管路

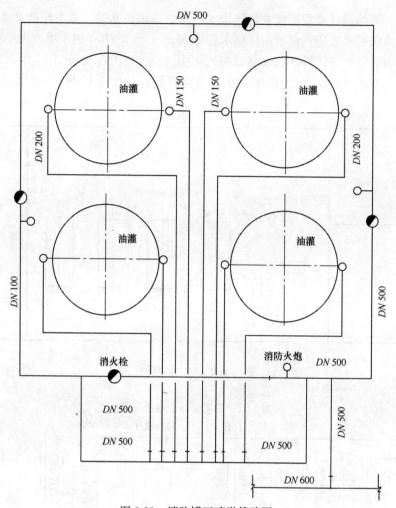

图 3-19　消防罐区喷淋管路图

编制要求：计算定额直接费。

套取定额：2000 年发布的《全国统一安装工程预算定额》《消防及安全防范设备安装工程》(第七册)、《工业管道工程》(第六册)、《机械设备安装工程册》(第一册)。

一、《建设工程工程量清单计价规范》GB 50500—2003 计算方法

工程量计算表见表 3-73 所示。

消防设施工程量计算表　　　　　　　　　　　　　　表 3-73

项目名称	工程量计算式	单位	数量	项目名称	工程量计算式	单位	数量
螺旋缝焊接钢管	$\phi630\times7$　150m	m	150	蝶阀 DN500	9 个	个	9
螺旋缝焊接钢管	$\phi529\times7$　170m	m	170	蝶阀 DN800	1 个	个	1
螺旋缝焊接钢管	$\phi820\times10$　25m	m	25	蝶阀 DN200	7 个	个	7
螺旋缝焊接钢管	$\phi219\times7$　50m	m	50	蝶阀 DN250	1 个	个	1
螺旋缝焊接钢管	$\phi150\times4.5$　800m	m	800	雨淋阀 DN150	8 个	个	8
消火栓	4 个	个	4	闸阀 DN150	8 个	个	8
消防水炮	4 个	个	4	消防加压泵	4 台　单重 1.5t 电机 4 台(400kW)	台	4
闸阀 DN500	6 个	个	6	补水泵	1 台　单重 0.5t	台	1
蝶阀 DN600	8 个	个	8	稳压罐	<1400×2300 容器 10m³	台	1

施工图预算表见表3-74所示。

传统的预(结)算表与工程量清单(直接费项目)之间的关系分析对照表见表3-75。

分部分项工程量清单计价表见表3-76。

分部分项工程量清单综合单价分析表见表3-77。

消防设施工程(预)算表

表 3-74

序号	定额编号	分部分项工程名称	单位	工程量	单价(元)	合价(元)	其　　中					
							人工费(元)		材料费(元)		机械费(元)	
							单价	金额	单价	金额	单价	金额
1	6-68	螺旋缝焊接钢管 DN600	10m	15	345.62	5184.30	117.63	588.15	40.94	614.10	187.05	2805.75
2	6-67	螺旋缝焊接钢管 DN500	10m	17	289.13	4915.21	97.50	1657.50	35.47	602.99	156.16	2654.72
3	6-70	螺旋缝焊接钢管 DN800	10m	2.5	471.85	1179.62	158.01	395.02	69.46	173.65	244.38	610.95
4	6-61	螺旋缝焊接钢管 DN200	10m	5.0	125.42	627.10	34.76	173.80	12.45	62.25	78.21	391.05
5	6-53	钢管焊接 DN150	10m	80.0	123.11	9848.80	37.76	3020.80	11.69	935.20	73.66	5892.80
6	7-115	消火栓安装	个	4	32.95	131.80	28.10	112.40	4.85	19.40		
7	7-115	消防水炮	个	4	32.95	131.80	28.10	112.40	4.85	19.40		
8	7-130	稳压罐<1400	台	1	366.18	366.18	255.42	255.42	29.37	29.37	81.39	81.39
9	1-805	消防加压泵单重1.5t	台	4	705.83	2823.32	402.87	1611.48	252.16	1008.64	50.80	203.20
10	1-922	泵拆检	台	4	642.62	2570.48	559.60	2238.40	83.02	332.08		
11	1-814	补水泵0.5t	台	1		331.52	181.12		133.47			16.93
12	1-920	泵拆检	台	1		174.71	148.61		26.10			
13	1-1410	地脚螺栓孔灌浆	m³	1		481.88	243.81		238.07			
14	1-1419	二次灌浆	m³	2	421.72	843.44	119.35	238.70	302.37	604.74		
15		第一册机具摊销费	t	6.5	12.0	78.00						78.0
16		第七册脚手架搭拆费	元	480.22	5%	24.01			6.0		18.01	
17		总　　计				28535.87		10938.61		4817.47		12734.79

注：1. 项目内未计主材费。

2. 单价在实际计算时可按当地现行单价调整。

定额预(结)算表(直接费部分)与清单项目之间关系分析对照表 表3-75

工程名称：消防设施工程 第 页 共 页

序号	项目编码	项 目 名 称	清单主项在定额预(结)算表中的序号	清单综合的工程内容在定额预(结)算表中的序号
1	030801005001	低压碳钢板卷管，螺旋缝焊接钢管 DN600，电弧焊	1	无
2	030801005002	低压碳钢板卷管，螺旋缝焊接钢管 DN500，电弧焊	2	无
3	030801005003	低压碳钢板卷管，螺旋缝焊接钢管 DN800，电弧焊	3	无
4	030801005004	低压碳钢板卷管，螺旋缝焊接钢管 DN200，电弧焊	4	无
5	030801005005	低压碳钢板卷管，螺旋缝焊接钢管 DN150，电弧焊	5	无
6	030901011001	室外消火栓，室外地上式消火栓	6	无
7	030901011002	室内消火栓，室外地上式消防火炮	7	无
8	031006004001	隔膜式气压水罐，容积 10m³，稳压罐 $\phi1400\times2300$	8	13
9	030109001001	离心式泵，消防加压泵单重 1.5t，泵拆装检查，二次灌浆	9	10+14
10	030109001002	离心式泵，补充泵 0.5t，泵拆装检查，二次灌浆	11	12+14

分部分项工程量清单计价表 表3-76

工程名称：消防设施工程 第 页 共 页

序号	项目编码	项 目 名 称	计量单位	工程数量	金额(元) 综合单价	金额(元) 合 价
1	030801005001	低压碳钢板卷管，螺旋缝焊接钢管 DN600，电弧焊	m	150	393.21	58981.03
2	030801005002	低压碳钢板卷管，螺旋缝焊接钢管 DN500，电弧焊	m	170	348.95	59321.49
3	030801005003	低压碳钢板卷管，螺旋缝焊接钢管 DN800，电弧焊	m	25	612.94	15323.48
4	030801005004	低压碳钢板卷管，螺旋缝焊接钢管 DN200，电弧焊	m	50	249.23	12461.74
5	030801005005	低压碳钢板卷管，螺旋缝焊接钢管 DN150，电弧焊	m	800	103.94	83152.86
6	030901011001	室内消火栓，室外地上式消火栓	套	4	1026.3	4105.2
7	030901011002	室外消火栓，室外地上式消防火炮	套	4	1605.95	6423.8
8	031006004001	隔膜式气压水罐，容积 10m³，稳压罐 $\phi1400\times2300$	台	1	34638.47	34638.47
9	030109001001	离心式泵，消防加压泵单重 1.5t，泵拆装检查，二次灌浆	台	4	2157.34	8629.34
10	030109001002	离心式泵，补水泵 0.5t，泵拆装检查，二次灌浆	台	1	958.386	958.386

分部分项工程量清单综合单价分析表

工程名称：消防设施施工程

表 3-77

第　页　共　页

序号	项目编码	项目名称	定额编号	工程内容	单位	数量	人工费	材料费	机械费	管理费	利润	综合单价	合价
									其中：(元)				
1	030801005001	低压碳钢板卷管			m	150						393.21	58981.03
			6-68	螺旋缝焊接钢管 DN600	10m	15	117.63	40.94	187.05	117.51	27.65		490.78×15
				螺旋缝焊接钢管 DN600	m	146.7	—	247.8	—	84.25	19.82		351.87×146.7
2	030801005002	低压碳钢板卷管			m	170						348.95	59321.49
			6-67	螺旋缝焊接钢管 DN500	10m	17	97.5	35.47	156.16	98.30	23.13		410.56×17
				螺旋缝焊接钢管 DN500	m	166.26	—	221.7	—	75.38	17.74		314.82×166.26
3	030801005003	低压碳钢板卷管			m	25						612.94	15323.48
			6-70	螺旋缝焊接钢管 DN800	10m	2.5	158.01	69.46	244.38	160.43	37.75		670.03×2.5
				螺旋缝焊接钢管 DN800	m	24.18	—	397.5	—	135.15	31.8		564.45×24.18
4	030801005004	低压碳钢板卷管			m	50						249.23	12461.74
			6-61	螺旋缝焊接钢管 DN200	10m	5	34.76	12.45	78.21	42.64	10.03		178.09×5
				螺旋缝焊接钢管 DN200	m	49.4	—	89.4	—	30.40	7.15		126.95×49.4
5	030801005004	低压碳钢板卷管			m	800						104.27	83414.46
			6-61	螺旋缝焊接钢管 DN150	10m	80	34.76	12.45	78.21	42.64	10.03		178.09×80

续表

序号	项目编码	项目名称	定额编号	工程内容	单位	数量	其中:(元)					综合单价	合价
							人工费	材料费	机械费	管理费	利润		
6	030901011001	室外消火栓		螺旋缝焊接钢管 DN150	m	752.8	—	64.7	—	22.00	5.18		91.88×752.8
			7-115	室外地上式消火栓 栓	套	4						1026.3	4105.2
				地上式消火栓	套	4	28.10	4.85	—	11.20	2.64		46.79×4
7	030901011002	室外消火栓	7-115	室外地上式消防水炮	套	4	—	689.8	—	234.53	55.18		979.51×4
					套	4						1605.95	6423.8
				地上式消防水炮	套	4	28.10	4.85	—	11.20	2.64		46.79×4
8	031006004001	隔膜式气压水罐	7-130	稳压罐 φ1400	台	4	—	1098	—	373.32	87.84		1559.16×4
					台	1						35322.74	35322.74
				稳压罐 φ1400	台	1	255.42	29.37	81.39	124.50	29.29		519.97×1
					台	1	—	24000	—	8160	1920		34080×1
				平焊法兰	片	1	—	26.8	—	9.11	2.14		38.05×1
			1-1410	地脚螺栓孔灌浆	m³	1	243.81	238.07	—	163.84	38.55		684.27×1
9	030109001001	离心式泵		消防加压泵 1.5t	台	4						2157.34	8629.34
			1-805		台	4	402.87	252.16	50.80	239.98	56.47		1002.28×4
			1-922	泵拆装检查	台	4	559.60	83.02	—	218.49	51.41		915.52×4
			1-1419	二次灌浆	m³	1.6	119.35	302.37	—	143.38	33.74		598.84×1.6
10	030109001002	离心式泵		补水泵 0.5t	台	1						958.386	958.386
			1-814		台	1	181.12	133.47	16.93	112.72	26.52		470.76×1
			1-920	泵拆装检查	台	1	148.61	26.10	—	59.40	13.98		248.09×1
			1-1419	二次灌浆	m³	0.4	119.35	302.37	—	143.38	33.74		598.84×0.4

二、《建设工程工程量清单计价规范》GB 50500—2008计算方法（表3-78～表3-90）
定额套用《全国统一安装工程预算定额》GYD—2000（第二版）

分部分项工程量清单与计价表

表 3-78

工程名称：消防设施工程　　　　　　　　　标段：　　　　　　　　　第　页　共　页

序号	项目编码	项目名称	项目特征描述	计量单位	工程量	综合单价	合价	其中：暂估价
						金额（元）		
1	030801005001	低压碳钢板卷管	螺旋缝焊接钢管，电弧焊，DN600	m	150			
2	030801005002	低压碳钢板卷管	螺旋缝焊接钢管，电弧焊，DN500	m	170			
3	030801005003	低压碳钢板卷管	螺旋缝焊接钢管，电弧焊，DN800	m	25			
4	030801005004	低压碳钢板卷管	螺旋缝焊接钢管，电弧焊，DN200	m	50			
5	030801005005	低压碳钢板卷管	螺旋缝焊接钢管，电弧焊，DN150	m	800			
6	030901010001	室内消火栓	室内地上式消火栓	套	4			
7	030901010002	室内消火栓	室内地上式防火炮	套	4			
8	031006004001	隔膜式气压水罐	容积 10m³，稳压罐，$\phi1400 \times 2300$	台	1			
9	030109001001	离心式泵安装	消防加压泵，单重 1.5t，泵拆装检查，二次灌浆	台	4			
10	030109001002	离心式泵安装	补水泵，单重 0.5t，泵拆装检查，二次灌浆	台	1			
			本页小计					
			合　计					

分部分项工程量清单与计价表　　　　　　　表 3-79

工程名称：消防设施工程　　　　　　　　标段：　　　　　　　　　第　页　共　页

序号	项目编码	项目名称	项目特征描述	计量单位	工程量	综合单价	合价	其中：暂估价
							金额（元）	
1	030801005001	低压碳钢板卷管	螺旋缝焊接钢管，电弧焊，DN600	m	150	302.25	45337.5	
2	030801005002	低压碳钢板卷管	螺旋缝焊接钢管，电弧焊，DN500	m	170	266.74	45345.8	
3	030801005003	低压碳钢板卷管	螺旋缝焊接钢管，电弧焊，DN800	m	25	465.61	11640.25	
4	030801005004	低压碳钢板卷管	螺旋缝焊接钢管，电弧焊，DN200	m	50	108.37	5418.5	
5	030801005005	低压碳钢板卷管	螺旋缝焊接钢管，电弧焊，DN150	m	800	83.96	67168	
6	030901010001	室内消火栓	室内地上式消火栓	套	4	783.28	3133.12	
7	030901010002	室内消火栓	室内地上式防火炮	套	4	1191.48	4765.92	
8	031006004001	隔膜式气压水罐	容积 10m³，稳压罐，ϕ1400×2300	台	1	25950.20	25950.2	
9	030109001001	离心式泵安装	消防加压泵，单重1.5t，泵拆装检查，二次灌浆	台	4	3693.13	14772.52	
10	030109001002	离心式泵安装	补水泵，单重0.5t，泵拆装检查，二次灌浆	台	1	1912.30	1912.3	
			本页小计				225444.11	
			合　计				225444.11	

措施项目清单与计价表　　　　　　　表 3-80

工程名称：某消防设备安装工程　　　　　　标段：　　　　　　　　第　页　共　页

序　号	项目名称	计算基础	费率（%）	金额（元）
1	第七册脚手架搭拆费	人工费	5	36.20
2	第一册机具摊销费	每吨 12.00 元		78.00
	合　计			114.2

工程量清单综合单价分析表　　　　表 3-81

工程名称：消防设施工程　　　　　　　标段：　　　　　　　第　页　共　页

项目编码	030801005001	项目名称	低压碳钢板卷管	计量单位	m

清单综合单价组成明细

定额编号	定额名称	定额单位	数量	单价				合价			
				人工费	材料费	机械费	管理费和利润	人工费	材料费	机械费	管理费和利润
6-68	螺旋缝焊接钢管 DN50	10m	0.1	117.63	40.90	187.05	253.38	11.76	4.09	18.71	25.34
人工单价		小　计						11.76	4.09	18.71	25.34
23.22 元/工日		未计价材料费						242.35			
清单项目综合单价								302.25			

材料费明细	主要材料名称、规格、型号	单位	数量	单价（元）	合价（元）	暂估单价（元）	暂估合价（元）
	碳钢板卷管 DN600	m	0.978	247.8	242.35		
	其他材料费			—		—	
	材料费小计			—	242.35	—	

注：1. "数量"栏为"投标方（定额）工程量÷招标方（清单）工程量÷定额单位数量"。

　　2. 管理费费率为 155.4%，利润率为 60%，均以人工费为基数。

　　3. 下同。

工程量清单综合单价分析表　　　　表 3-82

工程名称：消防设施工程　　　　　　　标段：　　　　　　　第　页　共　页

项目编码	030801005002	项目名称	低压碳钢板卷管	计量单位	m

清单综合单价组成明细

定额编号	定额名称	定额单位	数量	单价				合价			
				人工费	材料费	机械费	管理费和利润	人工费	材料费	机械费	管理费和利润
6-67	螺旋缝焊接钢管 DN500	10m	0.1	97.50	35.47	156.16	210.02	9.75	3.55	15.62	21.00
人工单价		小　计						9.75	3.55	15.62	21.00
23.22 元/工日		未计价材料费						216.82			
清单项目综合单价								266.74			

材料费明细	主要材料名称、规格、型号	单位	数量	单价（元）	合价（元）	暂估单价（元）	暂估合价（元）
	碳钢板卷管 DN500	m	0.978	221.7	216.82		
	其他材料费						
	材料费小计			—	216.82	—	

工程量清单综合单价分析表　　　　　　　表 3-83

工程名称：消防设施工程　　　　　　　标段：　　　　　　　第　页　共　页

| 项目编码 | 030801005003 | 项目名称 | | 低压碳钢板卷管 | | 计量单位 | | m |

清单综合单价组成明细

定额编号	定额名称	定额单位	数量	单　价				合　价			
				人工费	材料费	机械费	管理费和利润	人工费	材料费	机械费	管理费和利润
6-70	螺旋缝焊接钢管 DN800	10m	0.1	158.01	6946	244.38	340.35	15.80	6.95	24.44	34.04
人工单价		小　计						15.80	6.95	24.44	34.04
23.22 元/工日		未计价材料费						384.38			
清单项目综合单价								466.61			

材料费明细	主要材料名称、规格、型号		单位	数量	单价（元）	合价（元）	暂估单价(元)	暂估合价(元)
	碳钢板卷管 DN800		m	0.967	397.5	384.38		
	其他材料费				—		—	
	材料费小计				—	384.38	—	

工程量清单综合单价分析表　　　　　　　表 3-84

工程名称：消防设施工程　　　　　　　标段：　　　　　　　第　页　共　页

| 项目编码 | 030801005004 | 项目名称 | | 低压碳钢板卷管 | | 计量单位 | | m |

清单综合单价组成明细

定额编号	定额名称	定额单位	数量	单　价				合　价			
				人工费	材料费	机械费	管理费和利润	人工费	材料费	机械费	管理费和利润
6-61	螺旋缝焊接钢管 DN200	10m	0.1	34.76	12.45	78.21	74.87	3.48	1.25	7.82	7.49
人工单价		小　计						3.48	1.25	7.82	7.49
23.22 元/工日		未计价材料费						88.33			
清单项目综合单价								108.37			

材料费明细	主要材料名称、规格、型号		单位	数量	单价（元）	合价（元）	暂估单价(元)	暂估合价(元)
	碳钢板卷管 DN200		m	0.988	89.4	88.33		
	其他材料费				—		—	
	材料费小计				—	88.33	—	

工程量清单综合单价分析表

表 3-85

工程名称：消防设施工程　　　　　　标段：　　　　　　　　　第 页 共 页

项目编码	030801005005	项目名称	低压碳钢板卷管	计量单位	m

清单综合单价组成明细

定额编号	定额名称	定额单位	数量	单价				合价			
				人工费	材料费	机械费	管理费和利润	人工费	材料费	机械费	管理费和利润
6-61	螺旋缝焊接管 DN150	10m	0.1	34.76	12.45	78.21	74.87	3.48	1.25	7.82	7.49
人工单价			小　计					3.48	1.25	7.82	7.49
23.22 元/工日			未计价材料费					63.92			
清单项目综合单价								83.96			

	主要材料名称、规格、型号				单位	数量	单价(元)	合价(元)	暂估单价(元)	暂估合价(元)
材料费明细	碳钢板卷管				m	0.988	64.7	63.92		
	其他材料费						—		—	
	材料费小计						—	63.92	—	

工程量清单综合单价分析表

表 3-86

工程名称：消防设施工程　　　　　　标段：　　　　　　　　　第 页 共 页

项目编码	030901011001	项目名称	消火栓	计量单位	套

清单综合单价组成明细

定额编号	定额名称	定额单位	数量	单价				合价			
				人工费	材料费	机械费	管理费和利润	人工费	材料费	机械费	管理费和利润
7-115	室外地上式消火栓	套	1	28.10	4.85	—	60.53	28.10	4.85	—	60.53
人工单价			小　计					28.10	4.85	—	60.53
23.22 元/工日			未计价材料费					689.8			
清单项目综合单价								783.28			

	主要材料名称、规格、型号				单位	数量	单价(元)	合价(元)	暂估单价(元)	暂估合价(元)
材料费明细	地上式消火栓				套	1.000	689.8	689.8		
	其他材料费						—		—	
	材料费小计						—	689.8	—	

工程量清单综合单价分析表

表 3-87

工程名称：消防设施工程　　　　　　标段：　　　　　　　　第　页　共　页

| 项目编码 | 030901011002 | 项目名称 | 消火栓 | 计量单位 | 套 |

清单综合单价组成明细

定额编号	定额名称	定额单位	数量	单价				合价			
				人工费	材料费	机械费	管理费和利润	人工费	材料费	机械费	管理费和利润
7-115	室外地上式消防火炮	套	1	28.10	4.85	—	60.53	28.10	4.85		60.53
人工单价			小　计					28.10	4.85		60.53
23.22元/工日			未计价材料费					1098			
	清单项目综合单价							1191.48			

	主要材料名称、规格、型号			单位	数量	单价（元）	合价（元）	暂估单价（元）	暂估合价（元）
材料费明细	地上式消火栓			套	1.000	1098	1098		
	其他材料费					—		—	
	材料费小计					—	1098	—	

工程量清单综合单价分析表

表 3-88

工程名称：消防设施工程　　　　　　标段：　　　　　　　　第　页　共　页

| 项目编码 | 0310060040001 | 项目名称 | 隔膜式气压水罐 | 计量单位 | 台 |

清单综合单价组成明细

定额编号	定额名称	定额单位	数量	单价				合价			
				人工费	材料费	机械费	管理费和利润	人工费	材料费	机械费	管理费和利润
7-130	隔膜式气压水罐安装	台	1	255.42	29.37	81.39	550.17	255.42	29.37	81.39	550.17
	地脚螺栓孔灌浆	m³	1	243.81	238.07	—	525.17	243.81	238.07	—	525.17
人工单价			小　计					499.23	267.44	81.39	1075.34
23.22元/工日			未计价材料费					24026.8			
	清单项目综合单价							25950.2			

	主要材料名称、规格、型号			单位	数量	单价（元）	合价（元）	暂估单价（元）	暂估合价（元）
材料费明细	隔膜式气压水罐			台	1.000	24000	24000		
	平焊法兰			片	1.000	26.8	26.8		
	其他材料费					—		—	
	材料费小计					—	24026.8	—	

工程量清单综合单价分析表

表 3-89

工程名称：消防设施工程　　　　　　　　　标段：　　　　　　　　　第　页　共　页

项目编码	030109001001	项目名称		离心式泵			计量单位		台	

清单综合单价组成明细

定额编号	定额名称	定额单位	数量	单价				合价			
				人工费	材料费	机械费	管理费和利润	人工费	材料费	机械费	管理费和利润
1-805	离心式消防加压泵 1.5t	台	1	402.87	252.16	50.80	867.78	402.87	252.16	50.80	867.78
1-922	泵拆装检查	台	1	559.60	83.02	—	1205.38	559.60	83.02	—	1205.38
1-1419	泵底座二次灌浆	m³	0.4	119.35	302.37	—	257.08	47.74	120.95	—	102.83
人工单价			小　计					1010.21	456.13	50.80	2175.99
23.22 元/工日			未计价材料费					—			
清单项目综合单价								3693.13			

材料费明细	主要材料名称、规格、型号	单位	数量	单价（元）	合价（元）	暂估单价（元）	暂估合价（元）
	平垫铁 0#～3#钢 1#	kg	7.112	4.120	29.30		
	斜垫铁 0#～3#钢 1#	kg	7.140	12.940	92.39		
	普通钢板 0#～3#δ1.6～19	kg	0.240	4.010	0.96		
	镀锌铁丝 8#～12#	kg	0.800	6.140	4.91		
	电焊条结 422φ4	kg	0.630	5.360	3.38		
	木板	m³	0.013	1764.000	22.93		
	汽油 60#～70#	kg	1.755	2.900	5.09		
	煤油	kg	5.363	3.440	18.45		
	机油	kg	2.012	3.550	7.14		
	黄油、钙酯脂	kg	1.356	6.210	8.42		
	氧气	m³	0.673	2.060	1.39		
	乙炔气	kg	0.224	13.330	2.99		
	铅油	kg	0.800	8.770	7.02		
	石棉橡胶板中压 δ0.8～6	kg	1.900	18.740	35.61		
	油浸石棉盘根，编制 φ6～10　250℃	kg	0.700	14.570	10.20		
	普通硅酸盐水泥 425#	kg	263.752	0.340	89.68		
	砂子	m³	0.162	44.230	7.17		
	碎石	m³	0.176	34.230	6.02		
	棉纱头	kg	1.370	5.830	7.99		
	破布	kg	1.515	5.830	8.83		
	紫铜皮 0.25～0.5 以内	kg	0.100	40.000	4		
	红丹粉	kg	0.400	11.130	4.45		
	白布	m	0.600	9.260	5.56		
	铁砂布 0#～2#	张	3.000	1.060	3.18		
	研磨膏	盒	0.400	0.910	0.36		
	铁钉<φ70	kg	0.024	5.410	0.13		
	木板	m³	0.02	1764.000	35.28		
	砂子	m³	0.274	44.230	12.12		
	碎石	m³	1.304	34.200	10.40		
	草袋	条	1.280	2.320	2.97		
	水	t	0.240	1.650	0.40		
	其他材料费			—	7.344	—	
	材料费小计			—	456.13	—	

工程量清单综合单价分析表

表 3-90

工程名称：消防设施工程　　　　标段：　　　　　　　　　　　第　页　共　页

| 项目编码 | 030109001002 | 项目名称 | | 离心式泵 | | 计量单位 | | 台 |

清单综合单价组成明细

定额编号	定额名称	定额单位	数量	单价				合价			
				人工费	材料费	机械费	管理费和利润	人工费	材料费	机械费	管理费和利润
1-814	补水泵 0.5t	台	1	181.12	133.47	16.93	814.44	181.12	133.47	16.93	814.44
1-920	泵拆浆检查	台	1	148.61	26.10	—	320.11	148.61	26.10	—	320.11
1-1419	泵底座二次灌浆	m³	0.4	119.35	302.37	—	257.08	47.74	120.95	—	102.83
人工单价			小　计					377.47	280.52	16.93	1237.38
23.22 元/工日			未计价材料费					21.41			
清单项目综合单价								1912.30			

	主要材料名称、规格、型号	单位	数量	单价（元）	合价（元）	暂估单价(元)	暂估合价(元)
材料费明细	平垫铁 0#～3# 钢 1#	kg	4.064	4.120	16.74		
	斜垫铁 0#～3# 钢 1#	kg	4.080	12.940	52.80		
	普通钢板 0#～3# δ1.6～19	kg	0.080	4.010	0.32		
	电焊条结 422φ32	kg	0.326	5.410	1.76		
	木板	m³	0.026	1764.000	47.14		
	汽油 60#～70#	kg	0.612	2.900	1.77		
	煤油	kg	2.103	3.440	7.23		
	机油	kg	1.170	3.550	4.15		
	黄油、钙酯脂	kg	0.331	6.210	2.06		
	氧气	m³	0.275	2.060	0.57		
	乙炔气	kg	0.092	13.330	1.23		
	铅油	kg	0.420	8.770	3.68		
	石棉橡胶板中压 δ0.8～6	kg	0.740	18.740	13.87		
	油浸石棉盘根，编制φ6～10　250℃	kg	0.350	14.570	5.10		
	普通硅酸盐水泥 425#	kg	224.500	0.340	76.33		
	砂子	m³	0.361	44.230	15.97		
	碎石	m³	0.396	34.200	13.54		
	棉纱头	kg	0.487	5.830	2.84		
	破布	kg	0.658	5.830	3.84		
	红丹粉	kg	0.200	11.130	2.23		
	铁砂布 0#～2#	张	1.000	1.060	1.06		
	研磨膏	盒	0.200	0.910	0.18		
	铁钉＜φ70	kg	0.024	5.410	0.13		
	水	t	0.240	1.650	0.40		
	草袋	条	1.280	2.320	2.97		
	其他材料费			—	3.887	—	
	材料费小计			—	280.52		

三、《建设工程工程量清单计价规范》GB 50500—2013 和《通用安装工程工程量计算规范》GB 50856—2013 计算方法(表 3-91～表 3-103)

定额套用《全国统一安装工程预算定额》GYD—2000(第二版)

分部分项工程和单价措施项目清单与计价表

表 3-91

工程名称：消防设施工程　　　　　　标段：　　　　　　　　　　　第　页　共　页

序号	项目编码	项目名称	项目特征描述	计量单位	工程量	金额(元)		
						综合单价	合价	其中：暂估价
1	030801005001	低压碳钢板卷管	螺旋缝焊接钢管，电弧焊，$DN600$	m	150			
2	030801005002	低压碳钢板卷管	螺旋缝焊接钢管，电弧焊，$DN500$	m	170			
3	030801005003	低压碳钢板卷管	螺旋缝焊接钢管，电弧焊，$DN800$	m	25			
4	030801005004	低压碳钢板卷管	螺旋缝焊接钢管，电弧焊，$DN200$	m	50			
5	030801005005	低压碳钢板卷管	螺旋缝焊接钢管，电弧焊，$DN150$	m	800			
6	030901010001	室内消火栓	室内地上式消火栓	套	4			
7	030901010002	室内消火栓	室内地上式防火炮	套	4			
8	031006004001	隔膜式气压水罐	容积 $10m^3$，稳压罐，$\phi1400 \times 2300$	台	1			
9	030109001001	离心式泵	消防加压泵，单重 1.5t，泵拆装检查，二次灌浆	台	4			
10	030109001002	离心式泵	补水泵，单重 0.5t，泵拆装检查，二次灌浆	台	1			
			本页小计					
			合　计					

分部分项工程和单价措施项目清单与计价表　　　　　表 3-92

工程名称：消防设施工程　　　　　　　标段：　　　　　　第 页 共 页

序号	项目编码	项目名称	项目特征描述	计量单位	工程量	金额（元）		
						综合单价	合价	其中：暂估价
1	030801005001	低压碳钢板卷管	螺旋缝焊接钢管，电弧焊，DN600	m	150	302.25	45337.5	
2	030801005002	低压碳钢板卷管	螺旋缝焊接钢管，电弧焊，DN500	m	170	266.74	45345.8	
3	030801005003	低压碳钢板卷管	螺旋缝焊接钢管，电弧焊，DN800	m	25	465.61	11640.25	
4	030801005004	低压碳钢板卷管	螺旋缝焊接钢管，电弧焊，DN200	m	50	108.37	5418.5	
5	030801005005	低压碳钢板卷管	螺旋缝焊接钢管，电弧焊，DN150	m	800	83.96	67168	
6	030901010001	室内消火栓	室内地上式消火栓	套	4	783.28	3133.12	
7	030901010002	室内消火栓	室内地上式防火炮	套	4	1191.48	4765.92	
8	031006004001	隔膜式气压水罐	容积 10m³，稳压罐，$\phi1400×2300$	台	1	25950.20	25950.2	
9	030109001001	离心式泵	消防加压泵，单重 1.5t，泵拆装检查，二次灌浆	台	4	3693.13	14772.52	
10	030109001002	离心式泵	补水泵，单重 0.5t，泵拆装检查，二次灌浆	台	1	1912.30	1912.3	
		本页小计					225444.11	
		合 计					225444.11	

总价措施项目清单与计价表　　　　　　表 3-93

工程名称：某消防设备安装工程　　　　　　　标段：　　　　第 页 共 页

序号	项目编码	项目名称	计算基础	费率（%）	金额（元）	调整费率（%）	调整后金额（元）	备注
1	031301017001	第七册脚手架搭拆	人工费	5	36.20			
2		第一册机具摊销	每吨 12.00 元		78.00			
		合 计			114.2			

综合单价分析表 表 3-94

工程名称：消防设施工程　　　　　标段：　　　　　　　　　　　第 页 共 页

项目编码	030801005001	项目名称	低压碳钢板卷管	计量单位	m	工程量	150

清单综合单价组成明细

定额编号	定额名称	定额单位	数量	单价				合价			
				人工费	材料费	机械费	管理费和利润	人工费	材料费	机械费	管理费和利润
6-68	螺旋缝焊接钢管 DN50	10m	0.1	117.63	40.90	187.05	253.38	11.76	4.09	18.71	25.34
人工单价			小　计					11.76	4.09	18.71	25.34
23.22 元/工日			未计价材料费					242.35			
清单项目综合单价								302.25			

材料费明细	主要材料名称、规格、型号	单位	数量	单价（元）	合价（元）	暂估单价（元）	暂估合价（元）
	碳钢板卷管 DN600	m	0.978	247.8	242.35		
	其他材料费			—		—	
	材料费小计			—	242.35	—	

注：1.　"数量"栏为"投标方（定额）工程量÷招标方（清单）工程量÷定额单位数量"。

　　2.　管理费费率为 155.4%，利润率为 60%，均以人工费为基数。

　　3.　下同。

综合单价分析表 表 3-95

工程名称：消防设施工程　　　　　标段：　　　　　　　　　　　第 页 共 页

项目编码	030801005002	项目名称	低压碳钢板卷管	计量单位	m	工程量	170

清单综合单价组成明细

定额编号	定额名称	定额单位	数量	单价				合价			
				人工费	材料费	机械费	管理费和利润	人工费	材料费	机械费	管理费和利润
6-67	螺旋缝焊接钢管 DN500	10m	0.1	97.50	35.47	156.16	210.02	9.75	3.55	15.62	21.00
人工单价			小　计					9.75	3.55	15.62	21.00
23.22 元/工日			未计价材料费					216.82			
清单项目综合单价								266.74			

材料费明细	主要材料名称、规格、型号	单位	数量	单价（元）	合价（元）	暂估单价（元）	暂估合价（元）
	碳钢板卷管 DN500	m	0.978	221.7	216.82		
	其他材料费			—		—	
	材料费小计			—	216.82	—	

综合单价分析表

表 3-96

工程名称：消防设施工程　　　　标段：　　　　　　　　　　　第　页　共　页

项目编码	030801005003	项目名称	低压碳钢板卷管	计量单位	m	工程量	25

清单综合单价组成明细

定额编号	定额名称	定额单位	数量	单　价				合　价			
				人工费	材料费	机械费	管理费和利润	人工费	材料费	机械费	管理费和利润
6-70	螺旋缝焊接钢管 DN800	10m	0.1	158.01	6946	244.38	340.35	15.80	6.95	24.44	34.04
	人工单价			小　计				15.80	6.95	24.44	34.04
	23.22 元/工日			未计价材料费				384.38			
	清单项目综合单价							466.61			

材料费明细	主要材料名称、规格、型号	单位	数量	单价（元）	合价（元）	暂估单价（元）	暂估合价（元）
	碳钢板卷管 DN800	m	0.967	397.5	384.38		
	其他材料费						
	材料费小计			—	384.38	—	

综合单价分析表

表 3-97

工程名称：消防设施工程　　　　标段：　　　　　　　　　　　第　页　共　页

9030801005004		项目名称	低压碳钢板卷管	计量单位		m		工程量	50

清单综合单价组成明细

定额编号	定额名称	定额单位	数量	单　价				合　价			
				人工费	材料费	机械费	管理费和利润	人工费	材料费	机械费	管理费和利润
6-61	螺旋缝焊接钢管 DN200	10m	0.1	34.76	12.45	78.21	74.87	3.48	1.25	7.82	7.49
	人工单价			小　计				3.48	1.25	7.82	7.49
	23.22 元/工日			未计价材料费				88.33			
	清单项目综合单价							108.37			

材料费明细	主要材料名称、规格、型号	单位	数量	单价（元）	合价（元）	暂估单价（元）	暂估合价（元）
	碳钢板卷管 DN200	m	0.988	89.4	88.33		
	其他材料费			—		—	
	材料费小计			—	88.33	—	

综合单价分析表　　　　　　　　　　　　　　表 3-98

工程名称：消防设施工程　　　　　　　　　标段：　　　　　　　　　　第　页　共　页

| 项目编码 | 030801005005 | 项目名称 | 低压碳钢板卷管 | 计量单位 | m | 工程量 | 800 |

清单综合单价组成明细

定额编号	定额名称	定额单位	数量	单价				合价			
				人工费	材料费	机械费	管理费和利润	人工费	材料费	机械费	管理费和利润
6-61	螺旋缝焊接管 DN150	10m	0.1	34.76	12.45	78.21	74.87	3.48	1.25	7.82	7.49
	人工单价			小　计				3.48	1.25	7.82	7.49
	23.22 元/工日			未计价材料费				63.92			
	清单项目综合单价							83.96			

	主要材料名称、规格、型号		单位	数量	单价（元）	合价（元）	暂估单价（元）	暂估合价（元）
材料费明细	碳钢板卷管		m	0.988	64.7	63.92		
	其他材料费					—		—
	材料费小计					—	63.92	—

综合单价分析表　　　　　　　　　　　　　　表 3-99

工程名称：消防设施工程　　　　　　　　　标段：　　　　　　　　　　第　页　共　页

| 项目编码 | 030901010001 | 项目名称 | 室内消火栓 | 计量单位 | 套 | 工程量 | 4 |

清单综合单价组成明细

定额编号	定额名称	定额单位	数量	单价				合价			
				人工费	材料费	机械费	管理费和利润	人工费	材料费	机械费	管理费和利润
7-115	室外地上式消火栓	套	1	28.10	4.85	—	60.53	28.10	4.85		60.53
	人工单价			小　计				28.10	4.85		60.53
	23.22 元/工日			未计价材料费				689.8			
	清单项目综合单价							783.28			

	主要材料名称、规格、型号		单位	数量	单价（元）	合价（元）	暂估单价（元）	暂估合价（元）
材料费明细	地上式消火栓		套	1.000	689.8	689.8		
	其他材料费							
	材料费小计					—	689.8	—

综合单价分析表　　　　　　　　　　　　　　　　　　表 3-100

工程名称：消防设施工程　　　　　　　标段：　　　　　　　　　第　页　共　页

项目编码	030901010002	项目名称		室内消火栓		计量单位	套	工程量	4

清单综合单价组成明细

定额编号	定额名称	定额单位	数量	单价				合价			
				人工费	材料费	机械费	管理费和利润	人工费	材料费	机械费	管理费和利润
7-115	室外地上式消防火炮	套	1	28.10	4.85	—	60.53	28.10	4.85	—	60.53
人工单价			小　计					28.10	4.85	—	60.53
23.22 元/工日			未计价材料费					1098			
清单项目综合单价								1191.48			

	主要材料名称、规格、型号				单位	数量	单价(元)	合价(元)	暂估单价(元)	暂估合价(元)
材料费明细	地上式消火栓				套	1.000	1098	1098		
	其他材料费							—		—
	材料费小计							—	1098	—

综合单价分析表　　　　　　　　　　　　　　　　　　表 3-101

工程名称：消防设施工程　　　　　　　标段：　　　　　　　　　第　页　共　页

项目编码	031006004001	项目名称		隔膜式气压水罐		计量单位	台	工程量	1

清单综合单价组成明细

定额编号	定额名称	定额单位	数量	单价				合价			
				人工费	材料费	机械费	管理费和利润	人工费	材料费	机械费	管理费和利润
7-130	隔膜式气压水罐安装	台	1	255.42	29.37	81.39	550.17	255.42	29.37	81.39	550.17
	地脚螺栓孔灌浆	m³	1	243.81	238.07	—	525.17	243.81	238.07	—	525.17
人工单价			小　计					499.23	267.44	81.39	1075.34
23.22 元/工日			未计价材料费					24026.8			
清单项目综合单价								25950.2			

	主要材料名称、规格、型号				单位	数量	单价(元)	合价(元)	暂估单价(元)	暂估合价(元)
材料费明细	隔膜式气压水罐				台	1.000	24000	24000		
	平焊法兰				片	1.000	26.8	26.8		
	其他材料费							—		—
	材料费小计							—	24026.8	—

综合单价分析表

表 3-102

工程名称：消防设施工程　　　　　　标段：　　　　　　　　　　第　页　共　页

项目编码	030109001001		项目名称		离心式泵		计量单位	台	工程量	4

清单综合单价组成明细

定额编号	定额名称	定额单位	数量	单价				合价			
				人工费	材料费	机械费	管理费和利润	人工费	材料费	机械费	管理费和利润
1-805	离心式消防加压泵 1.5t	台	1	402.87	252.16	50.80	867.78	402.87	252.16	50.80	867.78
1-922	泵拆装检查	台	1	559.60	83.02	—	1205.38	559.60	83.02	—	1205.38
1-1419	泵底座二次灌浆	m³	0.4	119.35	302.37		257.08	47.74	120.95		102.83
人工单价		小　计						1010.21	456.13	50.80	2175.99
23.22 元/工日		未计价材料费						—			
清单项目综合单价								3693.13			

	主要材料名称、规格、型号	单位	数量	单价（元）	合价（元）	暂估单价（元）	暂估合价（元）
材料费明细	平垫铁 0#～3# 钢 1#	kg	7.112	4.120	29.30		
	斜垫铁 0#～3# 钢 1#	kg	7.140	12.940	92.39		
	普通钢板 0#～3# δ1.6～19	kg	0.240	4.010	0.96		
	镀锌铁丝 8#～12#	kg	0.800	6.140	4.91		
	电焊条结 422φ4	kg	0.630	5.360	3.38		
	木板	m³	0.013	1764.000	22.93		
	汽油 60#～70#	kg	1.755	2.900	5.09		
	煤油	kg	5.363	3.440	18.45		
	机油	kg	2.012	3.550	7.14		
	黄油、钙酯脂	kg	1.356	6.210	8.42		
	氧气	m³	0.673	2.060	1.39		
	乙炔气	kg	0.224	13.330	2.99		
	铅油	kg	0.800	8.770	7.02		
	石棉橡胶板中压 δ0.8～6	kg	1.900	18.740	35.61		
	油浸石棉盘根，编制 φ6～10　250℃	kg	0.700	14.570	10.20		
	普通硅酸盐水泥 425#	kg	263.752	0.340	89.68		
	砂子	m³	0.162	44.230	7.17		
	碎石	m³	0.176	34.230	6.02		
	棉纱头	kg	1.370	5.830	7.99		
	破布	kg	1.515	5.830	8.83		
	紫铜皮 0.25～0.5 以内	kg	0.100	40.000	4		
	红丹粉	kg	0.400	11.130	4.45		
	白布	m	0.600	9.260	5.56		
	铁砂布 0#～2#	张	3.000	1.060	3.18		
	研磨膏	盒	0.400	0.910	0.36		
	铁钉 <φ70	kg	0.024	5.410	0.13		
	木板	m³	0.02	1764.000	35.28		
	砂子	m³	0.274	44.230	12.12		
	碎石	m³	1.304	34.200	10.40		
	草袋	条	1.280	2.320	2.97		
	水	t	0.240	1.650	0.40		
	其他材料费			—	7.344	—	
	材料费小计			—	456.13	—	

综合单价分析表
表 3-103

工程名称：消防设施工程　　　　　　标段：　　　　　　　第　页　共　页

项目编码	030109001002	项目名称		离心式泵		计量单位	台	工程量	1

清单综合单价组成明细

定额编号	定额名称	定额单位	数量	单价				合价			
				人工费	材料费	机械费	管理费和利润	人工费	材料费	机械费	管理费和利润
1-814	补水泵 0.5t	台	1	181.12	133.47	16.93	814.44	181.12	133.47	16.93	814.44
1-920	泵拆浆检查	台	1	148.61	26.10	—	320.11	148.61	26.10	—	320.11
1-1419	泵底座二次灌浆	m³	0.4	119.35	302.37	—	257.08	47.74	120.95	—	102.83
人工单价			小　计					377.47	280.52	16.93	1237.38
23.22 元/工日			未计价材料费					21.41			
清单项目综合单价								1912.30			

	主要材料名称、规格、型号	单位	数量	单价（元）	合价（元）	暂估单价(元)	暂估合价(元)
材料费明细	平垫铁 0#～3# 钢 1#	kg	4.064	4.120	16.74		
	斜垫铁 0#～3# 钢 1#	kg	4.080	12.940	52.80		
	普通钢板 0#～3# δ1.6～19	kg	0.080	4.010	0.32		
	电焊条结 422φ32	kg	0.326	5.410	1.76		
	木板	m³	0.026	1764.000	47.14		
	汽油 60#～70#	kg	0.612	2.900	1.77		
	煤油	kg	2.103	3.440	7.23		
	机油	kg	1.170	3.550	4.15		
	黄油、钙酯脂	kg	0.331	6.210	2.06		
	氧气	m³	0.275	2.060	0.57		
	乙炔气	kg	0.092	13.330	1.23		
	铅油	kg	0.420	8.770	3.68		
	石棉橡胶板中压 δ0.8～6	kg	0.740	18.740	13.87		
	油浸石棉盘根，编制 φ6～10　250℃	kg	0.350	14.570	5.10		
	普通硅酸盐水泥 425#	kg	224.500	0.340	76.33		
	砂子	m³	0.361	44.230	15.97		
	碎石	m³	0.396	34.200	13.54		
	棉纱头	kg	0.487	5.830	2.84		
	破布	kg	0.658	5.830	3.84		
	红丹粉	kg	0.200	11.130	2.23		
	铁砂布 0#～2#	张	1.000	1.060	1.06		
	研磨膏	盒	0.200	0.910	0.18		
	铁钉<φ70	kg	0.024	5.410	0.13		
	水	t	0.240	1.650	0.40		
	草袋	条	1.280	2.320	2.97		
	其他材料费			—	3.887	—	
	材料费小计			—	280.52	—	